陳俊安 總編輯/建築師

前言 建築設計術科考試 **致戰** 守則

一、最難的一科

目前建築相關國家考試考試包含建築師考試、公務人員普考、高考三級，高考二級，鐵路特考，地方特考以及國營事業的考試等，建築設計繪圖是每一種考試等別必備的科目，在不同的考試分別有不同的名稱。專門職業及技術人員高等考試建築師考試為「建築計畫與設計」，公務人員高等考試一級暨二級考試為「建築設計（著重建築規劃與設計概念）」，而公務人員高等考試三級考試、公務人員升官等考試（簡任、薦任）、特種考試地方政府公務人員考試、特種考試交通事業鐵路人員考試皆為「建築設計」。雖然在不同的建築相關考試中，出題方向及配分不盡相同。但是從歷年考古題中絕對有跡可窺探考試出題的方向。據近十年統計，專技建築師考試每年平均錄取率約為 8~10%，本科目年平均及格率為 9~12%，本科目將是讀者在準備建築相關考試上性價比最高的一科。

二、要縮短時間

本書收錄近四年建築師及公職考試試題及題解，並其依照考試時程按序排列，目的是為了讓考生在針對不同考試時，能夠清楚快速了解到該考試類別的出題內容及答題方向，即時反應在讀書效率上，以節省各位考生寶貴的時間。

三、先瞭解考試

第一次準備的考生若時間充裕，建議將出題範圍的各種類型練習畫過一次半開圖紙，再針對時事之建築類型局部加強；建築繪圖考試除了應具備法規科目、建築構造與施工、建築結構、建築環境控制等基礎知識外，仍應注重圖面排版之基本設計，以及圖說表達與繪圖技法之練習。而配分比例仍依照題目之計畫部分與設計部份兩項予以評分，是故必須清楚繪製計畫與設計部分。

四、本書的幫助

95 年建築師檢覈考試取消後，出題方向雖仍與時勢有關，然建築師專技考題之建築物用途大都以複合用途型建築為主，而其他公務高考題目較屬於單一用途為主。讀者不必臆測下一次出哪一類建築用途類型，讀者可藉由本書的參考解答來達到準備考試事半功倍的效果。預祝本書讀者金榜題名！

最後特別感謝：老師提供手稿圖集，同樣也感謝提供及格復原圖的學員們。

總編輯/建築師 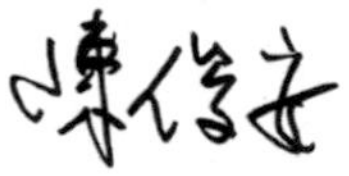

高考三級技術類科命題大綱

適用考試名稱	適用考試類科
公務人員高等考試三級考試	建築工程
公務人員升官等考試薦任升官等考試	建築工程
特種考試地方政府公務人員考試三等考試	建築工程
特種考試交通事業鐵路人員考試高員三級考試	建築工程
專業知識及核心能力	一、了解建築設計原理。 二、具各類建築型態之設計能力。 三、具建築繪圖技術及建築表現能力。

命題大綱	
一、建築設計原理 （一）基本原理。 （二）流程。 （三）建築史知識。	
二、建築設計 （一）將主題需求轉化為設計條件。 （二）運用建築設計解決建築問題。 （三）建築之經濟性、功能性、安全性、審美觀、及永續性之原理與技術。 （四）各類建築型態之設計準則。 （五）相關法令及規範。	
三、繪圖技術及建築表現 （一）建築物與其基地外部及室內環境及利用。 （二）設計說明、分析、圖解配置圖、平面圖、立面圖、剖面圖、透視圖、及鳥瞰圖等表達設計理念、構想及溝通技巧。 （三）評估建築優劣。	
備註	表列命題大綱為考試命題範圍之例示，惟實際試題並不完全以此為限，仍可命擬相關之綜合性試題。

專門職業及技術人員高等考試
建築師考試命題大綱

中華民國93年3月17日考選部選專字第0933300433號公告訂定
中華民國97年4月22日考選部選專字第0973300780號公告修正
中華民國103年6月20日考選部選專二字第1033301094號公告修正
中華民國103年7月29日考選部選專二字第1033301463號公告修正
中華民國107年6月28日考選部選專二字第1073301240號公告修正

<table>
<tr><th colspan="2">專業科目數</th><th>共計6科目</th></tr>
<tr><td colspan="2">業務範圍及
核心能力</td><td>建築師受委託人之委託，辦理建築物及其實質環境之調查、測量、設計、監造、估價、檢查、鑑定等各項業務，並得代委託人辦理申請建築許可、招商投標、擬定施工契約及其他工程上之接洽事項。</td></tr>
<tr><th>編號</th><th>科目名稱</th><th>命題大綱</th></tr>
<tr><td>一</td><td>建築計畫與設計</td><td>一、建築計畫：含設計問題釐清與界定、課題分析與構想，應具有綜整建築法規、環境控制及建築結構與構造、人造環境之行為及無障礙設施安全規範、人文及生態觀念、空間定性及定量之基本能力，以及設定條件之回應及預算分析等。
二、建築設計：利用建築設計理論與方法，將建築需求以適當的表現方式，形象地表達建築平面配置、空間組織、量體構造、交通動線、結構及構造、材料使用等滿足建築計畫的要求。</td></tr>
<tr><td>二</td><td>敷地計畫與
都市設計</td><td>一、敷地計畫：敷地調查及都市設計相關理論與應用，依都市設計及景觀生態原理，進行土地使用，交通動線、建築配置、景觀設施、公共設施、水土保持等計畫。
二、都市設計：都市計畫之宗旨、都市更新及都市設計之理論及應用（包含都市設計與更新、景觀、保存維護、公共藝術、安全、永續發展、民眾參與及設計審議等各專業的關係）。</td></tr>
</table>

建築工程相關國家考試應考須知

公務人員高等考試（建築科系畢業生，適合報考項目）

◆建築工程：

一、公立或立案之私立獨立學院以上學校或符合教育部採認規定之國外獨立學院以上學校土木工程、土木與生態工程、土木與防災工程、工業設計系建築工程組、公共工程、建築、建築工程、建築及都市計畫、建築及都市設計、都市發展與建築、建築與室內設計、空間設計、建築設計、建築與文化資產保存、建築與古蹟維護、建築與城鄉、軍事工程、造園景觀、景觀、景觀建築、景觀設計、景觀設計與管理、景觀與遊憩、景觀與遊憩管理、營建工程、營建工程與管理各系、組、所畢業得有證書者。

二、經普通考試或相當普通考試之特種考試相當類科及格滿三年者。

三、經高等檢定考試相當類科及格者。

◆公職建築師：

具有下列各款資格之一，並領有建築師證書及經中央主管機關審查具有三年以上工程經驗證明文件者，得應本考試：

一、公立或立案之私立獨立學院以上學校或符合教育部採認規定之國外獨立學院以上學校土木工程、土木與生態工程、土木與防災工程、工業設計系建築工程組、公共工程、建築、建築工程、建築及都市計畫、建築及都市設計、都市發展與建築、建築與室內設計、空間設計、建築設計、建築與文化資產保存、建築與古蹟維護、建築與城鄉、軍事工程、造園景觀、景觀、景觀建築、景觀設計、景觀設計與管理、景觀與遊憩、景觀與遊憩管理、營建工程、營建工程與管理各系、組、所畢業得有證書者。

二、經普通考試或相當普通考試之特種考試相當類科及格滿三年者。

三、經高等檢定考試相當類科及格。

專門技術人員高等考試（建築科系畢業生，適合報考項目）

◆建築師考試（全部應試者）：

一、公立或立案之私立專科以上學校或經教育部承認之國外專科以上學校建築、建築及都市設計、建築與都市計劃科、系、組畢業，領有畢業證書。

二、公立或立案之私立大學、學院或經教育部承認之國外大學、學院建築研究所畢業，領有畢業證書，並曾修習第一款規定之科、系、組開設之建築設計十八學分以上，有證明文件者。

三、公立或立案之私立專科以上學校或經教育部承認之國外專科以上學校相當科、系、組、所畢業，領有畢業證書，曾修習第一款規定之科、系、組開設之建築設計十八學分以上；及建築法規、營建法規、都市設計法規、都市計畫法規、建築結構學及實習、結構行為、建築結構系統、建築構造、建築計畫、結構學、建築結構與造型、鋼筋混凝土、鋼骨鋼筋混凝土、鋼骨構造、結構特論、應用力學、材料力學、建築物理、建築設備、建築物理環境、建築環境控制系統、高層建築設備、建築工法、施工估價、建築材料、都市計畫、都市設計、敷地計畫、環境景觀設計、社區規劃與設計、都市交通、區域計畫、實質環境之社會計畫、都市發展與型態、都市環境學、都市社會學、中外建築史、建築理論等學科至少五科，合計十五學分以上，每學科至多採計三學分，有證明文件者。

四、普通考試建築工程科考試及格，並曾任建築工程工作滿四年，有證明文件者。

五、高等檢定考試建築類科及格。

六、本考試應試科目：

（一）建築計畫與設計。　　（四）建築結構。

（二）敷地計畫與都市設計。　　（五）建築構造與施工。

（三）營建法規與實務。　　（六）建築環境控制。

◆建築師考試（部份應試者）：

一、具有第五條第一款、第二款或第三款資格之一，並曾任建築工程工作，成績優良；其服務年資，研究所畢業或大學五年畢業者為三年，大學四年畢業者為四年，專科學校畢業者為五年，有證明文件　。

二、具有第五條第一款、第二款或第三款資格之一，並曾任公立或立案之私立專科以上學校講師三年以上、助理教授或副教授二年以上、教授一年以上，講授第五條第三款學科至少二科，有證明文件。

三、領有外國建築師證書，經考選部認可，並具有建築工程工作一年以上，有證明文件。

四、應考人依第六條第一款或第二款規定，申請並經核定准予部分科目免試者，其應試科目：

（一）建築計畫與設計。　　（四）建築結構。
（二）敷地計畫與都市設計。　（五）建築構造與施工。
（三）營建法規與實務。

五、應考人依第六條第三款規定，申請並經核定准予部分科目免試者，其應試科目：
（一）建築計畫與設計。　　（三）營建法規與實務。
（二）敷地計畫與都市設計。　（四）建築結構。

◆都市計畫技師：

一、公立或立案之私立專科以上學校或經教育部承認之國外專科以上學校都市計畫、建築及都市計畫、建築及都市設計、都市計畫與景觀建築科、系、組、所畢業，領有畢業證書者。

二、公立或立案之私立專科以上學校或經教育部承認之國外專科以上學校相當科、系、組、所畢業，領有畢業證書，曾修習都市計畫或都市及區域計畫、區域計畫或區域計畫概論或區域計畫理論與實際或國土與區域計畫、敷地計畫或基地計畫、都市設計或都市設計與都市開發、都市社會學、都市經濟學或市政經濟學或土地經濟學或都市經濟與土地市場、都市發展史或城市史、測量學或土地測量或地籍測量、圖學或製圖學或圖學及透視學或圖學與製圖、都市計畫法規或都市計畫法令與制度或區域及都市計畫法規、環境工程概論、都市交通計畫或都市交通或都市運輸規劃或都市交通與運輸、都市土地使用計畫或土地使用計畫與管制或土地使用與公共設施計畫、景觀設計或景觀建築、社區計畫、住宅問題或住宅問題與計劃、都市更新或新市鎮建設與都市更新、作業研究、公共設施計畫、都市分析方法或計劃分析方法、都市及區域資訊系統或地理資訊系統或地理資訊系統運用程式、環境規劃與設計或環境規劃與管理或基地環境規劃設計、都市工程學等學科至少七科，每學科至多採計三學分，合計二十學分以上，其中須包括都市計畫、都市計畫法規、都市土地使用計畫，有證明文件者。

三、普通考試都市計畫技術科考試及格，任有關職務滿四年，有證明文件者。

四、高等檢定考試相當類科及格者。

建築工程公務人員免試建築師考試規定（即一般所謂，公職轉建築師）

◆全部免試者：

中華民國國民具有第五條第一款、第二款或第三款資格之一，並經公務人員高等考試三級考試建築工程科及格，分發任用後，於政府機關、公立學校或公營事業機構擔任建築工程工作三年以上，成績優良，有證明文件者，得申請全部科目免試。

建築師考任用為建築工程公務人員試規定（一般所稱，建築師轉公職）

◆經專門職業及技術人員高等考試或相當等級之特種考試及格，並領有執照後，實際從事相當之專門職業或技術職務二年以上，成績優良有證明文件者，得轉任薦任官等職務，並以薦任第六職等任用。

前項轉任人員，無薦任官等職務可資任用時，得先以委任第五職等任用。

◆經專門職業及技術人員普通考試或相當等級之特種考試及格，並領有執照後，實際從事相當之專門職業或技術職務二年以上，成績優良有證明文件者，得轉任委任官等職務，並以委任第三職等任用。

◆本條例第五條、第六條所稱實際從事相當之專門職業或技術職務二年以上，指轉任人員於領有執照或視為領有執照後，曾於行政機關、公立學校、公營事業機構或民營機構實際從事與擬轉任職務性質相近之專門職業或技術職務合計達二年以上。

目錄
CONTENTS

PART 1 概要篇

PART 2 基本篇

PART 3 技巧篇

目錄

PART 4 近年考題彙整與參考題解

PART 5 107-110 年參考題解及復原圖

參考題解及復原圖頁數對照表

01

PART

概要篇

一、建築計畫與設計考試大綱

二、圖面注意事項

一、建築計畫與設計考試大綱

建築設計一科分為公務人員高考與專技建築師高考考試大綱分別如下：

（一）公務高考

1. 建築設計原理

（1）基本原理。

（2）流程。

（3）建築史知識。

2. 建築設計

（1）將主題需求轉化為設計條件。

（2）運用建築設計解決建築問題。

（3）建築之經濟性、功能性、安全性、審美觀、及永續性之原理與技術。

（4）各類建築型態之設計準則。

（5）相關法令及規範。

3. 繪圖技術及建築表現

（1）建築物與其基地外部及室內環境及利用。

（2）設計說明、分析、圖解配置圖、平面圖、立面圖、剖面圖、透視圖、及鳥瞰圖等表達設計理念、構想及溝通技巧。

（3）評估建築優劣。

（二）專技考試

1. 建築計畫（占分比 30~40%）：

設計問題釐清與界定、課題分析與構想，應具有綜整建築法規、環境控制及建築結構與構造、人造環境之行為及無障礙設施安全規範、人文及生態觀念、空間定性及定量之基本能力，以及設定條件之回應及預算分析等。

2. 建築設計（占分比 60%~70%±）：

利用建築設計理論與方法，將建築需求以適當的表現方式，形象地表達建築平面配置、空間組織、量體構造、交通動線、結構及構造、材料使用等滿足建築計畫的要求。

二、圖面注意事項

一張好的快速設計主要注意以下幾點：

（一）整體圖面未完成

整張圖面的步驟感以及時間控制為第一步練習要做到的，再怎麼會做設計、聽了再多解題的觀念，時間到了圖面沒有完成都是枉然。

（二）設計意念為常識，不知所云，沒有特殊或不同之處

很多建築人受學校理論教育的影響，喜歡給自己的設計設定副標題作為設計概念，但是，就考試而論，題目已經明確載明了，毋庸多此一舉，自訂一個副標題來綁手綁腳、畫地自限，左右了您的設計，也離題越來越遠。萬一副標題與題旨不合或不相關，造成考試沒有及格的結果，那就很可惜了。

（三）文字書寫凌亂，缺乏說明

考試中因為求快，也許會有若干文字書寫稍嫌潦草，但要注意至少須維持在看得懂的程度，且避免過多過長的文字陳述，宜簡短的關鍵字帶到重點讓委員了解您要表達的是什麼意思即可

（四）都市設計觀念缺乏，錯誤

建築設計並不單純只做建築物本身的設計，必須整合都市的觀念讓您設計的建築物與周圍環境是可以有連結與呼應。

（五）色彩表現使用視覺效果不佳之色系

圖面的色彩表現考生可以自行決定要用單色系黑白表現或是上色的彩色表現，只要整體圖面表達清楚即可，如使用單色表現、避免使用陰冷色系（如灰色），或是視覺上會有太大不適感的高彩度顏色，上彩的表現亦同，高彩度的顏色（如紅色或黃色）應只佔少數面積，整體仍以藍色與綠色為主。

（六）透視圖未畫或效果不佳

今時今日由於電腦繪圖技術的進步、許多考生的罩門都是手繪透視圖，如果因為不擅長而在考卷上避開不畫、會是相當冒險的做法，而如果練習不足畫出來的效果不佳也會扣分，在術科考試仍須花時間練習畫效果好的透視圖。

（七）圖面汙損或格子底稿太重

平時就應練習畫圖習慣、避免完稿時圖紙有太多髒污、有些考生使用 2B 鉛筆打格子底稿、就容易造成圖面髒污的問題，故推薦格子底稿採 2H 鉛筆、較不會有碳粉容易抹髒圖紙的問題，另鉛筆打草圖的時候也應避免手勁過重，這些平時都需要練習。

02
PART

基本篇

一、工具準備

二、繪圖步驟(公職考試6hr與專技考試8hr)

三、練習方式

一、工具準備

畫圖前備好自身慣用筆，不用準備太多避免自己在畫圖過程手忙腳亂，建議準備用筆如下：

（一）用筆

1. 簽字筆（雄獅 L-88），備藍色與黑色

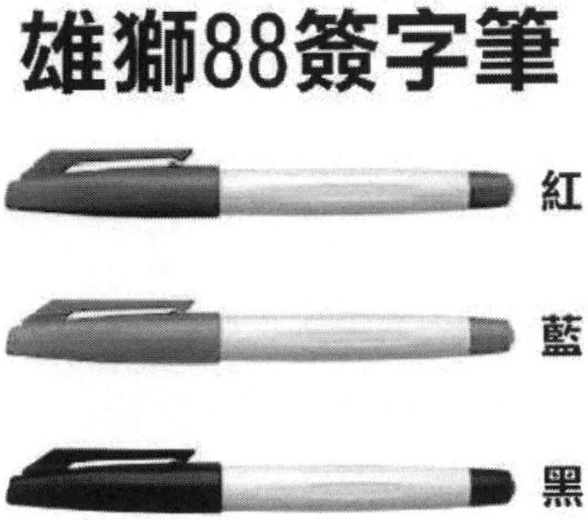

2. 雄獅細字筆 no.100，備藍色與黑色

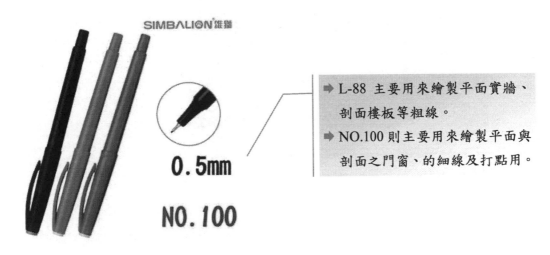

➡ L-88 主要用來繪製平面實牆、剖面樓板等粗線。

➡ NO.100 則主要用來繪製平面與剖面之門窗、的細線及打點用。

3. 耐水鋼珠筆（品牌不拘）備藍色與黑色 0.5。

4. 工程筆與磨蕊器，備 2 支，筆蕊分別填裝 2B 與 2H。

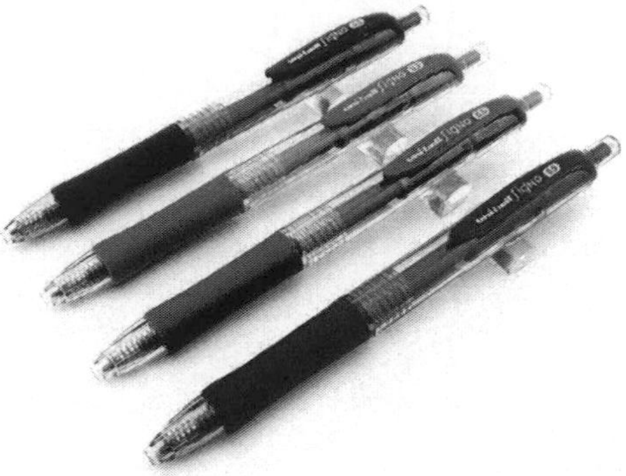

➡ 建議選擇按壓式的較方便，不會有掉筆蓋的問題，適合用來寫圖上的設計說明文字，代用針筆或細字筆較不耐用亦可以鋼珠筆取代。

➡ 工程筆的部分 2H 用來打格子，2B 用來打草圖。

5. ACE 英士 C-035 雙頭美工筆

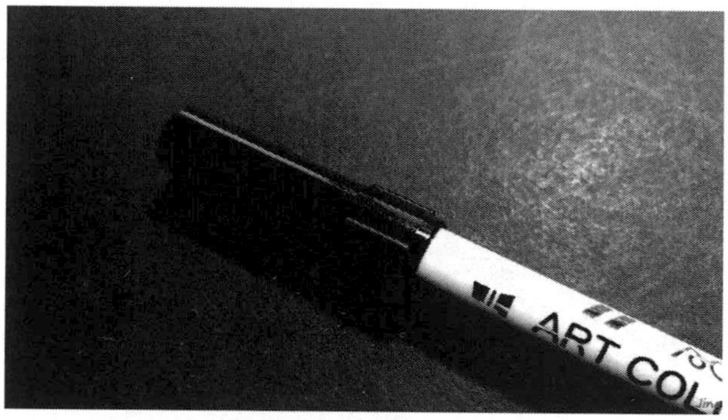

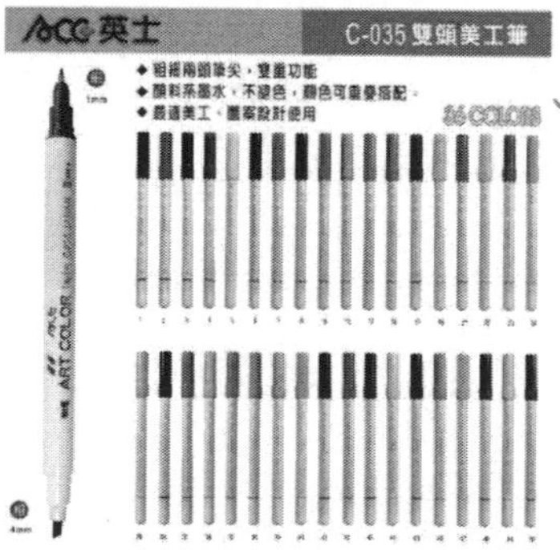

➡ 一頭為扁頭麥克筆，另一頭為 0.5 代用針筆便利性極高。

6. 色鉛筆或麥克筆，備黑色、藍色、綠色、咖啡色等基本色款即可，建議購買單支自身慣用色、免買整盒。

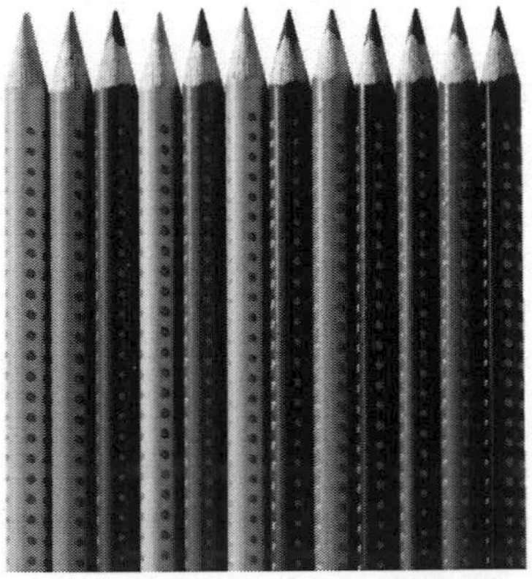

➡ 上色端看個人慣用色鉛筆或麥克筆擇一即可。

7. 橡皮擦，備中 or 大塊，太小塊容易不見

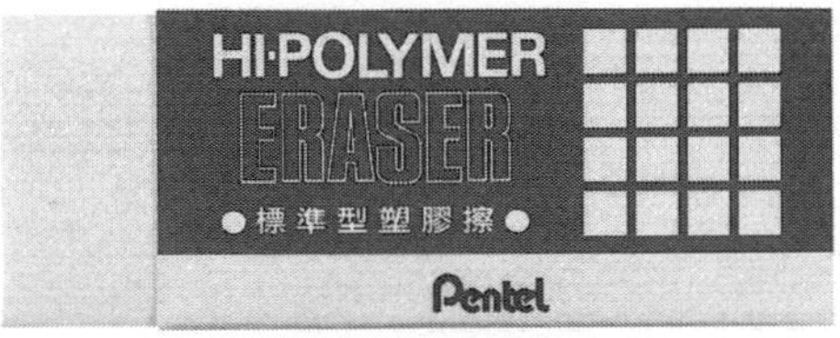

➡ 市售常見的飛龍或蜻蜓牌皆可。

（二）尺規與其他

快速設計雖然大部分為徒手畫完稿，但打草稿的過程仍需要使用尺規，建議準備之尺規如下：

1. 比例尺（30 cm）

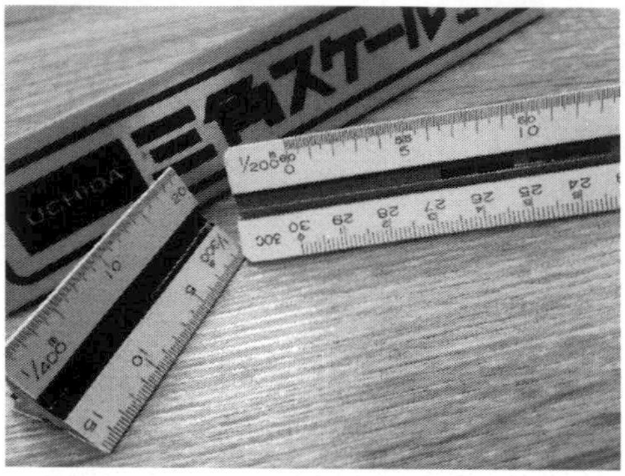

2. 鐵邊尺（30 cm & 50 cm）

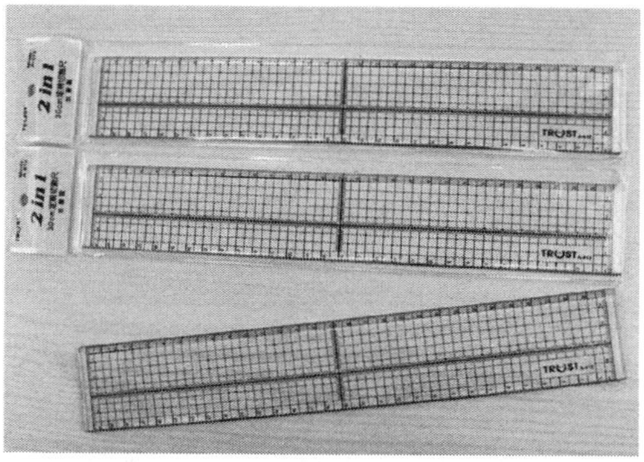

3. 圓圈版

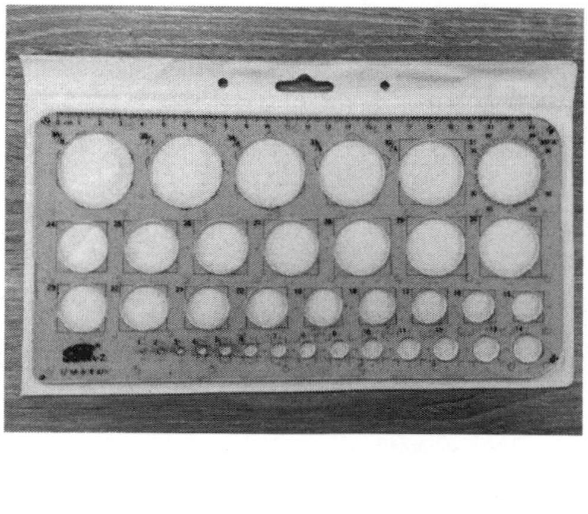

4. 馬毛刷或油漆刷、方便清理橡皮屑

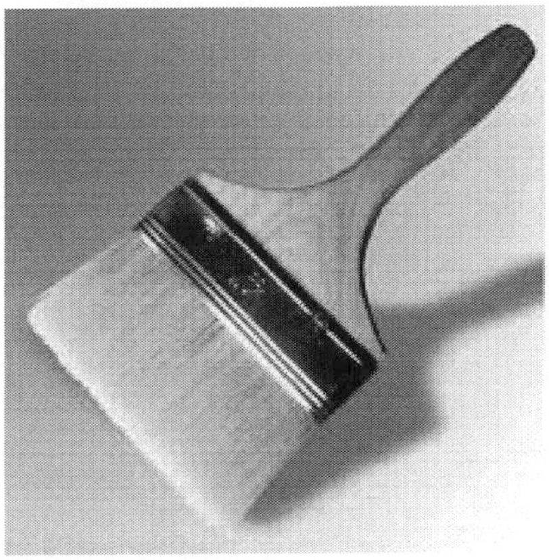

5. 手錶或小桌鐘

➡考場不能使用智慧型手錶，需準備普通手錶或桌鐘，時間調整與考場鐘聲相同。

6. 攜帶式圖桌，如果找的到沒有磁吸式的較輕便，有磁吸式的通常較重。

➡ 另如果覺得不想帶圖桌，可買一把 GOODLY 的平行尺，風箏線，1.26 in / 3.2 cm 長尾夾 4 個。

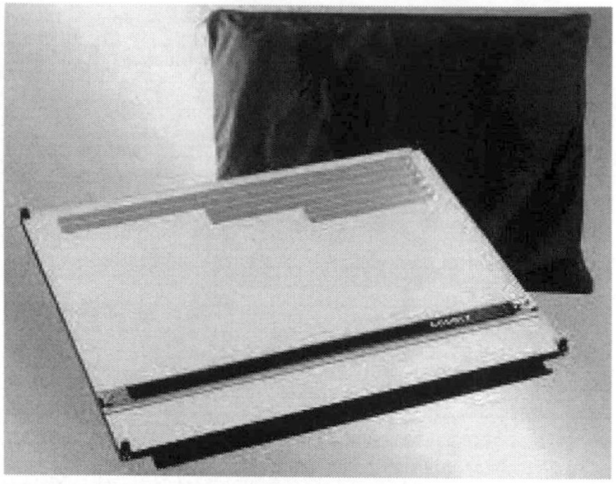

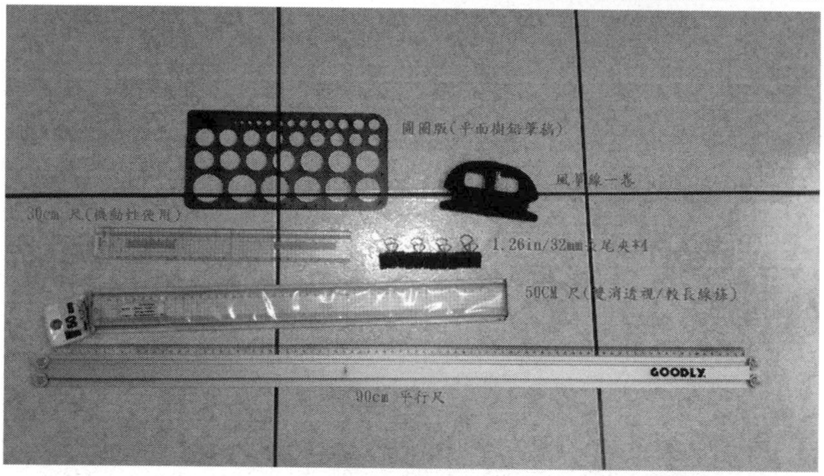

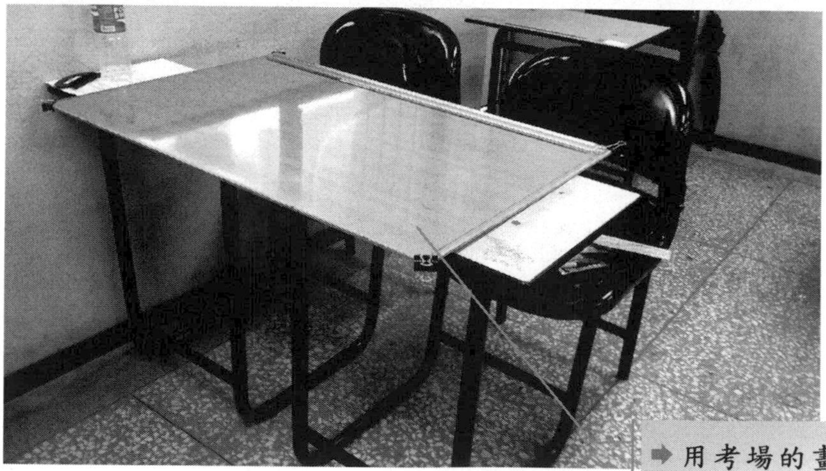

➡ 用考場的畫板自帶平行尺架好的樣子。

二、繪圖步驟（公職考試 6hr 與專技考試 8hr）

建築設計考科的考試時間在公務人員考試則為 6 小時，考試時間為考程第 3 天的下午 1：00~晚上 7：00，專技建築師考試為 8 小時，考試時間為考程第 3 天的早上 9：00~下午 5：00，考試時間 6 小時與 8 小時的步驟安排大致一樣，僅步調稍作調整，無須因為時間從 8 小時縮減為 6 小時而感到緊張。

<u>製圖工具、圖板等就定位之後步驟如下：</u>

（一）繪製輔助線（俗稱打格子），通常為 1.5 cm 或 2 cm，格子主要功能為當作比例尺打鐘拿到題目後快速瀏覽題目，不深究，即開始打格子（推薦用 2H 鉛筆）。

（二）讀題

先劃記**建築計畫**要的大項，後劃記子項重點，注意要求圖說比例是否合理，如題目要求的比例明顯無法妥善的排版放圖，可自行調整為合理之比例，反之如題目要求的比例擺放版面剛好，則務必按照要求繪製。

（三）放樣排版

不管看不看得懂題目，先放樣，排版，避免在考試剛開始鑽牛角尖的讀題。

（四）時間對拆法

不管考試時間為 6 小時或 8 小時，將時間拆為 4 分之 1，一半，4 分之 3，考 6 小時以 1.5 小時為節點，考 8 小時則以 2 小時為節點，原則上時間過一半的時候開始墨線工作。

（五）建築計畫

常見項目如：基地環境分析、量體配置計畫、空間需求整理等等。

（六）圖面繪製

1. 1F 平面配置，為整張圖最重要的一環，配置的方向左右整張圖

   首先決定量體走向，機能分區／分群，垂直／水平動線位置，安排機能時同時考慮造型，地景，整體性規劃。

2. 各層平面

   安排 2F 以上平面，首先注意是否有機能性較強的空間優先處理，很可能因此影響到垂直動線的位置，連帶其他樓層牽一髮動全身，視圖面安排可以不用各層都畫，挑重要的表達、不重要的樓層可跳過，避免為了填版面而畫圖。

3. 剖立面

   快速設計當中的剖面盡量帶立面，剖面帶一小部份立面或立面帶一小部分剖面，圖面的表現較有立體感。

4. 透視圖分為等角透視、單消點透視、雙消點透視。

   （1）等角透視最廣泛被應用，鳥瞰全區為主。

（2）單消點透視通常用於表達建築物與開放空間或室內透視。

（3）雙消點透視則多應用於表達建築物本身。

（七）回馬槍

整個考試繪圖的過程最忌諱沉浸在自己的設計當中，忘記了題目的需求，整場考試一定要不只一次的重複回頭重新審視題目。

（八）綜觀全局

打鐘前大約 15 分鐘站起來瀏覽整張圖並再核對題目檢查有無遺漏。

三、練習方式

建築設計這門科目重點在於整合，一張大圖上面必須綜合自身繪圖能力、讀題解題、以及建築師考試各門科目的建築總體知識，在考試時間內配合題目的要求將圖文整合進圖面當中完稿交卷，除日常生活及工作經驗累積以外，更重要的是方向正確的練習，如果很努力的練習但是沒有正確的方向，有很好的功夫卻在考場上沒能正常發揮，那也是很可惜的事情。

在練習的方向選擇，則端看個人本質學能的狀況做選擇，繪圖能力沒有問題的人重在讀題、解題，手繪能力欠缺的人則必須多花點時間練筆，時間花在強化自身欠缺的部份，針對繪圖練習與讀題練習的一些簡單建議如下：

（一）繪圖練習

不管聽了再多觀念、再知道怎麼解讀題目的要求，如果沒有能力表達在圖文上作答也無用，所以先後順序來說，先有完成圖面的繪圖能力才有辦法談解題，針對繪圖練習的建議如下：

1. 時間控制：

在開始練習畫一張圖，第一件最難的是時間控制，如果一開始就硬逼自己要 8 個小時畫完一張圖，一定是手忙腳亂最後打擊信心，完全新手的人可以選擇好一份想要練習的題目，並且好好的找好適當的案例，想好方案的方向，確實地做好平面配置，及其他圖面慢慢的畫完一張圖，然後才是逐漸的縮短操作時間，如若因為要工作等事沒有辦法 full time 的 6 或 8 小時做練習，僅用零碎的時間做練習也需做計時，才能夠知道自己的時間容易浪費在哪裡，並且一定要在畫完圖的時候帶著圖多方請教自己認識的老師、建築師、有考過的前輩或同學，收集各種不同的意見最後彙整出屬於自己的一套，最後就會發現一樣的題目好幾個過的人不同的說法、但真正的重點都大同小異。

2. 手繪基本功：

開始練習畫圖首先一定要先培養基本筆功，畫圖時的握筆姿勢與寫字不同，持筆位置可以稍微高一點，便於用手腕控筆，線條的穩定度也會較好。

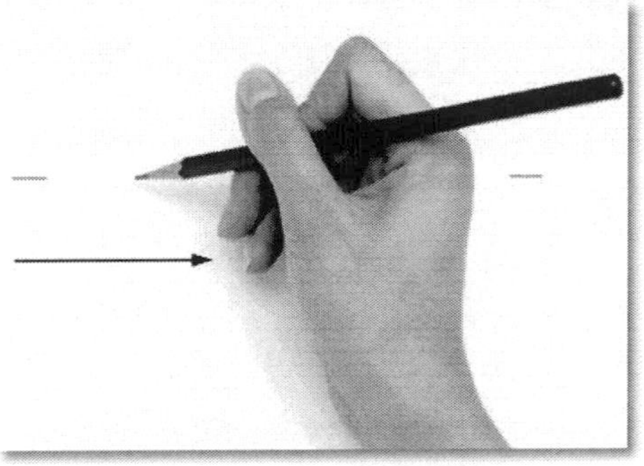

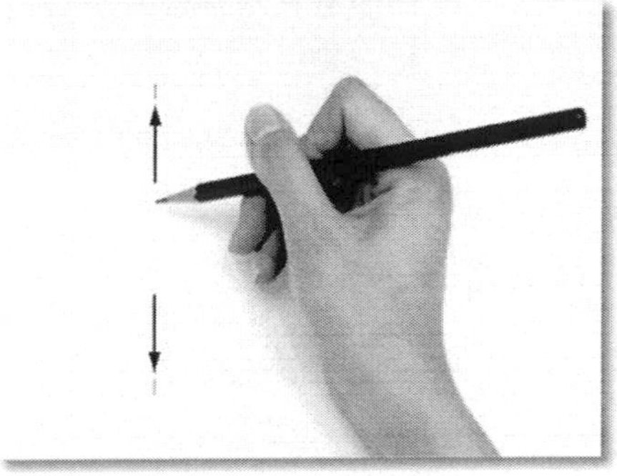

3. 工具保養：

手上的用筆，最好是練習過一張圖的水量一半的狀態下收好上考場再使用，在平時就要透過練習做「養筆」的工作，尺規也要定時做擦拭，避免用久了容易畫圖的時候把紙抹髒，都是平時需注意的小細節。

（二）讀題與解題練習

先具備基礎繪圖能力，後讀懂題目並解決題目提出的問題，就是快速設計最重要的事情，讀懂題目首先一定要清楚題目的建築類型當中的空間需求、以及題目所提出的圖說要求，下表整理若干年份的空間需求以及圖面要求供參。

歷年考題需求表

年度	題目	空間需求	圖面要求
110	社區活動中心與公有出租套房單元	1.社區活動中心： ・社區客廳 480 ㎡（可合併或分開配置） ・茶水間，配合客廳設置。 ・廁所。 ・接待櫃臺（1 人）。 ・教室／會議室 680 ㎡。 ・里辦公室 200 ㎡。 ・儲藏室 200 ㎡。 2.公有出租單人套房單元： ・單元數盡可能多。 ・每單元約 30 ㎡（9 坪）。 ・地下停車場：汽車 35 席，設置坡道。免設機車位。 ・其他基地條件和公共活動需要設立之空間。	1.地面層平面圖 S：1/200，應清楚並正確標示柱中心線、柱距。 2.各層平面圖 S：1/200，應清楚並正確標示柱中心線、柱距，平面相似的樓層無須重複繪製。 3.兩向剖面圖 S：1/200，應清楚並正確標示柱中心線、柱距及樓高。 4.外牆剖面圖 S：1/50，必須清楚標示樓層高度、梁深與室內淨高。 5.量體簡圖，應標示面臨街道、樓層線和服務核位置。 6.立面：請以簡圖說明立面設計策略即可。（比例自訂）。
109	大學校園學生宿舍	1.可供至少 200 個學生長期住宿的居住空間，須規劃至少兩種房型，樓層數不得 2.超過地上四層。 3.腳踏車停車空間 200 部。 4.多功能集會空間一間，面積約 200 ㎡，觀眾區應可容納至少 120 人。 5.洗曬衣區自行規劃，方便性為主要考量。 6.辦公室、儲藏室及其他附屬空間自行規劃。 7.宿舍須設置數量足夠直通樓梯與安全梯。 8.本宿舍之入住者不限性別。 9.宿舍必須考量行動不便者入住之方便性。	1.含戶外景觀及腳踏車放置場之配置圖，比例 1：500。 2.地面層平面圖，比例 1：200，應清楚並正確標示柱中心線、柱距與柱尺寸等。 3.各層平面圖，比例 1：200，應清楚並正確標示柱中心線、柱距與柱尺寸等，平面相似的樓層無須重複繪製。 4.外牆剖面圖，比例 1：50，必須清楚標示樓層高度、樑深與室內淨高等。 5.標準單元平面詳圖兩式，比例 1：50。 6.擇一處樓、電梯間繪製平面詳圖，比例 1：50，應清楚並正確標示之內容如下： ・電梯車廂內尺寸與開口尺寸。 ・安全梯詳細尺寸，包含梯級數、級高、級深等，級高總和必須與樓層高度吻合。 ・外觀透視圖。

年度	題目	空間需求	圖面要求
108	國小閒置教室「老小共學」校舍增改建設計	1.日間照顧中心： ・提供滿足長者身、心、靈需求，以及失能或失智老人（20 人）個別照護服務及安心環境的人性化空間，以單位照顧模式，依身心機能狀況分組（家）照顧，尊重個別性、自主性的日間照顧空間。 ・依據「老人福利機構設立標準」，老人日間照顧設施應設多功能活動室、餐廳、廚房、盥洗衛生設備與午休空間等。其中活動空間每人應有 10 平方公尺；午休之寢室每人應有 5 平方公尺，其他餐廳、廚房、盥洗衛生設備與相關服務所需空間，請自行依需要設置之。 2.銀髮學習中心暨關懷據點： ・提供各式語言、歌謠、國畫、書法、養生運動、資訊上網……等課程使用之教室 2 間，可兼為行政人員的講座訓練用空間。 ・可提供約 50 位老人共同用餐的空間，用餐時段外並可作為日間照顧中心的多功能空間，提供全體老人文康娛樂活動、圖書閱覽及社交聯誼所需。 ・福利與醫療諮詢室。 ・工作人員辦公與志工空間（包括主任 1 位；日間照顧中心：護理人員 2 位、社會工作人員 1 位、照顧服務員約 6 位；銀髮學習中心：社會工作人員 4 位、廚師 2 位；志工 6 位）。 ・會議室（20 座席）。 ・廚房與支援備品空間。 ・其他。	1.建築計畫說明：（30 分） ・研擬並列表說明本次設計標的物的建築計畫內容，包括： ⑴本案的空間定性定量表—活動行為所需與相應之空間特質與量的決定原因。 ⑵整體環境規劃構想。 ⑶校園其他相關本基地的適宜環境設定說明。 ・無障礙環境設計的系統性概念說明。 2.建築設計圖面：（70 分） ・全區地面層配置圖，包括戶外空間景觀規劃：比例 1/200~1/300。 ・重要的其他樓層平面圖：比例 1/200。 ・主要立面圖：至少兩向（相鄰校舍建築立面外觀材質……等，請自行設定之），比例 1/200。 ・主要剖面圖：至少一向，比例 1/200。 ・其他表現設計構想之透視圖或大樣圖。

年度	題目	空間需求	圖面要求
107	國民運動中心	1.室內標準籃球場一面（15 m×28 m）重量訓練室 350~400 ㎡及附屬空間多功能大教室 350~400 ㎡及附屬空間，多功能韻律教室 4 間每間面積約 65~75 ㎡。 2.停車空間設置於法定空地，應可供假日市集使用，需設汽車停車位 24 部、無障礙停車位 2 部，機車停車位 50 部。本案採委外經營（OT）之方式經營管理。	1.含戶外景觀之配置平面圖，比例 1：600。 2.各層平面圖，比例 1：300。 3.雙向剖面圖，比例 1：200。 4.主要立面圖，比例 1：200。 5.主要空間之外牆剖面圖，比例自訂。 6.透視圖。
106	老街活動中心	1.說明對基地人文與自然環境之認知，及需要面對的設計課題與對策。 2.說明回應老街立面的設計原則，含量體、材料、顏色等其他說明。 3.說明相關建築法規及各個空間的定性與定量。	1.配置圖：範圍包括市場及土地公廟的入口區平面圖：含傢具配置。 2.兩向立面圖：需上色。 3.剖面圖：東西向剖面圖。 4.透視圖：街道行人視線高度為基準。 5.評分配比： 回應基地人文及自然因素之需求（35 分）、回應法規的要求（30 分）、建築與空間的創意與合理性（35 分）。
105	圖書館與社區公共空間	1.社區圖書館。 2.出租商店。 3.地下停車場。 4.地面公共租用自行車車位。 5.建築用地之戶外空間。	1.含戶外景觀及周邊環境的配置圖(比例 1/400）。 2.全區剖面圖（比例 1/400）。 3.各層建築平面圖（比例 1/200）。 4.雙向建築剖面圖（比例 1/200）。 5.主要立面圖（比例 1/200）。 6.建築外牆剖面圖（比例自訂）。 7.全區透視圖。
104	友善社區小學	1.活動空間計畫【空間定性、定量面積表】。 2.基地配置計畫。 3.物理環境計畫。 4.共享互惠計畫。 5.高齡者活動整合計畫。	1.全區配置圖：比例 1/600。 2.A、B 基地地面各層平面圖及說明：比例 1/300。 3.A、B 基地建築四向立面圖：比例 1/300。 4.主要剖面圖：比例 1/300。 5.透視圖：比例自訂。

年度	題目	空間需求	圖面要求
103	與鄰為善的建築師事務所--建築師好厝邊	1.基地環境。 2.與社區友善互動機制。 3.空間計畫。	1.設計概念（以圖示為主，文字為輔） 2.基地配置圖。 3.地面層及敷地庭園平面圖（含傢俱擺設）。 4.主要立面圖（至少兩向）。 5.主要剖面圖（至少一向）。 6.其他各層平面圖（含傢俱擺設）。 7.新舊構造界面設計之細部圖。 8.透視圖或等角立體圖。
102	都市填充一住商複合使用建築	1.營造無障礙及綠色生態的建築環境。 2.基金會受政府委託同時負責西側文學紀念館之營運。 3.本建築以提供出租單元為主。 4.居住單元類型。 ・地面層以商店出租。 ・不少於法定容積之 80%為原則。 ・建築總樓地板面積合理公共空間的比例及數量。	1.配置圖（含景觀設計）：比例 1/300。 2.全區地面層平面圖及重要的其他樓層平面圖：比例 1/200。 3.主要立面圖：比例 1/200。 4.剖面圖（雙向）：比例 1/200。 5.全區以透視圖或等角透視圖表示：比例自訂。 6.構造細部詳圖：比例自訂。
101	「歷史建築保存再利用與活動中心增建」規劃設計	1.環境課題。 2.規劃準則。 3.空間概要。 4.設計構想。 5.執行計畫。	1.配置圖（含景觀設計）：比例 1/400。 2.平面圖：比例 1/200。 3.主要立面圖：比例 1/200。 4.剖面圖：比例 1/200（至少二向）。 5.透視圖：表現建築與環境、人與空間的關係。 6.細部圖：表現歷史建築與增建空間之間的構築細部。
100	共生的兒童圖書館與鄰里公園	1.基地環境分析。 2.空間定性與定量分析。 3.規劃目標與構想。 4.設計課題與準則。	1.配置圖（1/300）。 2.各層樓平面圖（1/200）。 3.主要剖面及各向立面圖（1/200）。 4.特殊構造細部詳圖（比例自訂）。 5.重點說明、空間構想與造型圖。

年度	題目	空間需求	圖面要求
99	小學「加一」	1.基地與週邊環境分析，包括物理環境交通人行開放空間等。 2.法規檢討與量體分布策略。 3.空間定性與定量分析。 4.其他有意義之相關圖說。	1.全區配置圖（比例尺自行決定）。 2.全區地面層平面圖(比例尺自行決定)。 3.重要空間之其他樓層平面圖(比例尺自行決定）。 4.重要空間之剖面及立面圖(比例尺自行決定）。 5.其他有意義之相關圖說(比例尺自行決定）。
98	建築設計作為一種善意的公共行動	1.空間解讀。 2.空間想像。 3.建築計畫書（展演、社交、遊戲及體育、知識、生態生產、交通、其它）。	1.行動準則。 2.設計基地。 3.表現法規定： ‧全區以等角透視或透視等表示（比例自訂）。 ‧系列文化地景長向剖面（比例自訂，位置請標示）。 ‧擇一具代表性空間，能表達設計思想，繪製構造性大剖面透視圖或構造性大剖面等角透視圖（1/50）。 ‧能表達公共性、時空發展、設計動人之處的大區塊平面圖，比例自訂。 ‧至少以一處設計行動超越現行建築及都市相關法規的解釋習慣。並請闡述其價值及對未來其它環境可能構成的啓發。
97	某知名具優良企業形象及品牌之跨國企業集團「員工渡假中心」	1.規劃目標與構想。 2.基地與環境分析。 3.空間定性與定量。 4.設計課題與準則。	1.配置圖 1/200（含地面層平面、室外空間及景觀設施等）。 2.其他各樓層平面、主要剖面及各向立面圖 1/200。 3.主要空間構造細部詳圖繪製及重點說明。 4.特殊空間構想或建築造型之透視圖。

年度	題目	空間需求	圖面要求
96	社區文史資料館與里民活動中心設計	1.社區整體環境改善之具體構想提。 2.建築規劃設計準則及設計構想策略。 3.說明與評估規劃設計方案達成之目標與解決之問題。 4.整體環境構想。 5.內外空間計畫與動線組織。 6.基地環境、法規、環境控制與構造系統分析檢討等。	1.全區配置圖（含景觀、植栽、動線、戶外活動空間構想之明確表達，比例尺為二百分之一）。 2.建築主要平面圖、立面圖及剖面圖（比例尺為二百分之一）。 3.設計構想、綠建築具體措施、構造方式及未來施工計畫以簡圖重點說明。 4.透視圖（重要空間構想或建築特別造型意匠三度空間呈現）。
95	推廣保育工作的小站是個為市民與社區開放的公共空間	1.後邀請居民與使用者參與設計過程的初步構想，說明本基地上既有建築的特徵或模式（patterns）。 2.設計準則（design guidelines），社區參與過程時的溝通。	1.配置與一層平面圖。 2.剖面圖或是剖面透視圖、投影圖。 3.主要立面圖。 4.其他必要的細部說明圖。
94	「永續建築」展示館	1.建築計畫部分（請列表、圖與文說明，依需要自行決定）。 2.設計構想（建築本身是永續的展示）或相關設計決策知識、空間計畫與組織、空間需求面積、基地分析、法規檢討、構造系統、生態與節能、無障礙設施等。	1.建築設計部分應依所提之建築計畫進行設計，並應納入機能、造型、管理、維護、防災考量等。 2.地面層全區平面配置圖，包括景觀設計及構想（比例尺為二百分之一）。 3.各層平面圖（若有不同樓層設計應繪製）（比例尺為二百分之一）。 4.主要剖面與立面圖（比例尺為二百分之一）。 5.透視圖。

03

PART

技巧篇

一、基本繪圖技巧練習

二、建築計畫

三、配置與各層平面

四、剖／立面圖

五、透視圖

六、設計說明運用

七、表現技法選擇

八、收尾完稿交卷

一張可以及格的完成圖面，必須綜合考生本身的繪圖技術與總體建築知識應用，如若手繪基礎較差的人，多在日常生活的零碎時間做基礎的畫線練習。

一、基本繪圖技巧練習

徒手畫練習是手繪入門的第一件事情，下圖的橫線、直線、斜線、橢圓、打點等…可以任何時候拿張任意的紙張隨時做基礎鍛鍊。

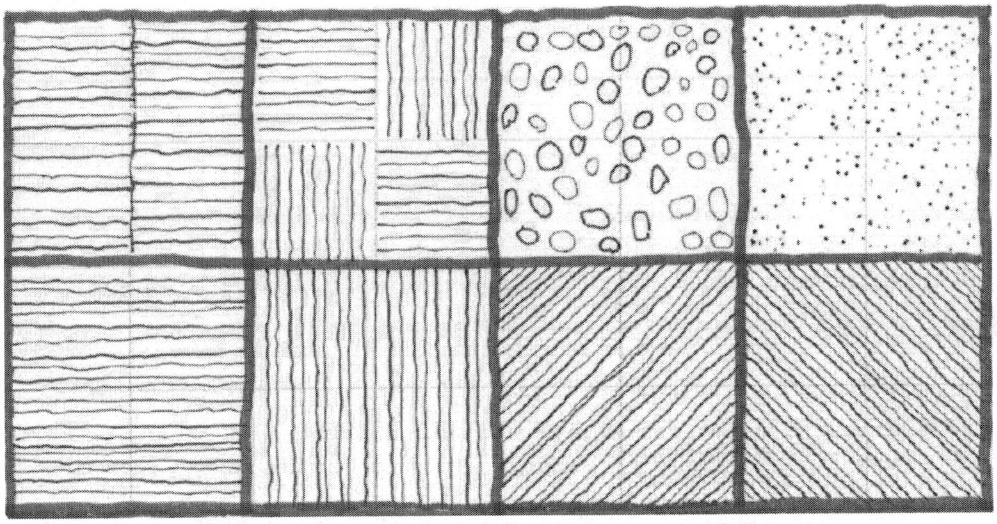

橫線、直線、斜線等以外，虛線、鍊線、弧線、不規則線條等亦要練習。

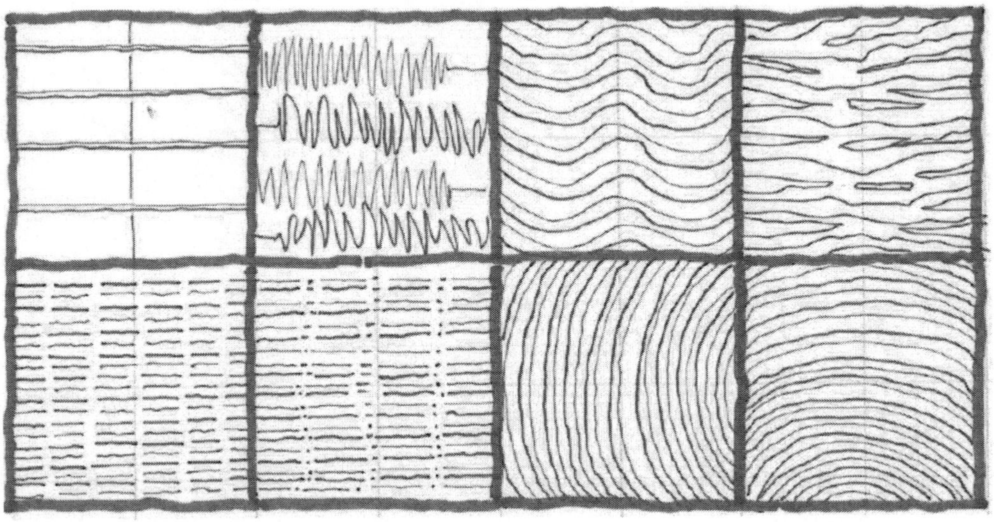

接著進一步的練習格子線、斜向格子、這樣的手上功夫會是圖面收尾畫鋪面或是立面材質等的重要技術。

基本的線條以外，點景練習也是相當重要的一環，平面樹、立面樹、人形等點景也是零碎時間可以多練習的。

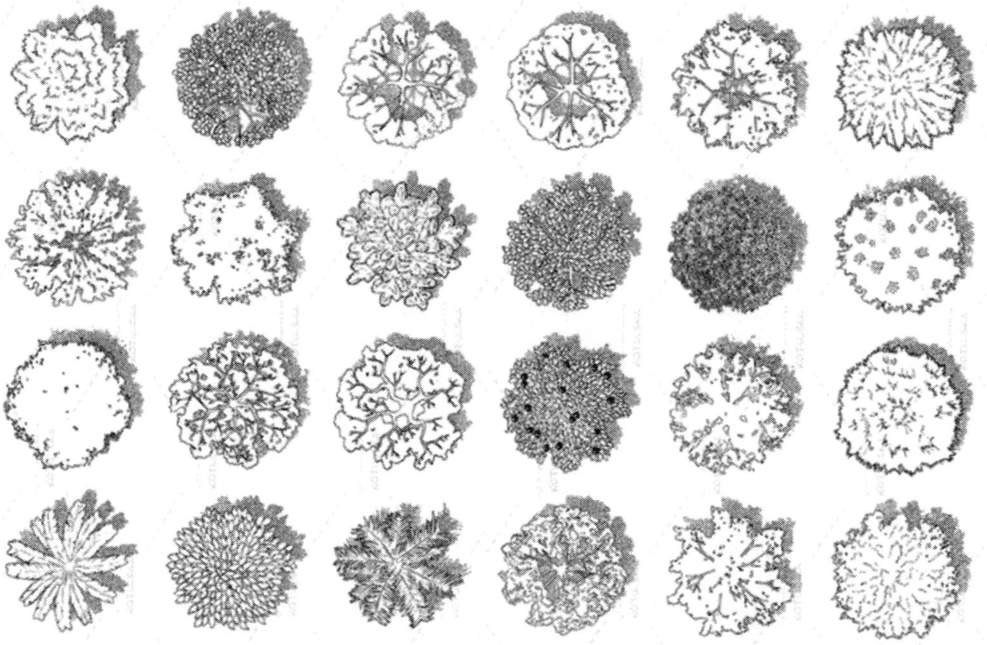

平面樹大約練習 3~5 種交替使用即可，種類的挑選原則上形狀複雜的 1 款、適中的 1~2 款、形狀簡單的 1~2 款。

立面樹也大約練習 3~5 種交替使用即可。

立面人型適合在立面、剖面、透視圖做點綴。

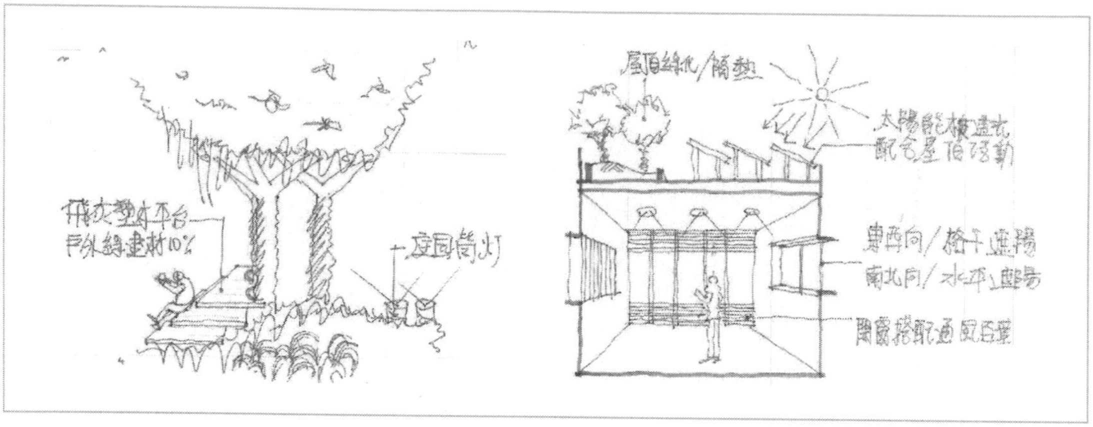

二、建築計畫

檢視歷年考題建築計畫通常占 30% ±的配分，圖面上做好建築計畫說明將可以非常好的輔助整張設計圖面，讓閱卷委員清楚了解整體設計所要表達的方向是否有正確回應題目的要求，在此將建築計畫各個面向綜合整理出建築計畫曼陀羅表如下：

建築計畫曼陀羅表

停車場出入口/服務動線規劃考量	周邊環境與景觀一定要因應及利用	植栽配置必須整齊，種類不能單一	應用既有樹木圍塑小型活動空間	題目沒有陳述太多	觀察各項基地特徵	日曬雨淋問題要考量	避免無通風採光之暗間	廁所等負面空間位置避免在中心
要提供足夠人行空間與都市廣場	基地環境設定開放空間	植栽配置與既有樹考量	基地所處都市環境條件	基地分析	鄰地是建築物或公園等	半戶外虛空間要運用	設定空間與樓層	避免家具配置不符實際使用
鄰地有開放空間要串連	依臨路寬窄判斷	主次要出入口配置	日照/雨季/地形/既有建物等考量	基地所處自然環境條件	優先注意鄰地有無通學或商業行為	入口意象與門廳的安排	一樓與重要空間樓層是關鍵	避免動線過長/不循環
題目沒有要求仍須考慮都市設計	基地有幾側臨路	基地隔壁或對面的公園納入考量	基地環境設定開放空間	基地環境分析&分區	設定空間與樓層	簡圖小等角透視或小剖面	空間尺度明顯錯誤	數量多的與大型空間優先注意
題目沒有明確要求	開放空間位置設定	考量取景/借景/造景等手法運用	開放空間&建築物量體	成功且快速的完成建築計劃	空間需求整理	列表格或畫簡圖表達	空間需求整理羅列	題目未給明確需求
水池/亭台/樓閣等運用	需將開放空間設定位置說明理由	與室內居室活動行為相關聯	題目議題與開放空間	題目議題	題目議題與建築空間	如果與題目議題有關則須強調	題目有面積照抄/沒給用容積回推	要將空間面積數據化
先用硬鋪面與草地分區再加以設計	說明中重複題目議題陳述的主題	多使用局部剖面表達	設備或工法與開放空間位置可連結	題目議題要求與設備或工法有關	空間的設定可附帶提及設備與工法	若非南北向通風採光要有應對手法	計畫階段必須告知空間安排位置	無障礙/親子/性別平權等議題
透視圖須表現開放空間與建築物	題目議題與開放空間	建築物量體須做相對應的退縮	題目議題要求為留設開放空間	額外題目議題要求	題目議題要求與建築空間有關	說明理由盡可能重複題目的文字	題目議題與建築空間	題目議題與建築空間無關
通路空間尺度要大於法規要求	題目議題與開放空間無關	要有都市設計觀念	仍要在剖面交代設計特殊處	題目沒有明確要求議題	通常都會藏在其他文字敘述裡頭	空間型態盡量方正完整	注意中介空間運用	從題目敘述當中找尋脈絡

上表為建築計畫可以使用的項目，還是必須依照不同題目所提出的要求當下判斷解該題要使用哪幾個，準備考試的階段就要在日常多累積屬於自己的圖庫，在考試當中就是當下直覺性的判斷把跟題目要求相對應的項目騰上自己熟悉的圖說模式清楚的在試卷上表達出來讓委員理解，下圖為舉例的圖說。

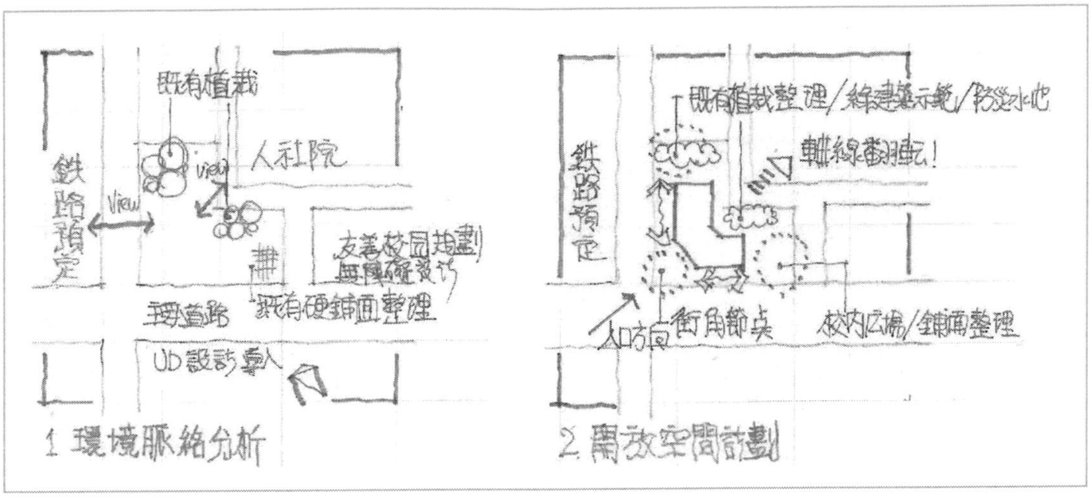

以下列舉幾道考古題中的計畫與建議圖說範例：

（一）107 年高考三級：建築工藝實驗中學設計

◎ 該年題目項目四、基地概況：

基地位於亞熱帶濕熱氣候都會區，夏秋兩季會有颱風，冬季的東北季風頻繁猛烈，可能干擾戶外活動的進行。基地四面為 6.5 至 10 m 道路，東北向與公園相對，其餘三面為四層樓之公寓住宅。長方形基地面積約 2330 ㎡，基地內平坦，無特別之地形特徵。

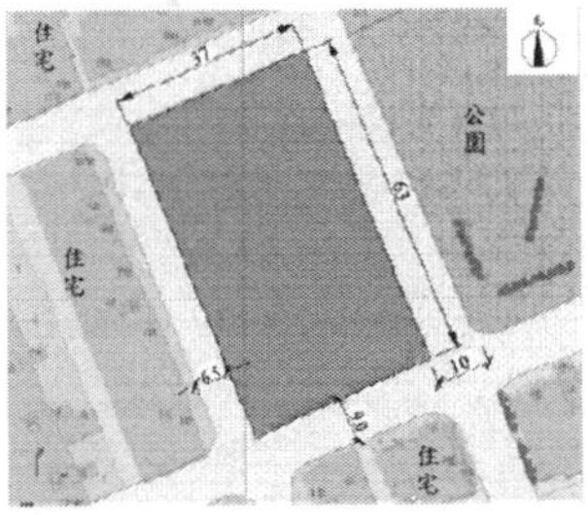

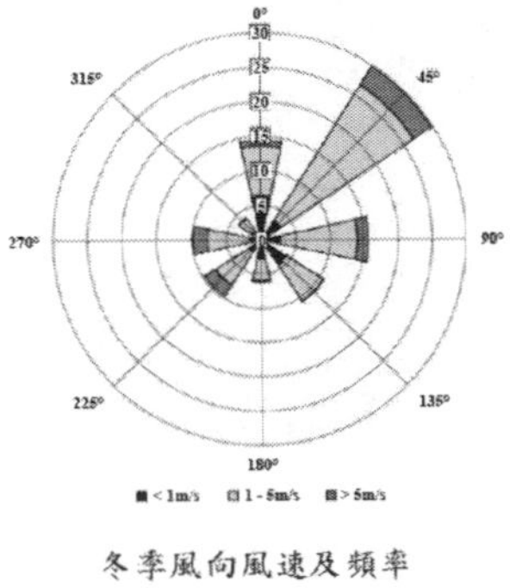

冬季風向風速及頻率

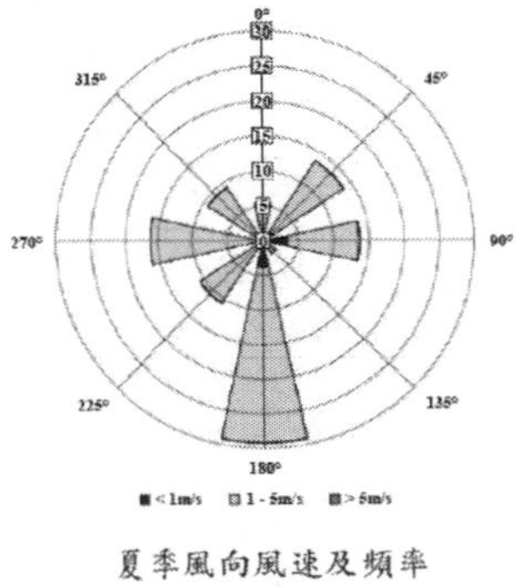

夏季風向風速及頻率

依照題目陳述的基地條件找出重點文字畫出說明計畫圖如下：

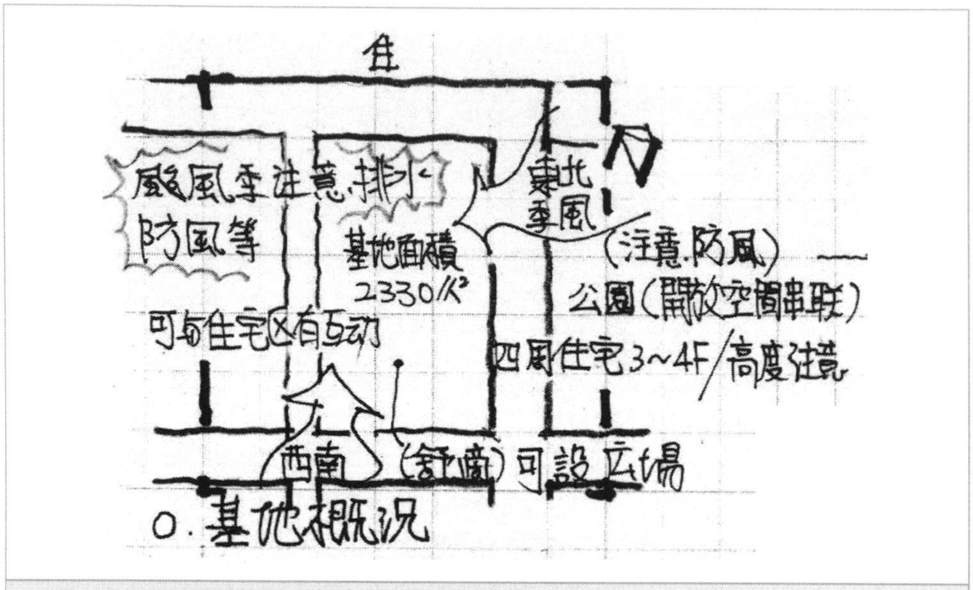

■基地概況分析

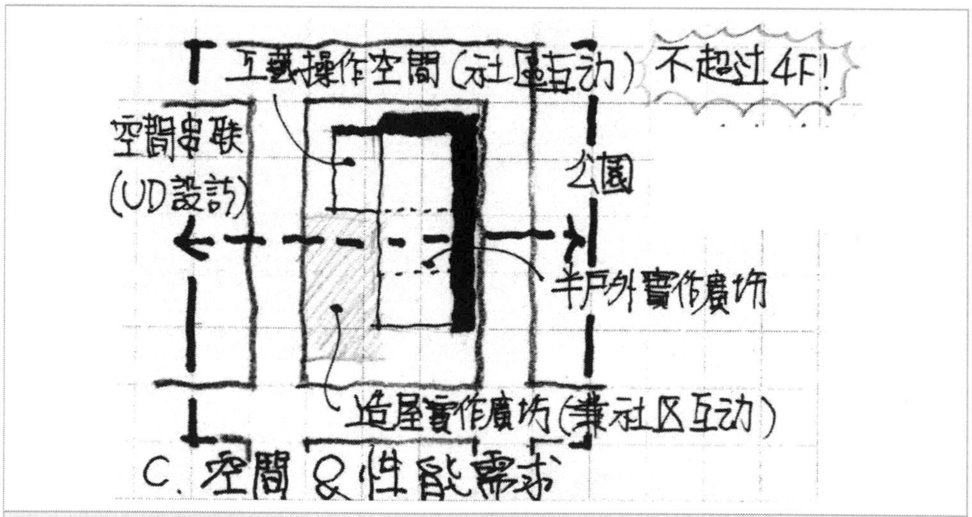

■空間與性能需求

◎ 該年題目項目三、設計目標：

在建築總工程預算 4,000 **萬元以下**完成建築物及外部空間的工程項目。

◎ 該年題目項目六、評分項目：

建築設計及設計原理：

建築工程預算，根據建築樓地板面積及戶外空間主要項目施工面積概估工程造價。**以 RC 構造、輕鋼構及木造建築造價約 25,000 元/m²，鋼構建築造價約 30,000 元/m²為原則進行概估，特殊材料構造另請酌量增減。基本室內裝修及機電設備造價以 15,000 元/m²概估**，特殊設備如再生能源設備之造價須外加。除建築物外，亦須以大項目施作面積概估戶外空間鋪面、植栽與設施所需預算。請簡要說明概估方式，各項參考單價除題目中明確說明項目之外請自行概略假設，無須依據特定標準。

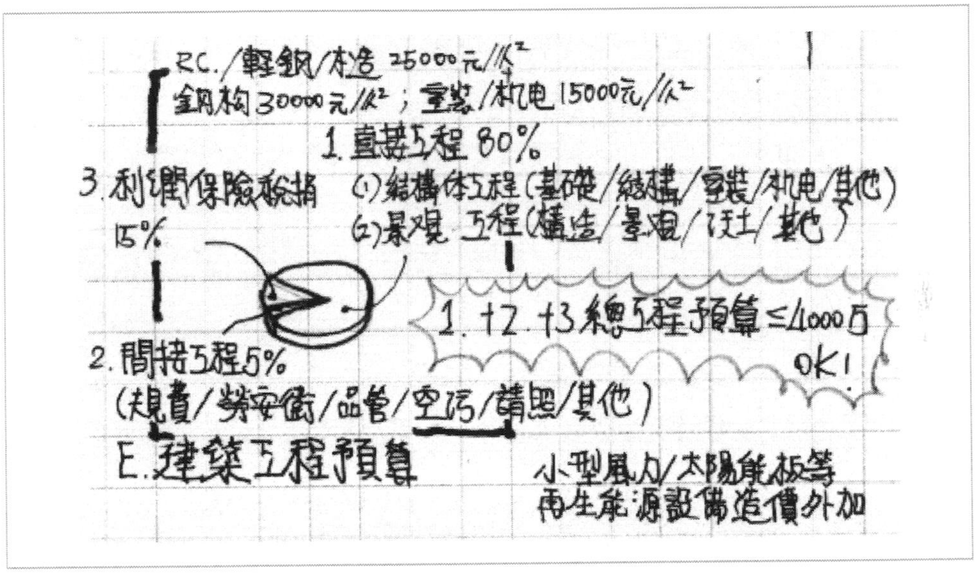

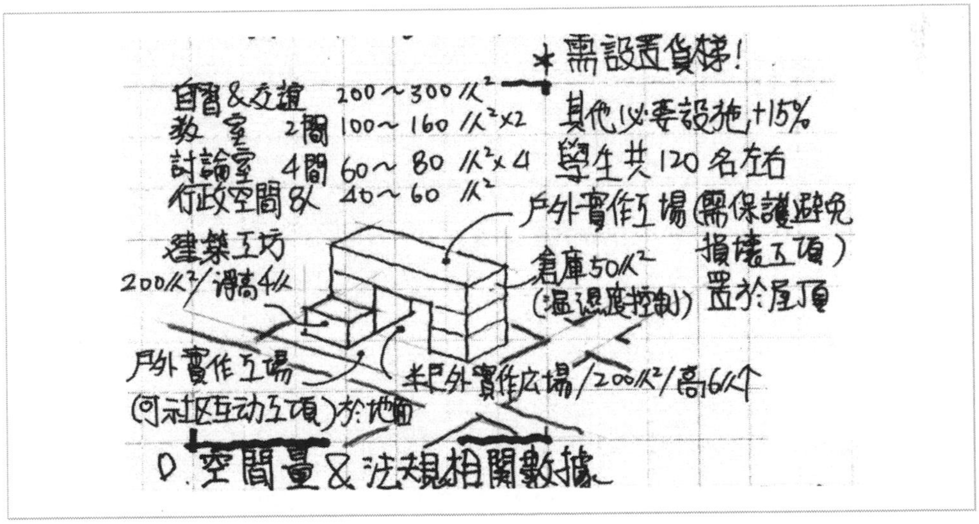

（二）107 年專技建築師：國民運動中心

◎ 該年題目項目三、建築基地（詳附圖）

建築基地位於臺灣南部之某中小型市鎮，地勢平坦，國道巴士站就在不遠處，雖離大型都市較遠，但因氣候宜人、房價較低，加上田園風光優美，近年逐漸吸引了不少青壯族群返鄉居住，他們或投入觀光產業、或開設主題餐廳、或從事精緻農業，不一而足。

基地所屬之都市計畫使用分區為文教區，東側為國民中學，設有八水道戶外游泳池一座；西側及南側皆為住宅區，建築物型態以二～三層透天店舖住宅為主；北側則為鎮立圖書館。

基地面積約 6500 ㎡，開發強度上限為建蔽率 40%、容積率 80%。

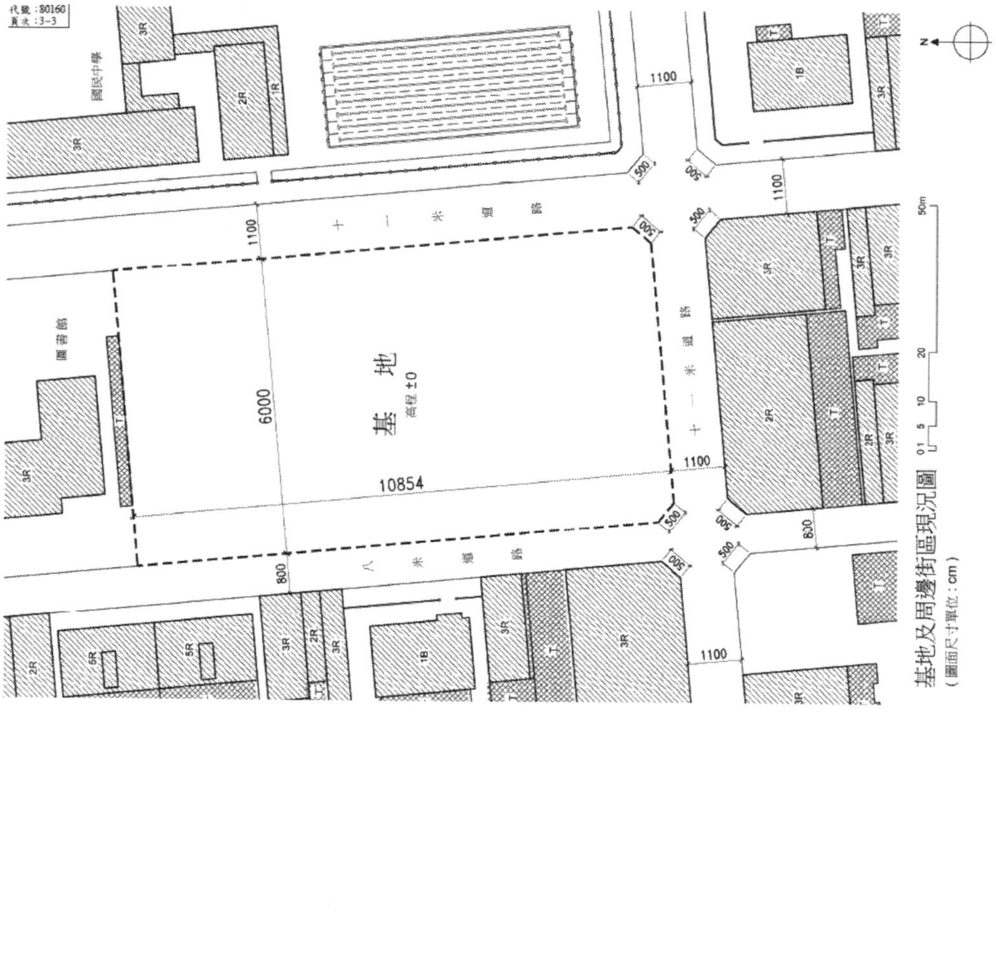

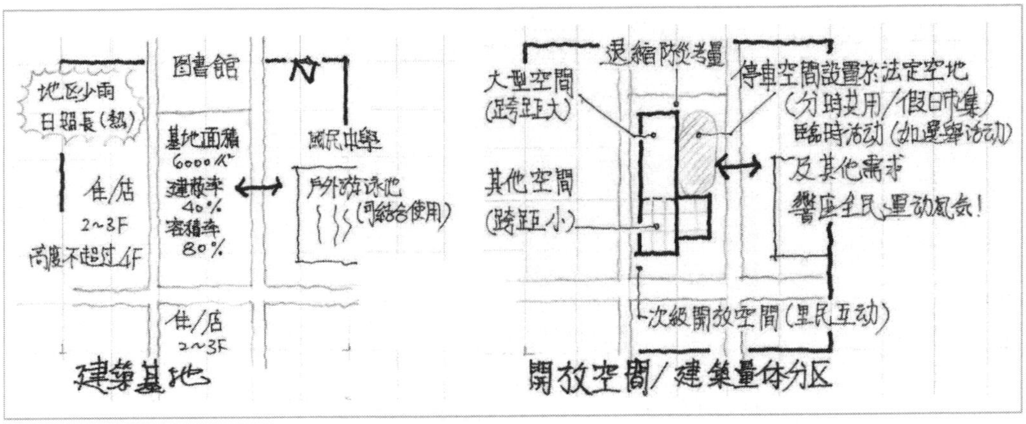

◎ 該年題目項目四、建築計畫需求（30 分）

➡ 室內球場一處，其空間至少需能容納標準籃球場一面（15 m×28 m），球場必須的緩衝空間及附屬空間請自行規劃。

➡ 面積 350~400 ㎡ 之重量訓練室一處，附屬空間請自行規劃。

➡ 面積 350~400 ㎡ 之多功能大教室一處，使用內容包含桌球、集會以及運動課程等，附屬空間請自行規劃。

➡ 多功能韻律教室四間，每間面積約 65~75 ㎡。

➡ 建築配置需呼應周邊街區之使用屬性。

➡ 本地區少雨且日照時數長，建築計畫須妥善因應以增加設施之使用品質。

➡ 停車空間設置於法定空地，惟應考慮可供假日市集使用，需設置汽車停車位 24 部、無障礙停車位 2 部，以及機車停車位 50 部。

➡ **本案採委外經營（OT）之方式經營管理。**

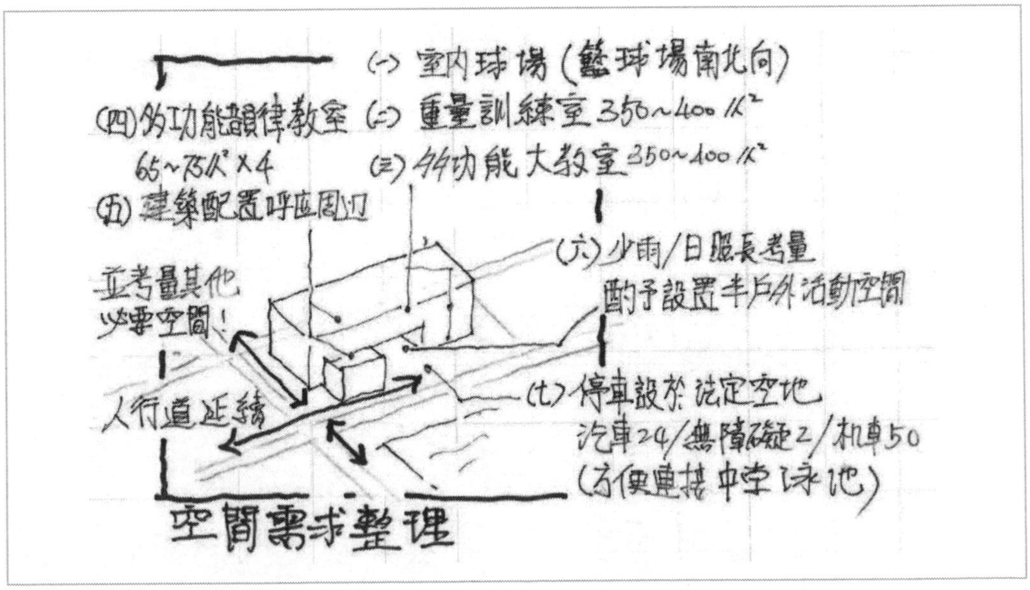

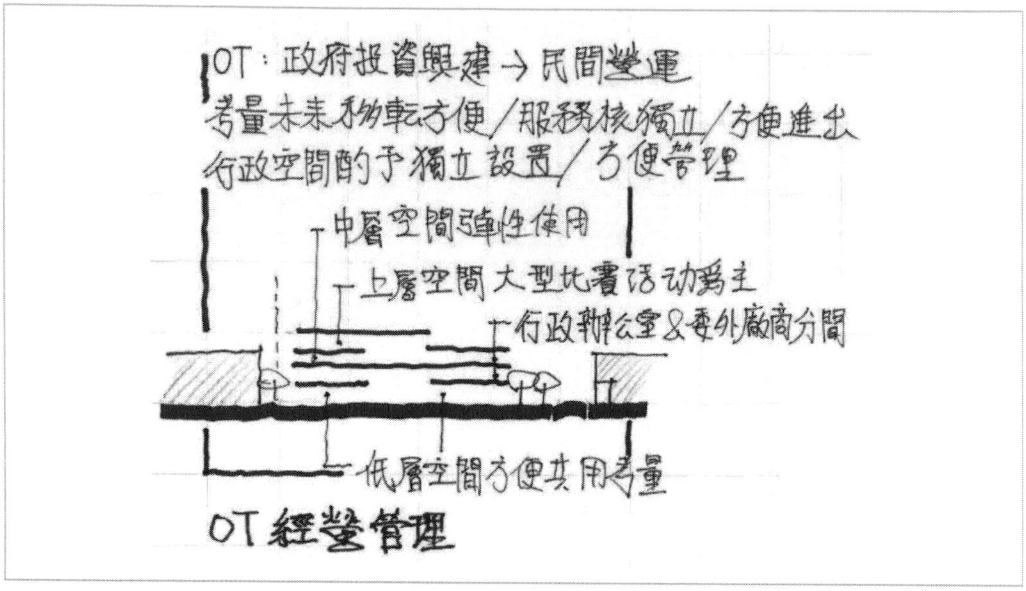

（三）106 年高考二級：防災收容所

◎ 該年題目項目一、建築規劃：（30 分）

假設您負責規劃某地區未來發生重大震災時之中長期災民收容社區，規劃成果將做為該建築設計方案之需求標準及評選依據。基地條件概況如下：

基地位於臺灣北部，有頻繁的颱風與地震。目前使用現況為公園球場。基地面積約 8,600 ㎡，東西寬約 110 m，南北長約 80 m。基地西側臨接公園地下停車場 1 層高之建物，南側隔 8 m 巷道面對住宅區，北側臨 34 m 道路，東側臨 12 m 道路，對面為公園。基地內部南北及東側臨街面有綠化植栽及樹木。

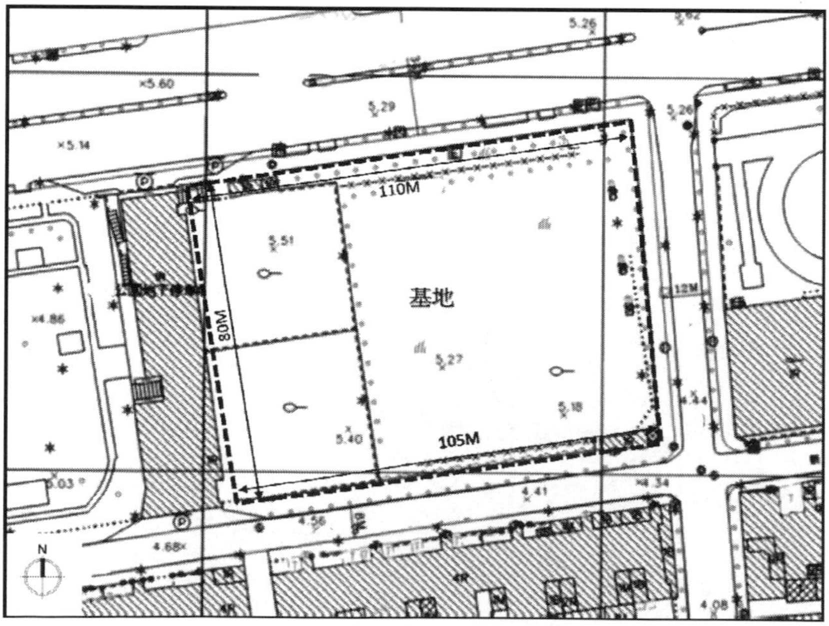

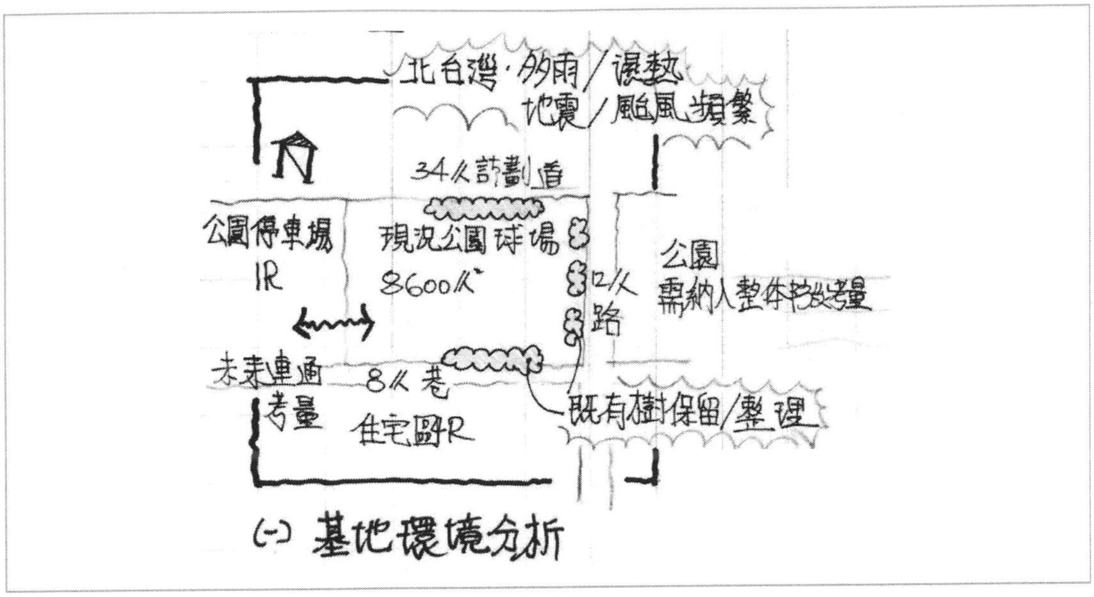

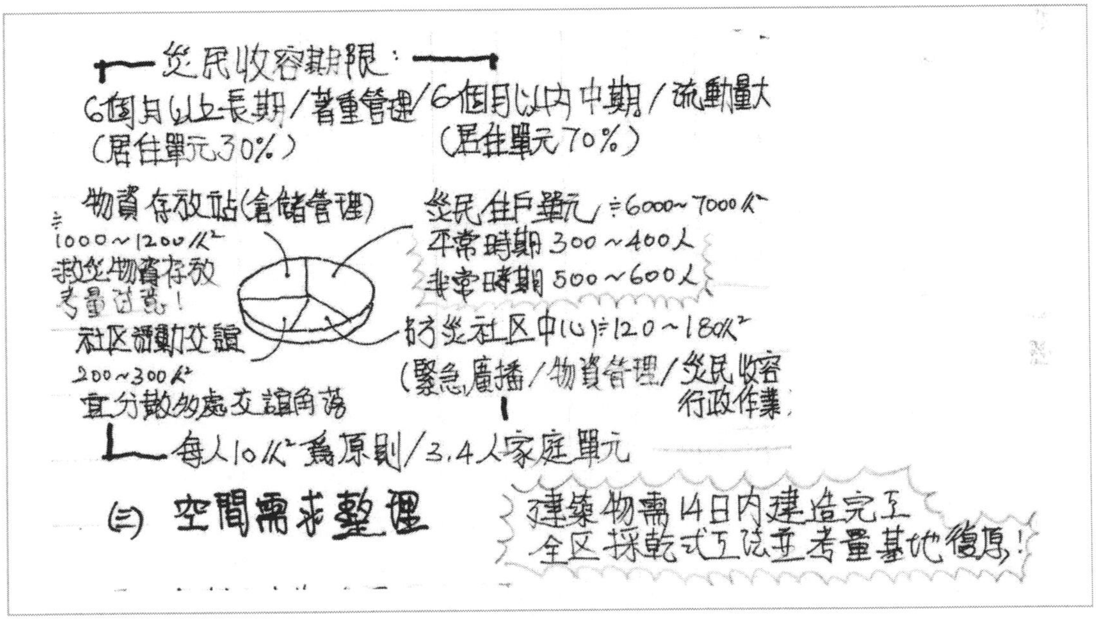

◎ 以下根據該地區政府規範說明該防災收容所之相關注意事項：

- ➡ 中長期災民收容社區之使用期間為災害發生後 15 日起，6 個月之內為中期，6 個月以上為長期。社區之建築物必須能在 14 日內建造完工使用，並於收容期限結束後拆除並恢復基地原使用功能。
- ➡ 社區室內樓地板面積以每人 10 ㎡ 為原則，以 3 至 4 人之家庭居住單元為主，同時保持居住空間的使用彈性，可依不同家庭人數需求調整。居住單元需設置烹調、浴廁等生活設施，並提供適量之儲藏空間。
- ➡ **設置防災社區中心，提供管理、社區活動、救災物資存放與發放之場所。**

➡ 重視與環境衛生、環境保護及安全相關之需求，如垃圾、排水、污水、節能、防火、防盜、耐震、抗風等。

◎ 答題內容須包含下列項目：

➡ 根據基地之環境條件與土地面積估算其可收容之災民人數與居住單元數量，並說明估算之分析方式。

➡ 分析社區所需各類型之室內以及外部空間的種類、數量、面積需求，並說明估算之分析方式。

➡ 提出具體的整合性設計目標及設計準則，以作為建築設計方案之審查標準。

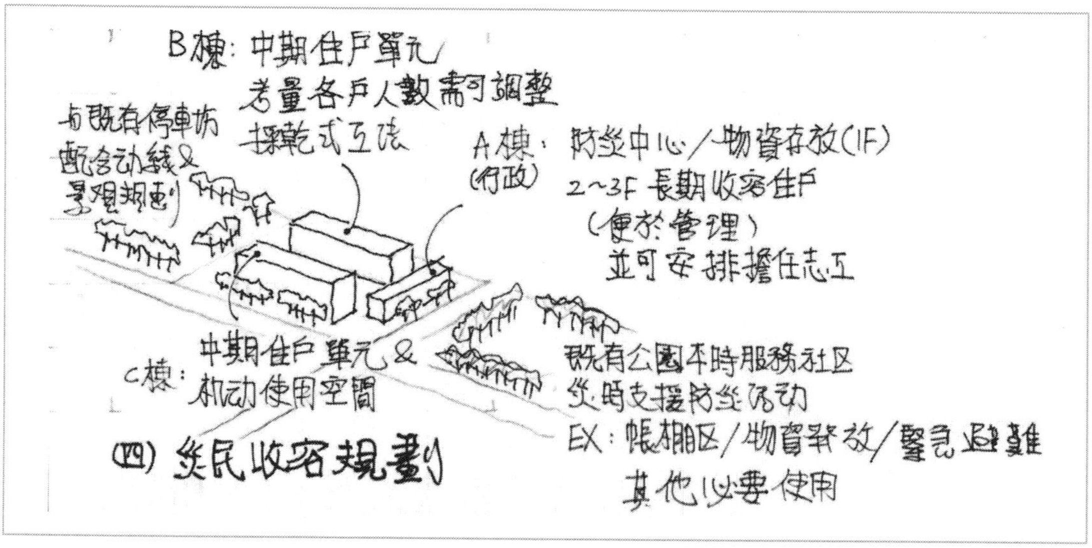

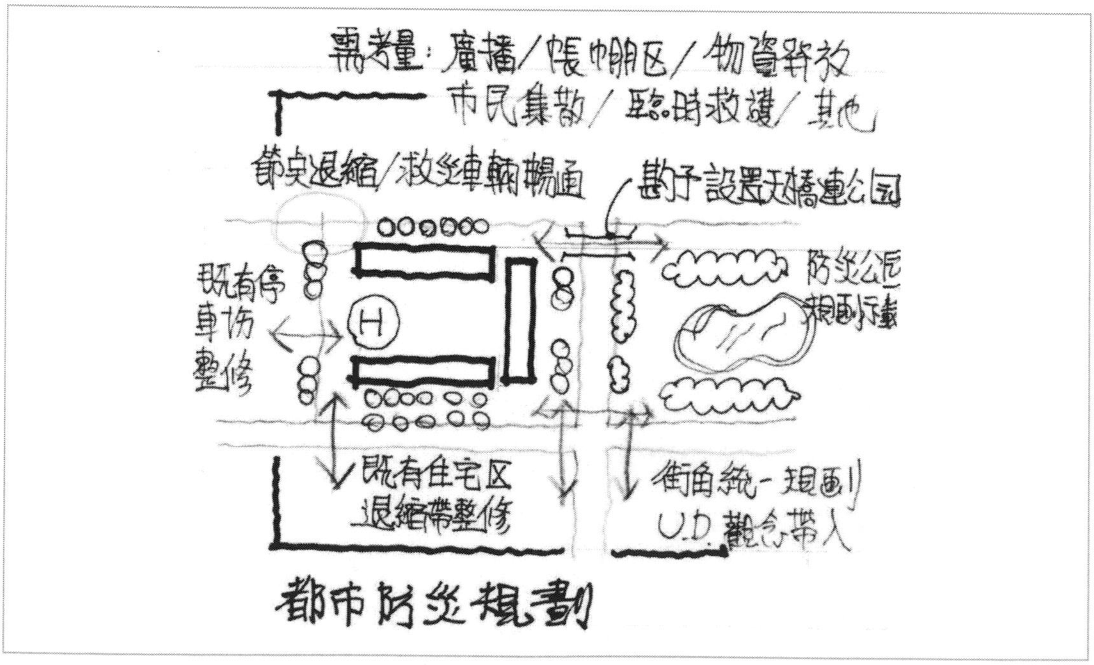

（四）105 年高考三級：分時共用學習空間

◎ 該年題目項目二、說明：

因應已趨明顯的少子化，高齡化社會變遷，以往的**小學校園及傳統的社區老人學習中心可考慮整併為一分時共用的空間**。一方面可避免空間閒置及減少土地開發而有助於環保與減碳。另一方面也有助於建立老幼互動的社區感情。

◎ 該年題目項目三、基地（見附圖）：

某都市邊緣的地段，東邊有 12 m 道路連接住宅區。西邊有約 6 m 寬的淺溪。中間有一小學，既有校舍數幢。小溪另一邊為運動區，溪邊有 4 棵大樹，樹冠約 12 m 直徑。基地南邊有一小廟，朝向溪流，為原社區的村落入口，常有老人在此休憩。

◎ 該年題目項目二、說明：

因應已趨明顯的少子化，高齡化社會變遷，以往的小學校園及傳統的社區老人學習中心可考慮整併為一分時共用的空間。一方面可避免空間閒置及減少土地開發而有助於環保與減碳。另一方面也有助於建立老幼互動的社區感情。

◎ 該年題目項目三、基地（見附圖）：

某都市邊緣的地段，東邊有 12 m 道路連接住宅區。西邊有約 6 m 寬的淺溪。中間有一小學，既有校舍數幢。小溪另一邊為運動區，溪邊有 4 棵大樹，樹冠約 12 m 直徑。**基地南邊有一小廟，朝向溪流，為原社區的村落入口，常有老人在此休憩。**

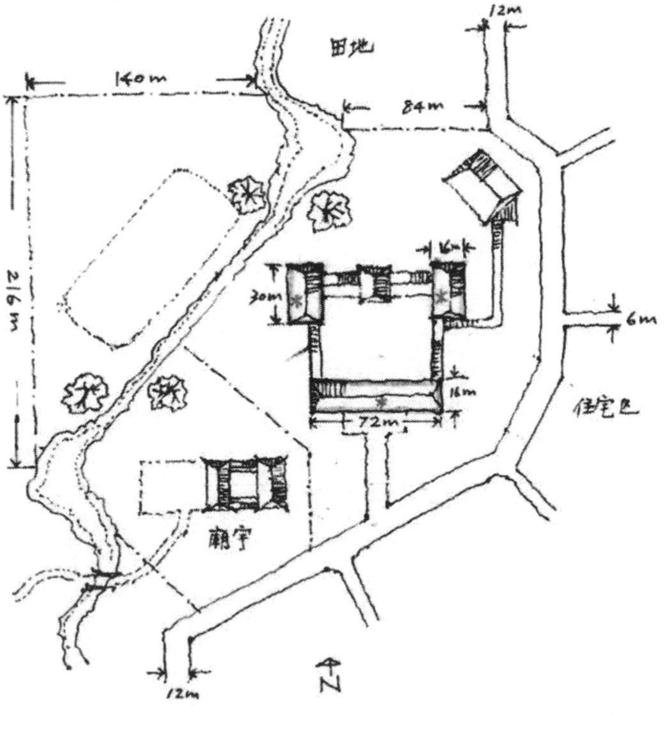

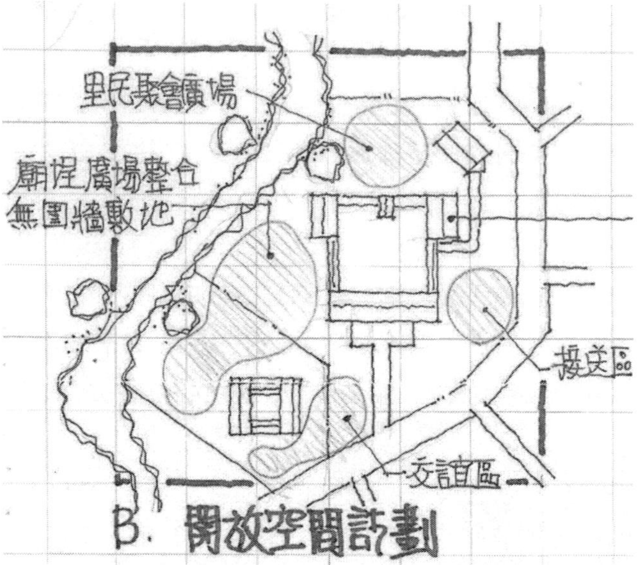

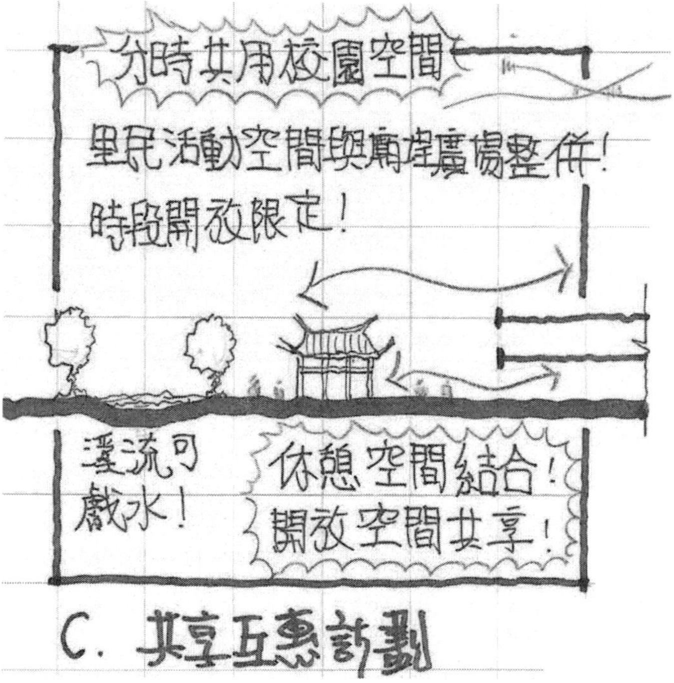

（五）105 年專技建築師：圖書館與社區公共空間

◎ 該年題目項目三、基地描述：

➡ 基地位於臺灣某城市的老舊住宅區內。原屬私立學校的用地，後經該校與政府以土地交換的方式，於市郊外遷校重建。

➡ 基地南、北側分別為街道及巷道。南側為地區性街道，沿街零星座落的商店，包括了機車行、小吃店、彩券行及診所等。基地其他三側為現有的老舊集合住宅區，緊鄰基地東南側現有一幼兒園。

➡ 基地面積約為 5,680 平方公尺，包含了公園及建築用地，比例各占 1/4 與 3/4。應考人應規劃擬定其區位，並於基地內劃分二種用地的界限。

➡ 上述建築用地之建蔽率為 40%，容積率為 100%。本基地臨街道需退縮 4 公尺人行道，其他各向臨地界線之建築需退縮 3 公尺。

➡ 基地常年風向為東風，南側臨街道有車輛噪音。設計時，應重視綠化及儘量保留基地內之喬木。

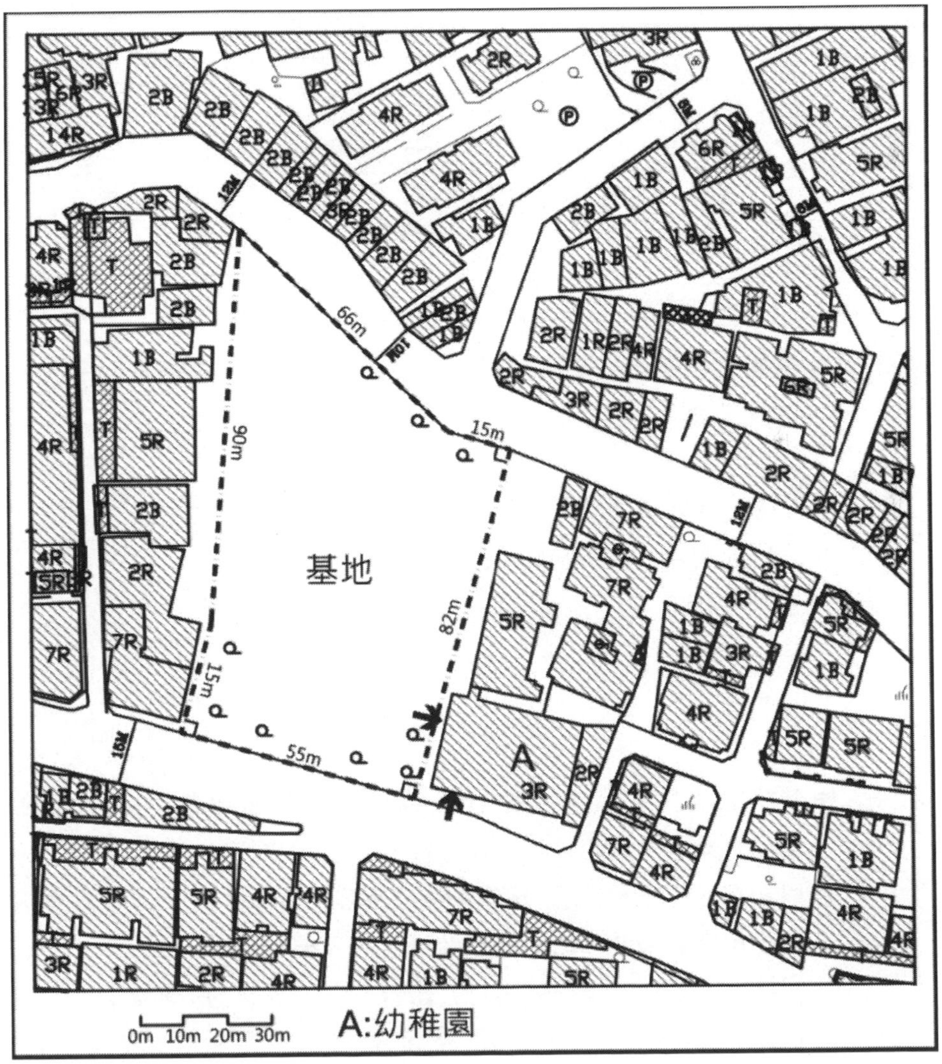

A:幼稚園

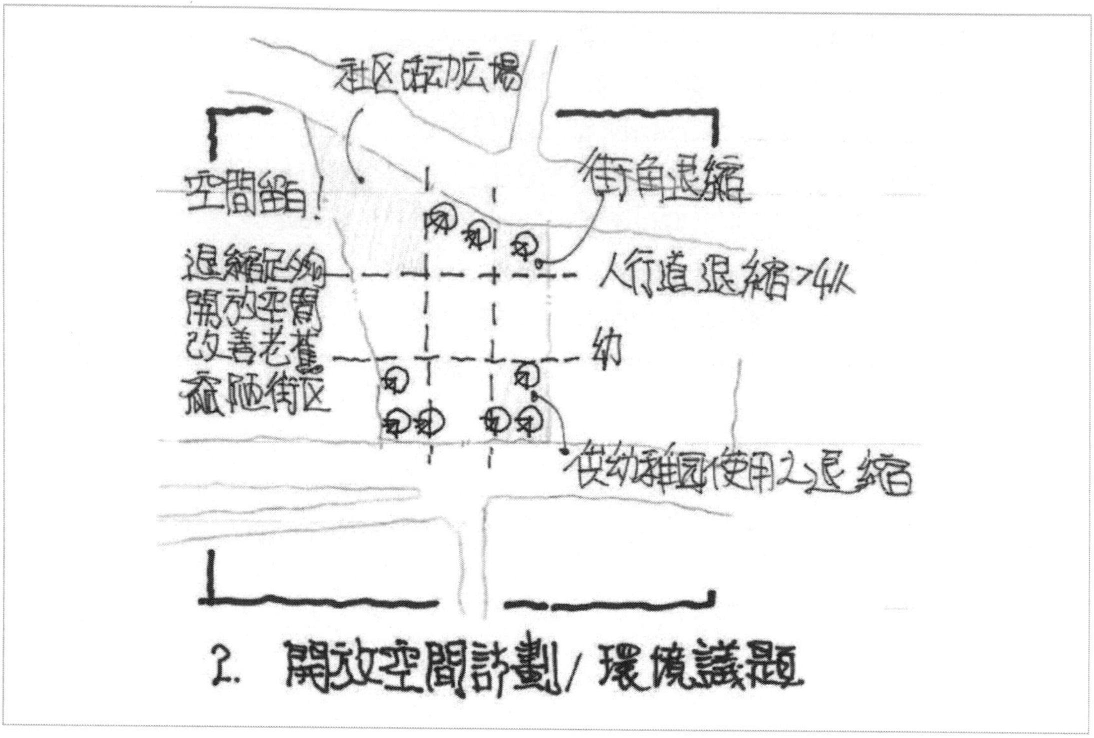

◎ 該年題目項目四、建築計畫：(30 分)

➡ **社區圖書館**

a. 資訊檢索及視聽空間

b. 兒童及成人圖書閱覽空間

c. 多用途集會空間

d. 行政服務及卸貨回收空間

➡ **出租商店**

a. 二手書店

b. 簡餐咖啡

c. 超商

➡ 建築用地之戶外空間：**請列舉五種不同的使用方式，包括幼兒園的戶外活動及週末跳蚤市場的使用等。**

以上空間需求量自訂。**建築基地可用容積之上限為 100%，但亦不可小於 90%；其中圖書館面積比例不得少於總使用容積之 70%。**

根據前述資料，請撰寫建築計畫書，文字不超過 1,500 字。內容應包括設計目標、環境議題、基地分析、空間需求表及營運管理機制。請儘量以簡圖（文字為輔）表達。

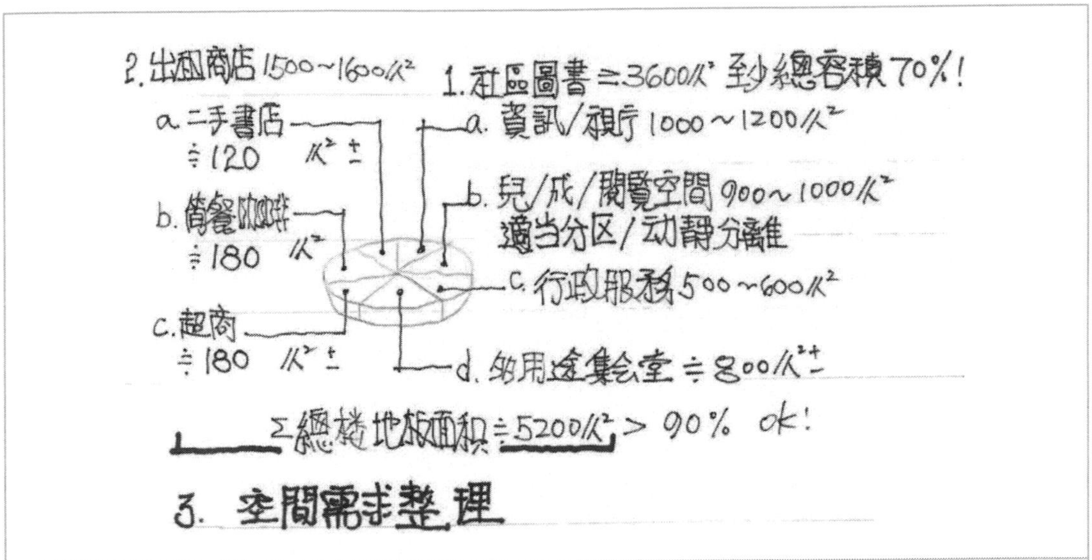

■空間需求整理範例（依照比例分配模式）

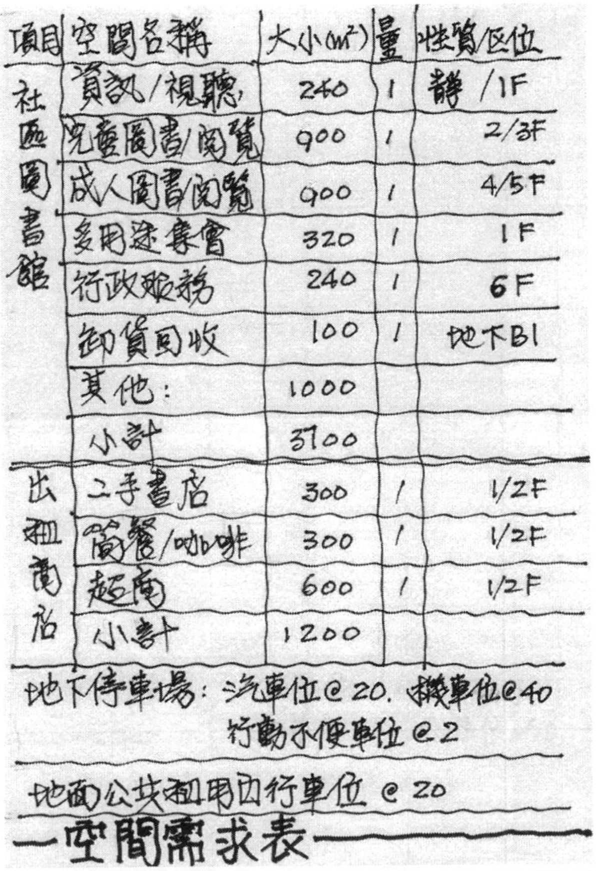

項目	空間名稱	大小(M²)	量	性質/区位
社區圖書館	資訊/視聽	240	1	靜 /1F
	兒童圖書/閱覽	900	1	2/3F
	成人圖書/閱覽	900	1	4/5F
	多用途集會	320	1	1F
	行政服務	240	1	6F
	卸貨回收	100	1	地下B1
	其他：	1000		
	小計	3700		
出租商店	二手書店	300	1	1/2F
	簡餐/咖啡	300	1	1/2F
	超商	600	1	1/2F
	小計	1200		

地下停車場：汽車位@20. 機車位@40
行動不便車位@2

地面公共租用四行車位 @20

—空間需求表—

■空間需求整理範例（空間質量表模式）

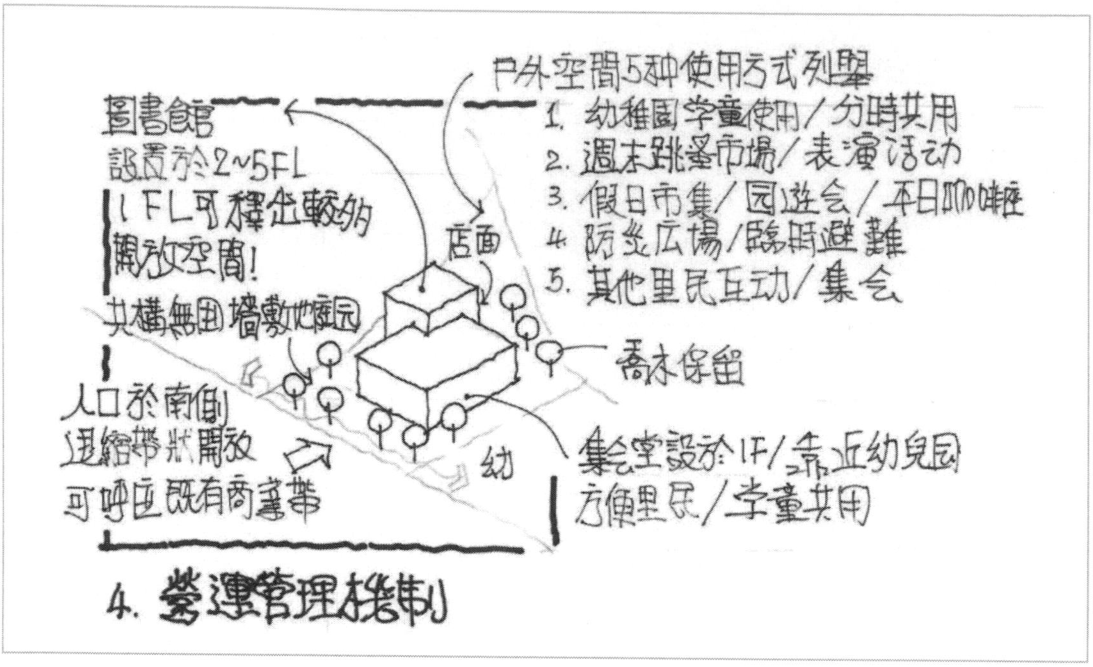
戶外空間5种使用方式列舉
1. 幼稚園學童使用／分時共用
2. 週末跳蚤市場／表演活动
3. 假日市集／园遊会／平日咖啡座
4. 防災広場／臨時避難
5. 其他里民互动／集会
圖書館
設置於2~5FL
1FL可釋出較多開放空間!
共構無圍墻數地庭园
店面
喬木保留
入口於南側
退縮帶狀開放
可呼應既有商業帶
幼
集会堂設於1F／靠近幼兒园
方便里民／學童共用
4. 營運管理機制

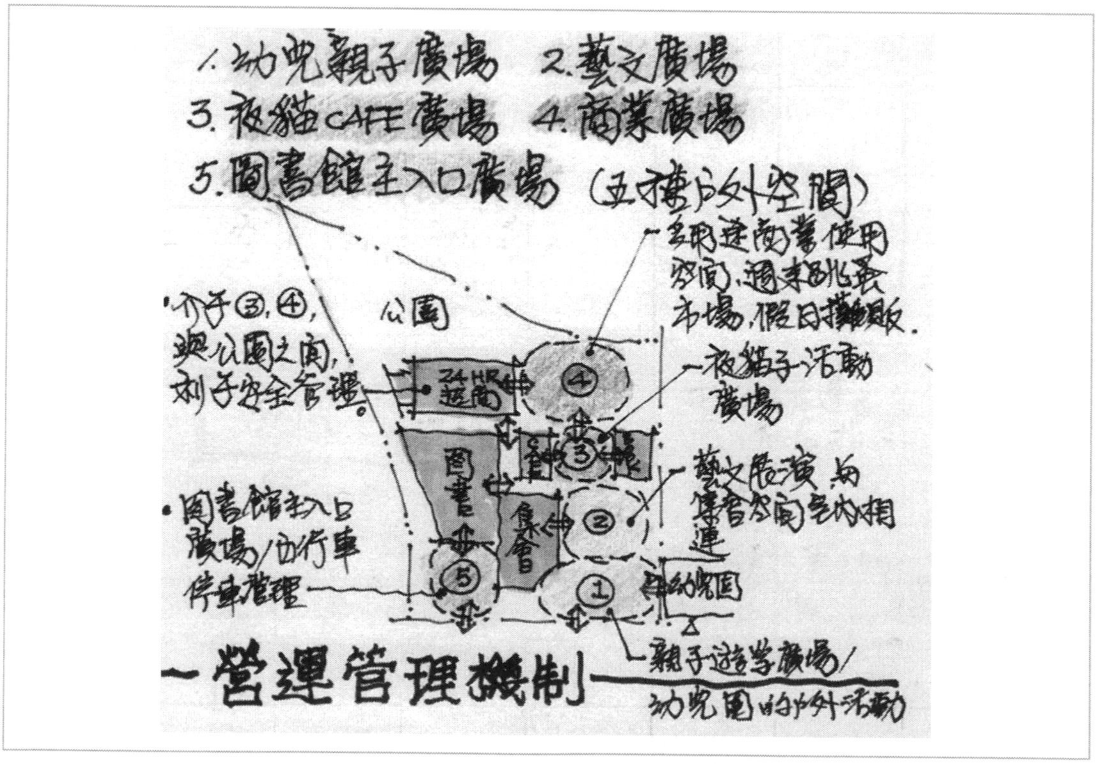
1. 幼兒親子廣場 2. 藝文廣場
3. 夜貓CAFE廣場 4. 商業廣場
5. 圖書館主入口廣場 (五樓戶外空間)
多用途商業使用空間，週末跳蚤市場，假日攤販
介于③，④，與公園之間，利于安全管理
公園
24HR 超商
夜貓子活動廣場
藝文展演 與 集會空間空內相連
圖書館
集會堂
圖書館主入口廣場／自行車停車管理
幼兒園
親子遊憩廣場／幼兒園的戶外活動
營運管理機制

三、配置與各層平面

以下列舉幾道考題的配置平面供參考：

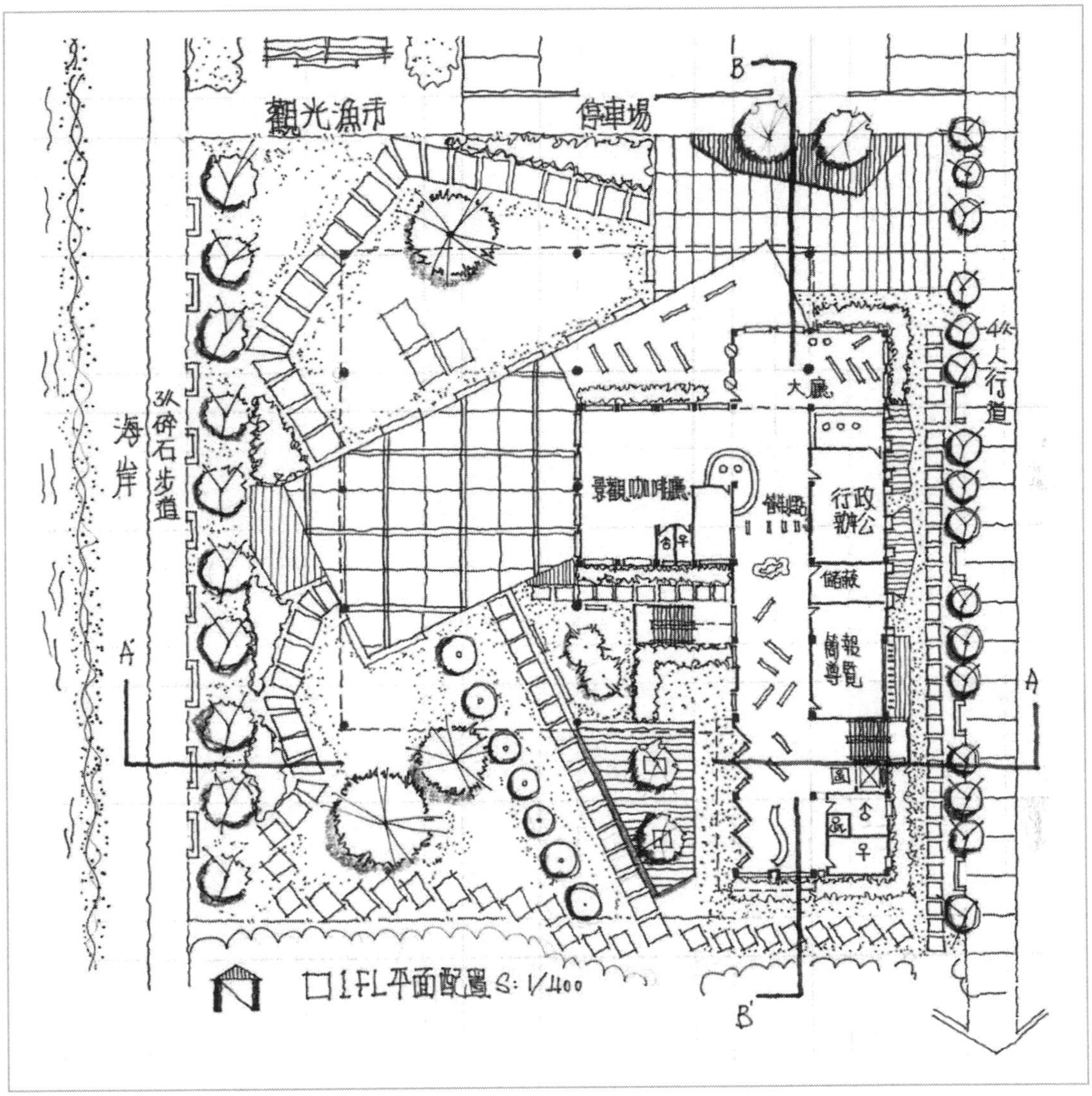

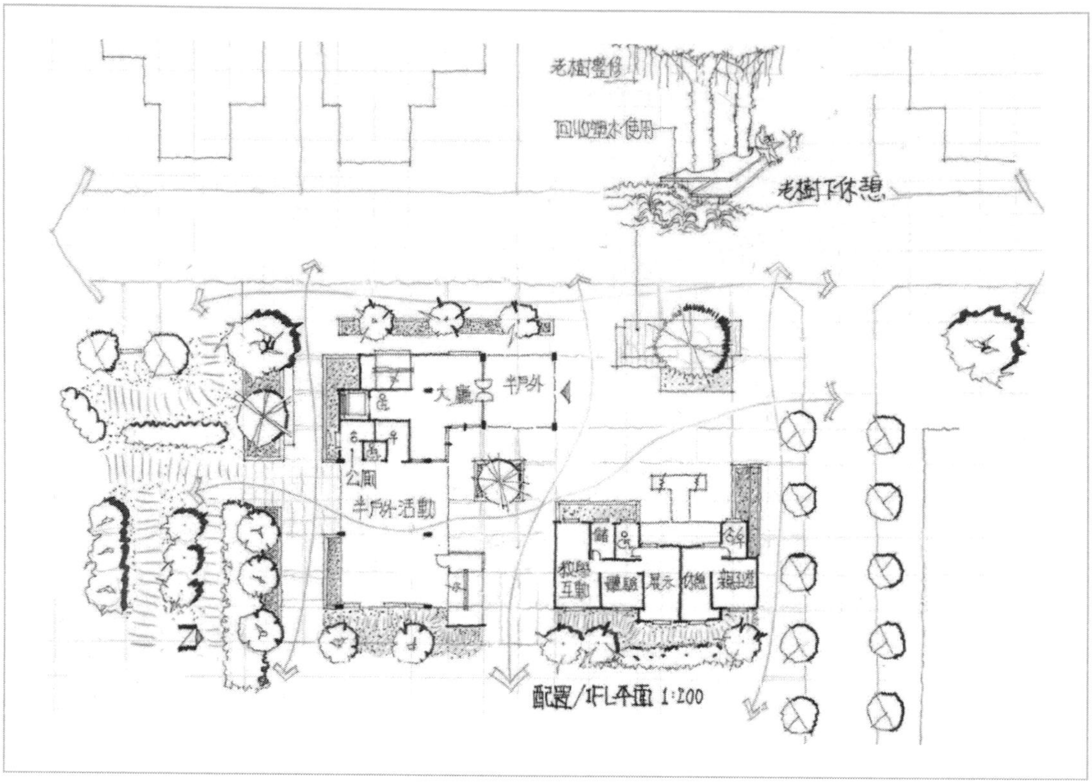

四、剖／立面圖

剖／立面圖並非只是單純依平面圖排好的空間直接畫下，而是存在輔助平面圖不完整的部分表達，如高度、樓層區劃、造型語彙等等。

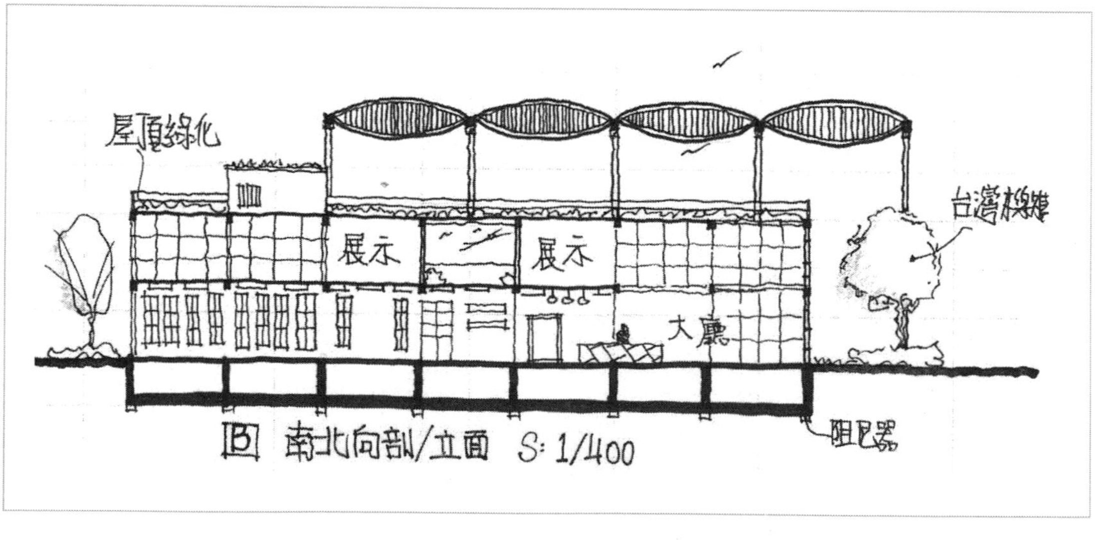

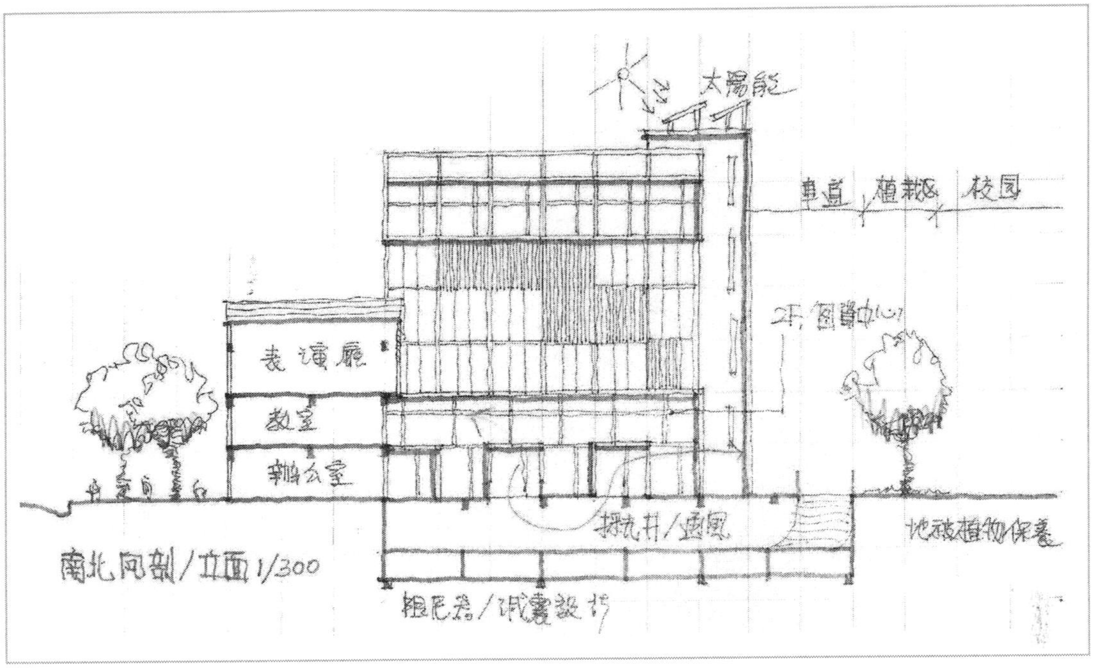

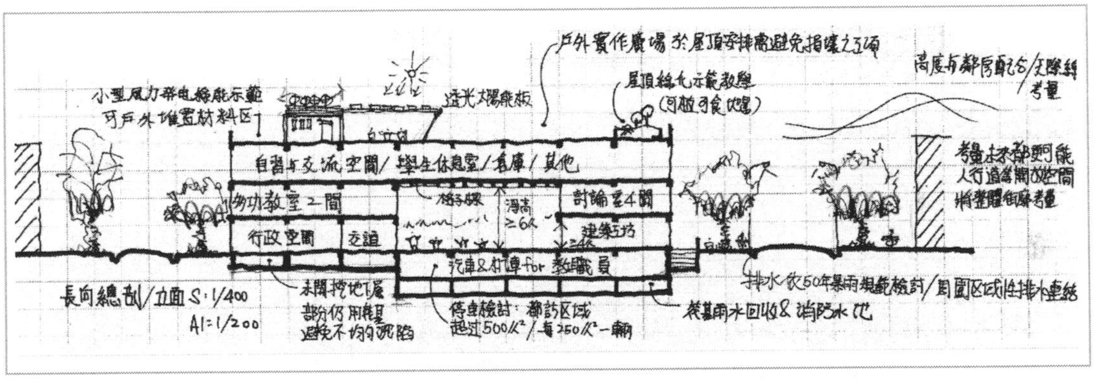

五、透視圖

透視圖的重點是比例正確不用尺寸準確，快速設計中存在彈性容錯，可以稍微修正平面圖與剖／立面圖表達不足的部分，不用太糾結必須完整還原所有細節。

常見的透視圖有等角（主要為鳥瞰全區）、單消點透視（主要表達建築物與廣場的關係）、雙消點透視（主要表達建築物本身），在此舉出幾個圖例供參：

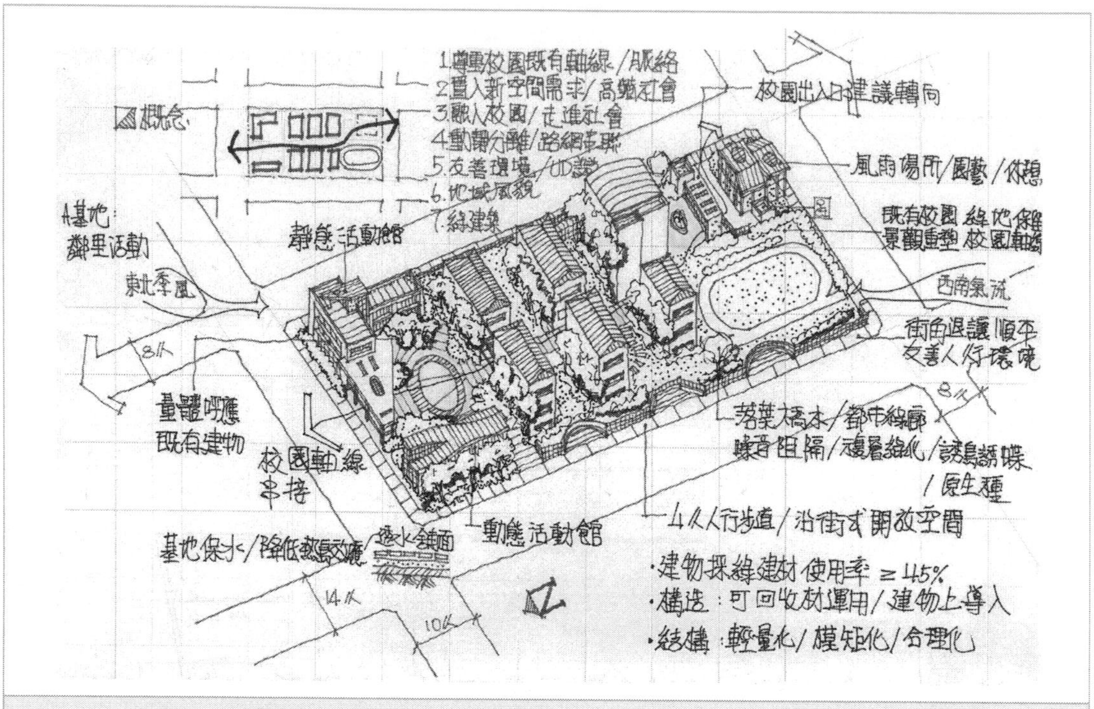

■等角透視範例(104 年專技友善社區小學)

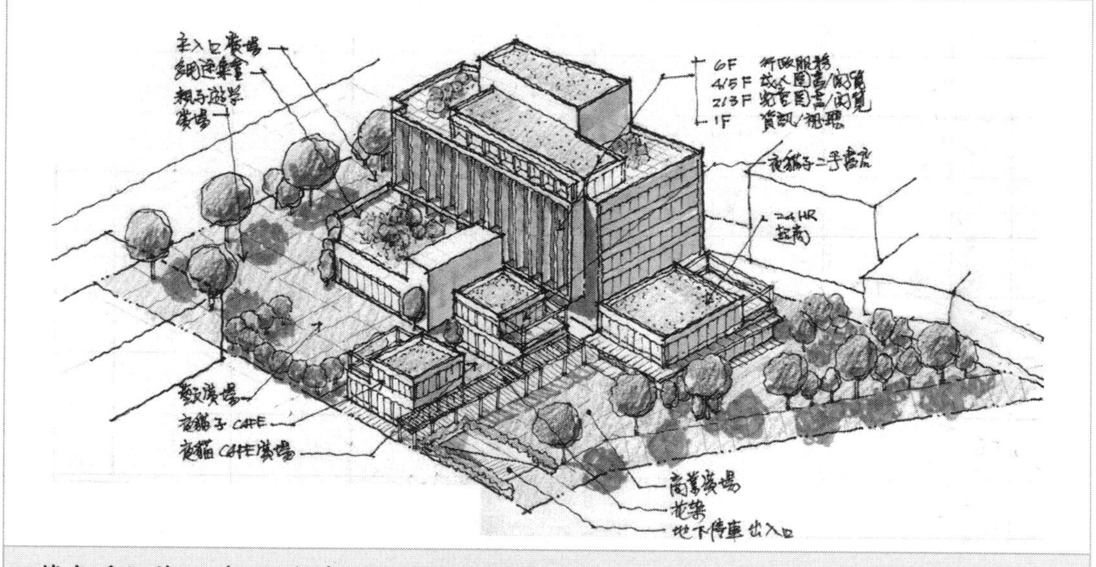

■等角透視範例(105 年專技社區公共圖書館)

剛開始著手練習畫透視圖、原則上以雙邊的角度均 30 開始、技術較熟練後再多嘗試不同的角度調整透視圖的呈現。

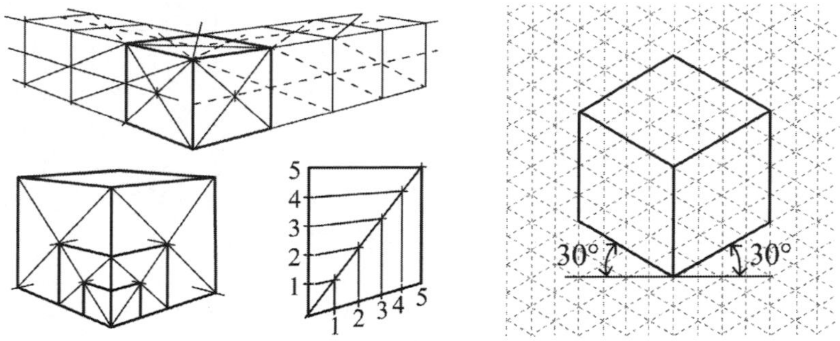

■透視圖繪圖法原理

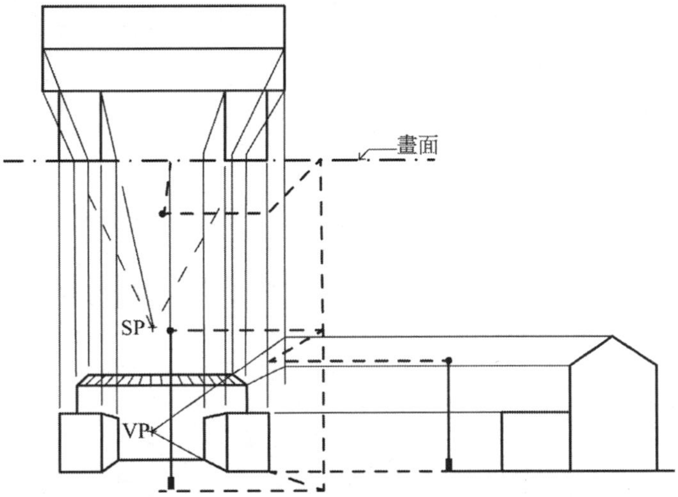

■單消點透視圖法原理

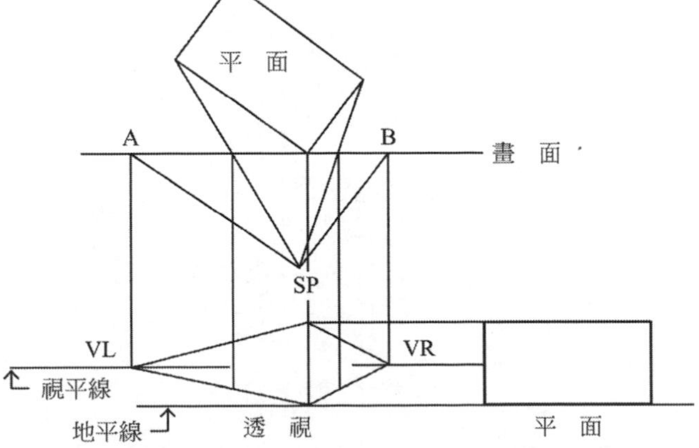

■雙消點透視圖法原理

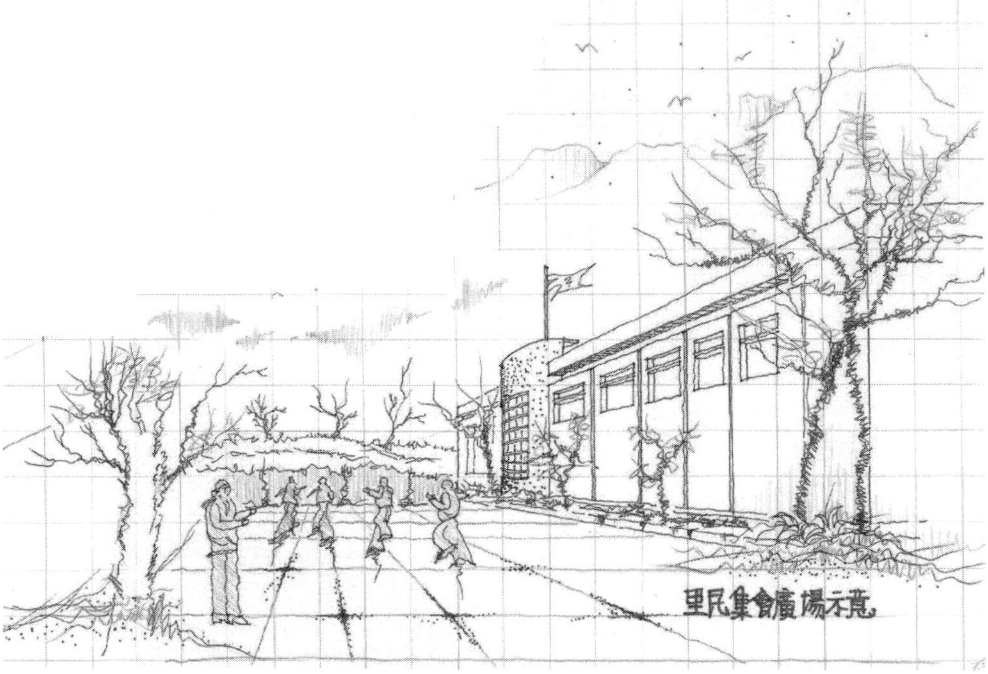

■單消點透視範例（105 年高考三級分時共用學習空間）

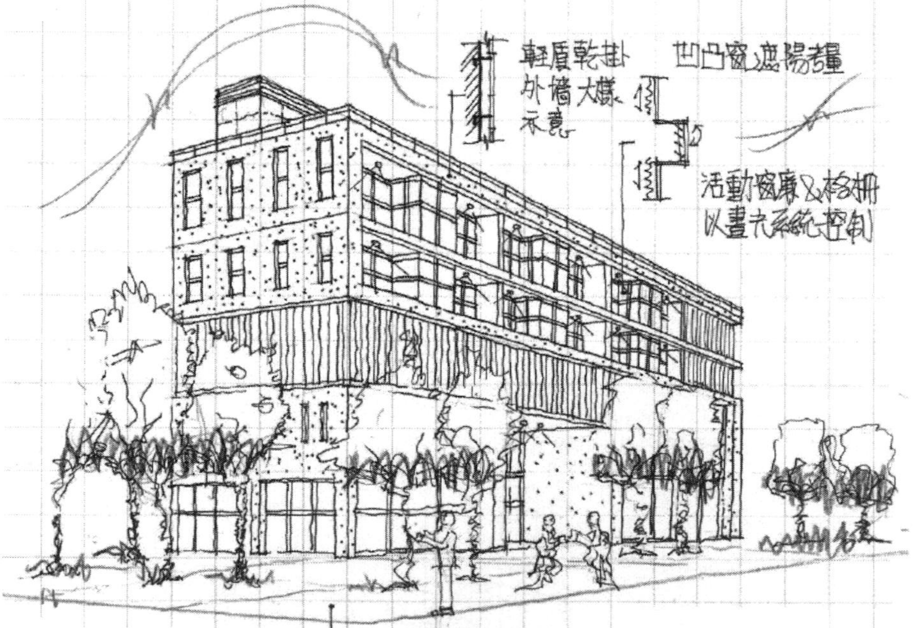

■雙消點透視範例（110 年高考三級新創聯合辦公室）

六、設計說明運用

其他設計說明，原則上應用於回應題目要求的各種

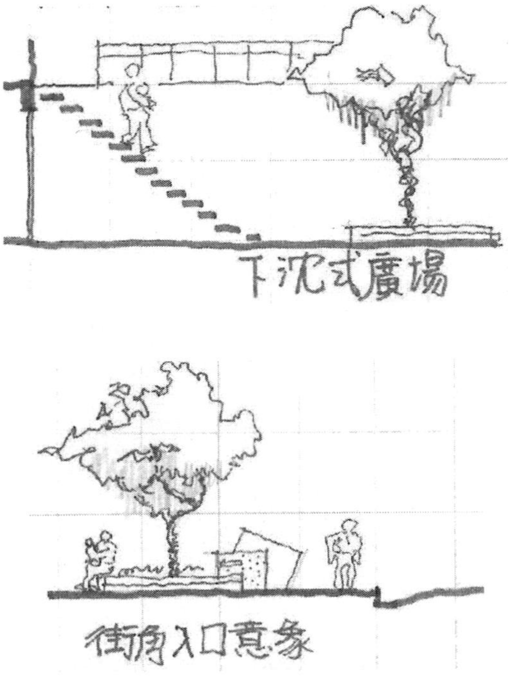

■ 外部環境

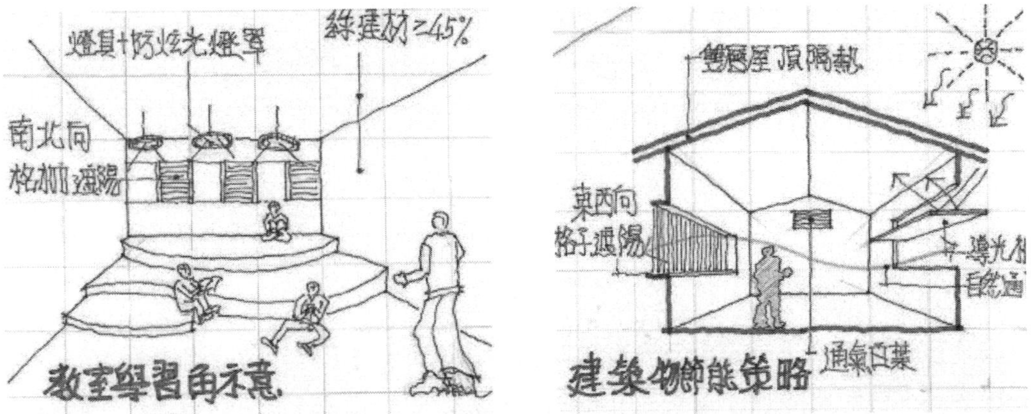

■ 室內空間

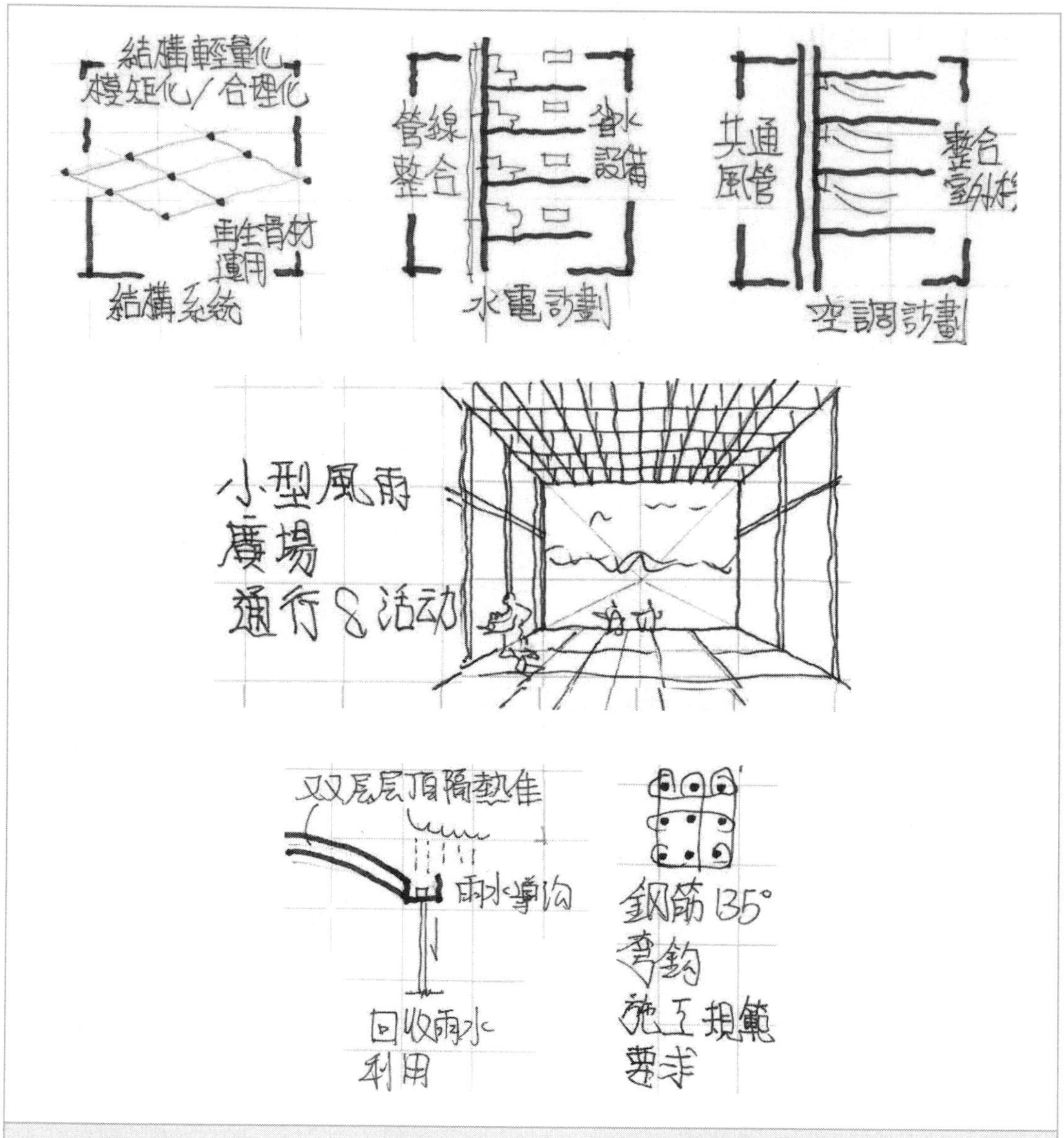

■其他細節說明

七、表現技法選擇

表現技法選擇分黑白單色系表現法以及上彩色表現法，並非特定哪一種方式能夠及格的機率高，決定及格與否與考生所畫的圖面以及回應題目的說明內容是否與題意符合才是主要因素，原則上簡單就好，避免使用過於麻煩的方式如：上水彩、潑墨畫等等，表現工具以較常見的色鉛筆或麥克筆擇一使用即可。

八、收尾完稿交卷

完稿階段最重要的就是開始補設計說明，來回檢核題目有無遺漏，整體性的檢核整張圖說有無遺漏重要東西，東補西補到打鐘交卷，檢查圖面的順序原則上依照圖面的排版方向做檢核，圖面的排版原則上就是橫向或是縱向，由左而右、上而下的順序檢核圖面。

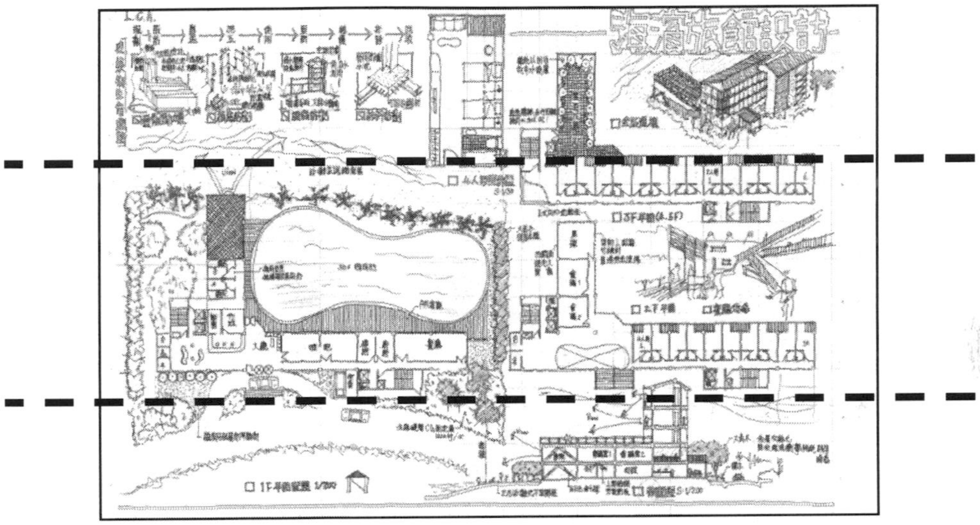

■橫向排版

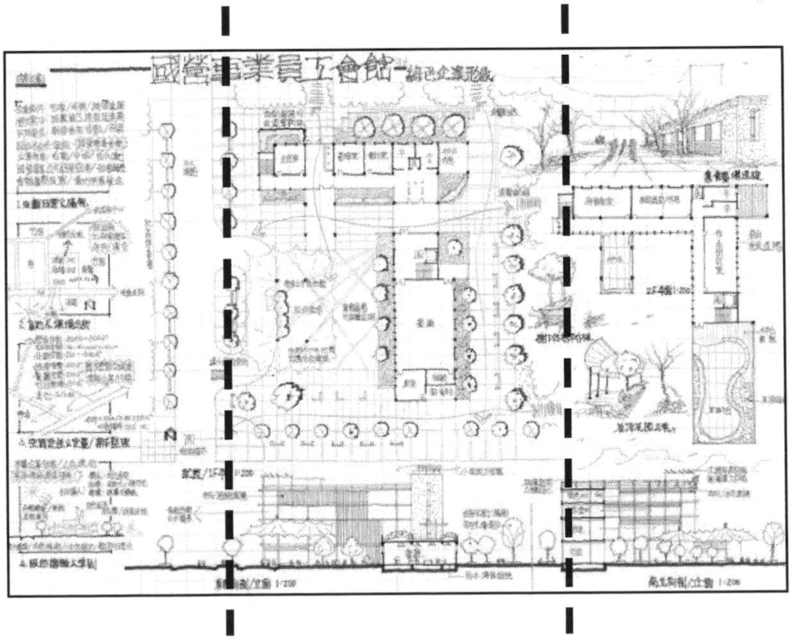

■縱向排版

04

PART

近年考題彙整與參考題解

107~110年高考三級

107~110年建築師

107~110年地方三等

本書分別針對公務人員高考三級、專技建築師、地方特考三等的建築設計考題，各四年分考題解析與參考題解圖說如下：

■ 107 年高考三級

建築工藝實驗中學設計 ｜ 考題難易度：☆☆☆☆

一、讀題重點

某機構擬設立建築工藝實驗中學，學生 40 名，三個年級共 120 名及學校聘請 6～8 名專任教職員以及若干兼職教師協助授課，讀題時考生從題目的建築物類型與使用人數先概估建築物規模。

二、解題策略

解題的第一步首先觀察基地環境條件，基地夏秋兩季會有颱風，冬季的東北季風頻繁猛烈，可能干擾戶外活動的進行，這個部分就在透漏需有相當的半戶外空間。基地，東北向與公園相對則注意外部環境動線連接，其餘三面為四層樓之公寓住宅這點則是必須注意建築物高度設計。

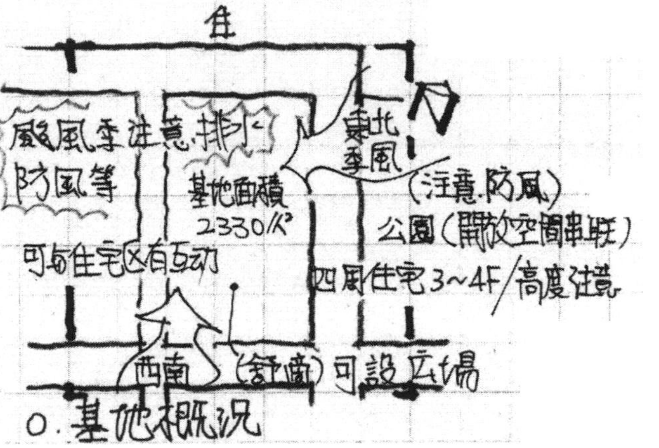

三、破題技巧

此題特殊之處有要求概估建築工程預算，考生選擇好提案的構造種類之後，可分為直接工程、間接工程、利潤保險稅捐等環節將題目要求預算額度做分配。

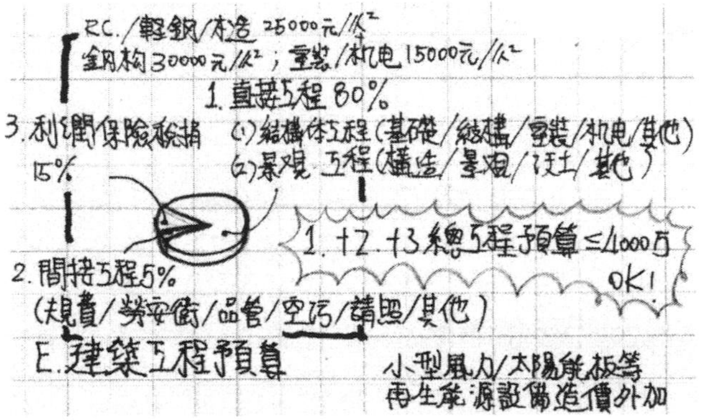

四、題目解析

針對構造、結構、造型或工法材料手法，處理遮陽、通風、集雨、風力或太陽能發電等，各主要空間之空間量、各樓層樓地板面積、、基地邊界各向退縮距離等題目要求的項目在考卷的圖文當中都要盡量回應。

107年公務人員高等考試三級考試試題

代號：35480　全三頁 第一頁

類　　科：建築工程
科　　目：建築設計
考試時間：6小時　　座號：＿＿＿＿＿＿

※注意：(一)可以使用電子計算器。
(二)不必抄題，作答時請將試題題號及答案依照順序寫在試卷上，於本試題上作答者，不予計分。
(三)本科目除專門名詞或數理公式外，應使用本國文字作答。

一、設計題目：建築工藝實驗中學設計

二、設計概述：

某機構擬設立建築工藝實驗中學，請根據下列設計目標、基地概況與設計需求提出設計方案，**仔細閱讀「評分項目」逐題、逐項作答。**

該機構之辦學理念強調行動學習與社會實踐，讓學生透過思考與技藝並重的訓練，建立建築工藝技術基礎、培養設計創意、社會關懷與協同作業的能力。預計每年招收國中畢業學生40名，三個年級共120名。課程重點在具備建築工藝基礎與協力精神；進行建築工藝與創意設計並進行造屋實作。除了專業建築課程，另外也規劃了文史哲學、科學、環境與社會、語言、藝術、體適能的博雅教育。採取選課制度，學生沒有固定教室座位。課餘時間可自習，操作實習，或與同學老師交流討論。學校聘請6～8名專任教職員以及若干兼職教師協助授課。

三、設計目標：

1. 建築工藝美感表現：以造型、構造、結構、材料或工法表現出建築工藝美感。
2. 建築節能與永續：在預算限制下對節能、節水與減碳提出設計策略與方案。
3. 建築工藝教育所需空間與性能：提供適當的工藝操作以及造屋實作的場域，強調協力作業與主動學習，讓學員能夠有方便、適切的交流及自習的空間。
4. 在建築總工程預算4000萬元以下完成建築物及外部空間的工程項目。

（請接第二頁）

107年公務人員高等考試三級考試試題　　代號：35480　　全三頁 第二頁

類　科：建築工程
科　目：建築設計

四、基地概況：

基地位於亞熱帶濕熱氣候都會區，夏秋兩季會有颱風，冬季的東北季風頻繁猛烈，可能干擾戶外活動的進行。基地四面為 6.5 至 10 m 道路，東北向與公園相對，其餘三面為四層樓之公寓住宅。長方形基地面積約 2330 m^2，基地內平坦，無特別之地形特徵。

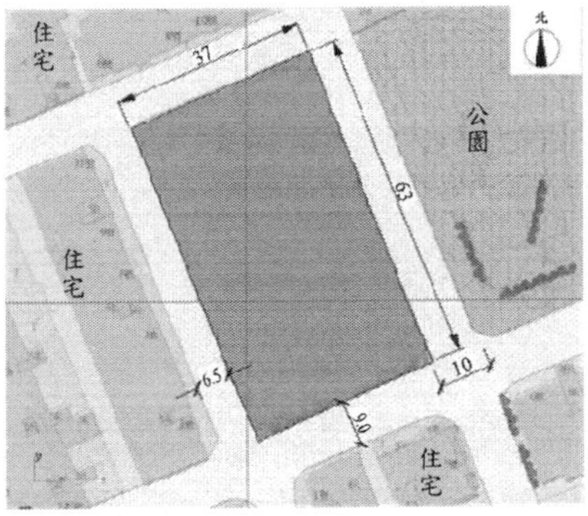

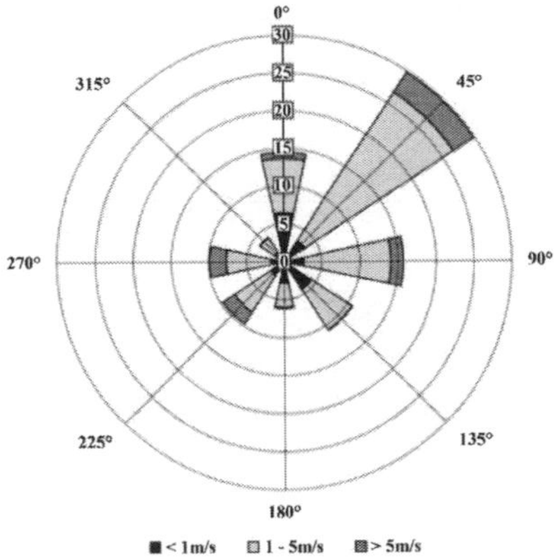

冬季風向風速及頻率

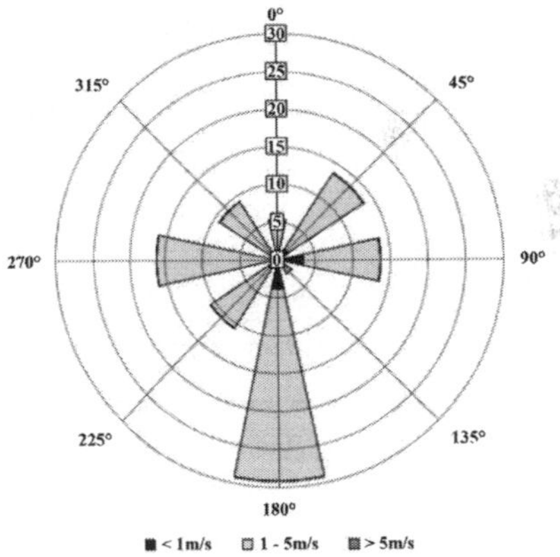

夏季風向風速及頻率

（請接第三頁）

107年公務人員高等考試三級考試試題　代號：35480　全三頁 第三頁

類　科：建築工程
科　目：建築設計

五、設計需求：

1.建築工坊一間：提供建築工藝相關工具、設備以及操作空間。考慮彈性使用需求，室內空間面積 200 m^2 淨高度 4 m 以上。
2.半戶外實作工場：有頂蓋之半戶外場地，面積 200 m^2 淨高度 6m 以上。
3.戶外實作工場：能夠進行戶外的實驗構築，面積 400 m^2，可彈性使用。
4.倉庫：可以存放各種工具，材料，搬運方便，面積 50 m^2。
5.自習與交流空間：方便學生參閱圖資、討論、自習與休息的空間。
6.多功能教室 2 間：每間容納 40 位學生上課，可滿足分組討論之彈性使用。
7.討論室 4 間：每間容納 12 人交流討論或上課。
8.行政空間：足供 8 名人員的辦公空間，含會客區域。
9.提供淋浴、盥洗，及其他必要之服務及動線空間，如通道、廁所、樓電梯等。
10.規劃適量的汽車、機車與自行車停車位。

六、評分項目：

(一)繪圖技術及建築表現：繪製適當比例之平立剖面及配置、透視等圖面，以專業的手法表達出概念設計階段對於外觀、屋頂、門窗開口、遮陽、使用空間、隔間牆、樓梯電梯、結構、外部空間鋪面、車道步道、植栽以及其他重要項目之位置與造型。圖面以能夠作為基本設計定案之前與業主及專業顧問之間溝通使用，並能夠表達出設計構想內涵為原則。(35 分)

(二)建築設計及設計原理：參考下列設計目標（A,B,C）及所需相關數據（D,E），逐項說明所提基地配置及建築設計方案如何達成各項設計目標的策略與手法。指出設計圖面中與設計目標對應的設計手法以及可以滿足建築需求的空間量及預算。未能逐項說明並在圖面中表現出具體手法者該項目不予計分。(65 分)

A. **建築工藝美感的表現**，例如針對構造、結構、造型或工法材料提出建築工藝美感的表現構想與實現手法。

B. **建築節能永續**，在不超過工程預算的前提下降低建築生命週期的耗能、耗水及二氧化碳排放。例如遮陽、通風、集雨、風力或太陽能發電等等。

C. **建築工藝教育所需空間與性能需求**，例如建築工藝操作、造屋實作以及一般學習場域的環境品質、空間使用方式、動線安排等等。

D. **空間量與法規相關數據**，請列表說明各主要空間之空間量、各樓層樓地板面積、總樓地板面積、基地邊界各向退縮距離、容積率以及建蔽率等重要參考數據，空間面積計算無須列計算式。

E. **建築工程預算**，根據建築樓地板面積及戶外空間主要項目施工面積概估工程造價。以 RC 構造、輕鋼構及木造建築造價約 25000 元/m^2，鋼構建築造價約 30000 元/m^2 為原則進行概估，特殊材料構造另請酌量增減。基本室內裝修及機電設備造價以 15000 元/m^2 概估，特殊設備如再生能源設備之造價須外加。除建築物外，亦須以大項目施作面積概估戶外空間鋪面、植栽與設施所需預算。請簡要說明概估方式，各項參考單價除題目中明確說明項目之外請自行概略假設，無須依據特定標準。

■ 108 年高考三級

循環設計展／臨時性裝置展示空間　|　考題難易度：☆☆☆

一、讀題重點

採用再生資源，作為循環設計，使設計內容本身即為「循環設計展」的主體。

二、解題策略

配置一定功能室內外空間，宜配置較大面積半戶外空間並與臺北市立美術館外部環境配合。

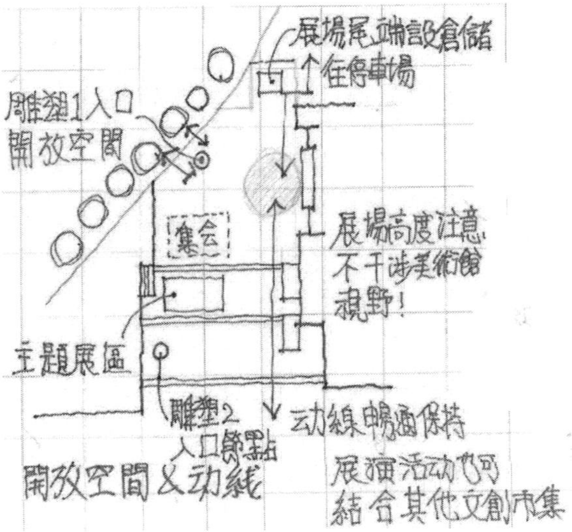

三、破題技巧

貨櫃屋與輕鋼構僅為其中一種舉例，其他的方式考生可以自行決定，原則上以自己較熟悉的為主，重點是採用較輕之構造設計。

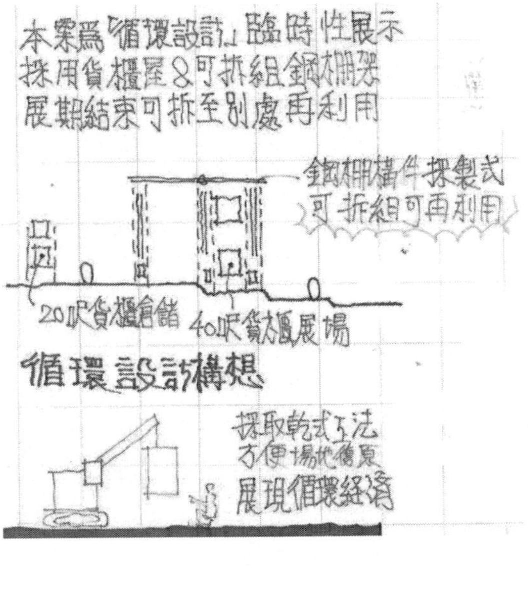

四、題目解析

應題目要求設置可拆除循環設計展／臨時性裝置展示空間，展期不長，重點在於必須使用較輕量構造，避免過大的建築物量體。

代號：25980
頁次：4-1

108年公務人員高等考試三級考試試題

類　　科：建築工程
科　　目：建築設計
考試時間：6 小時　　　　　　　　　　　　　　　　　　座號：＿＿＿＿＿＿

※注意：(一)可以使用電子計算器。
(二)不必抄題，作答時請將試題題號及答案依照順序寫在試卷上，於本試題上作答者，不予計分。
(三)本科目除專門名詞或數理公式外，應使用本國文字作答。

一、設計題目：

循環設計展/臨時性裝置展示空間

二、設計概述：

循環經濟為政府重要政策，為政府推動「5+2」產業創新政策之一。透過能資源的再利用，讓資源生命週期延長或不斷循環，以有效緩解廢棄物與污染問題，「從搖籃到搖籃」的新經濟模式。為宣示臺灣向循環經濟邁進的決心，讓產業發展從「開採、製造、使用、丟棄」直線式的線性經濟，轉型為「資源永續」的循環經濟，行政院通過「循環經濟推動方案」，將循環經濟理念及永續創新的思維融入各項經濟活動，期創造經濟與環保雙贏並接軌國際。隨著時代演進，未來都市化的範疇會愈益擴張，進而增加都市化類型的消費，造就更多一次性使用的材料消耗。大規模經濟掠奪有限資源後，加上國際趨勢下的環保政策潮流，可預見的不久後，開採原物料的成本將會大過採用再生資源。作為一個專業設計者，及早投入循環設計領域思考，將是下一波不可迴避的關鍵浪潮。「循環設計展」以具有新視野的產業模式出發，勾勒出時下國際趨勢最夯的循環設計先導，以清晰的展場視覺設計、動線規劃、內容元素語彙，傳達給消費者、設計師及製造商，每一個人可以在其中扮演的角色。本展覽從設計思考的角度重新詮釋日常物件，企圖扭轉廢棄物在民眾心中的形象，用淺而易懂的方式讓民眾建立「廢棄物即資源」的觀念，以喚醒全民心中的「永續力量」，期許民眾從材質認識、消費選擇、素材使用，進而走入循環生態圈內，為永續生活盡一份心力。

三、基地概述：

循環設計展/臨時性裝置展示空間，展期為 3 月初至 6 月底約 4 個月，颱風季節前可拆除，基地位於美術館前的廣場範圍內（詳附圖 1 灰色範圍），但臨時性裝置展示空間設置完成仍須保持美術館入口暢通。美術館建築物大廳高約 15 公尺，為 3 層樓挑高現代建築，大門大型觀景窗又可遠眺環視遠山周遭景物，交通非常便捷，環境優雅（詳附圖 2）。

代號：25980
頁次：4-2

四、設計要求：(100 分)

藉由創意思考，從美術館廣場、建築、當代藝術、展覽等視角，鼓勵跨域的創作型態或創意方法論，期望能激發對於「循環設計」的未來想像。本案作為「循環設計」臨時性裝置展示空間，應配置一定功能之室內外空間，請充分發揮循環設計的各種可能性。

空間需求：以下為建議項目，可酌予增減，各空間量請依使用需求訂定。

服務台：設計入口處的主視覺方便觀展者詢問與提供服務，另服務台設置文宣展示區，擺放相關文宣便於觀展者購買、取閱。

3 個主題展區：(新製造模式、新商業模式、新管理模式，詳附表)，各主題能獨立方式呈現，在視覺上須有明確位置。展區結合部分中島的方式進行規劃，於各區之間設置休息區，營造舒適的觀展空間。

倉儲空間：於展場的尾端設置適當之倉儲間，統一放置收納各主題之展覽包材、文宣、多餘的展品與雜物。

表演與集會空間：可以容納 60 人座位或 120 人站立的表演與集會空間。

設計元素運用：以材質與構築的表現為重點，呈現出材質與構築特性，並加以轉化運用。

空間視覺氛圍：利用影像、動線與燈光及其他的五感體驗綜合表現空間視覺氛圍的營造。

五、圖面要求如下：

設計構想說明(圖或 200 字以內文字)

總配置圖，含室外景觀規劃，建議比例不小於 1/400

各層平面圖，建議比例不小於 1/200

必要之立面圖

必要之剖面圖

必要之細部圖

其他有助於設計說明之表現性圖面

代號：25980
頁次：4-3

附圖 1

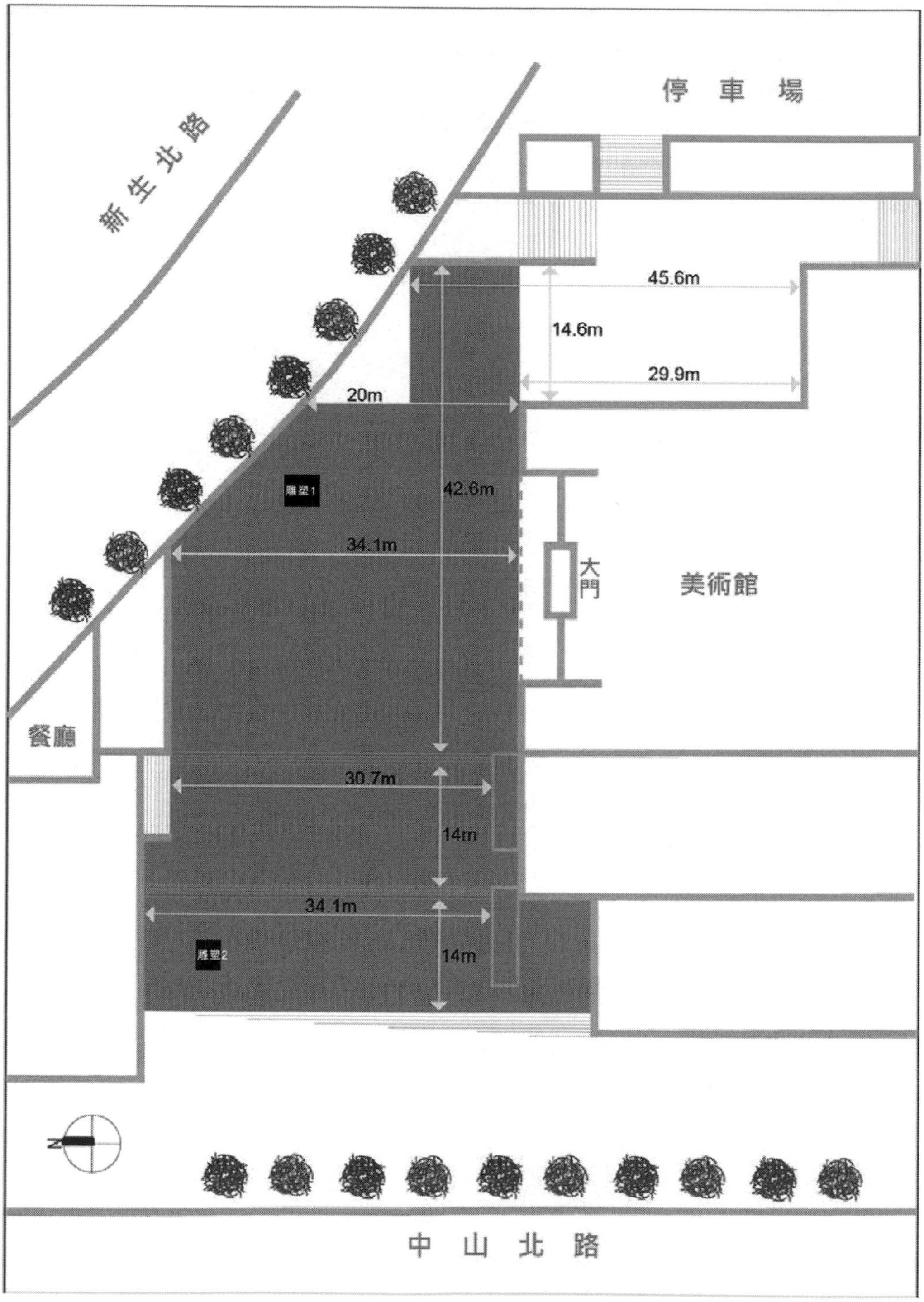

代號：25980
頁次：4-4

附圖 2

附表

模式分類	LWARB循環經濟行動計畫	導入設計後可能發展方向
新製造模式	3D列印 (addictive manufacturing)	發展設計創新的供應鏈模式，且透過在地化生產節省運送的成本。
	都市農業 (urban farming)	
	模組化 (modularity)	為減少不必要的浪費，源頭和後續產品零配件，透過適宜的設計能夠產生多用途，以便於組裝、拆解與重複利用。
	雷射雕刻 (laser-etched branding)	
新商業模式	以租代買 (leased assets)	將資源共享概念納入服務設計中的環節設計便利租借、保養的產品、且發展租借管理與服務平台。
	交換平台 (exchange platforms)	
	共享平台 (sharing platforms)	
新管理模式	智慧預測性維護 (smart predictive maintenance)	透過設計偵測產品零件生命週期（如電池）、協助使用者減少不必要汰換、延長使用週期和透過探勘數據提出新管理模式。
	都市分析 (urban analysis)	

■ 109 年高考三級

城市未來生活體驗館設計 ｜ 考題難易度：☆☆☆☆

一、讀題重點

擴增實境 AR（Augmented Reality）與虛擬實境 VR（Virtual Reality）是近年開始流行的元宇宙，屬於科技產品下的新議題，如何因應此議題、將內容以及空間需求與基地條件整合，表達空間組織且考慮於北部某都市住商混合區這個基地條件做出最適建築配置。

二、解題策略

展覽空間、工作坊空間、可容納 120 人演講、座談空間、可容納 20-30 人咖啡館兼共同工作空間、供 8-10 組團隊之未來生活實驗室、製造工廠等空間需求採取分層使用的方式做處理為佳。

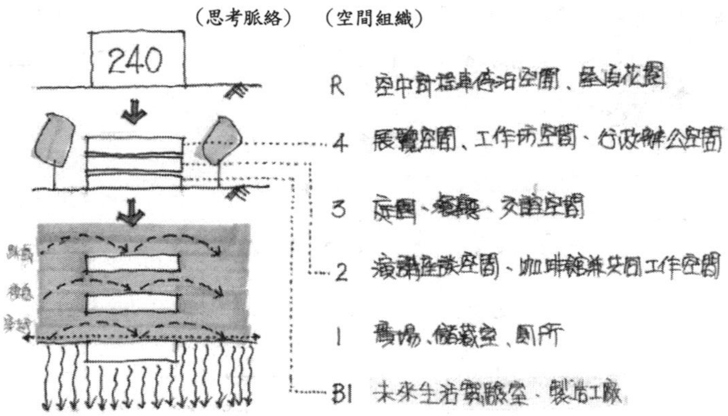

三、破題技巧

題旨所寫城市未來生活體驗，將前瞻科技與對未來城市生活，又連結包含 AR 與 VR 科技與互動技術之引用，屬於概念性很強且有想像空間的題材，除了概念陳述外亦要注意基地配置的方向性、兩側的商場重要性高過後面的公園。

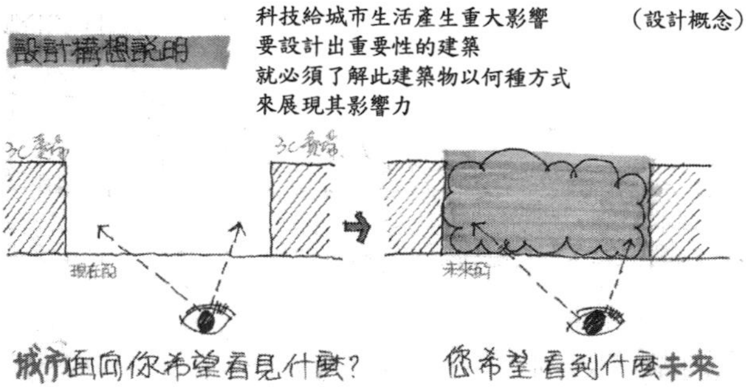

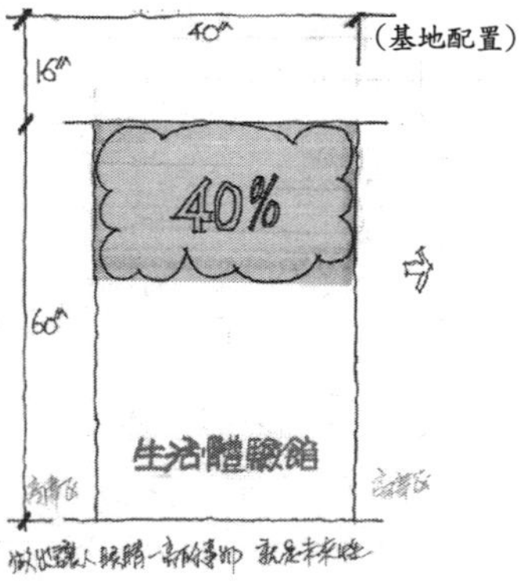

四、題目解析

有鑑於新興科技給城市生活產生的影響各種商業模式改變，因應設計概述所提內容以及空間需求與基地條件，研提建築設計方案，主要空間組織、基地配置仍是優先，設計概念則為附加條件為本題重點。

代號：36280
頁次：2-1

109年公務人員高等考試三級考試試題

類　　科：建築工程
科　　目：建築設計
考試時間：6小時　　　　　　　　　　　　座號：＿＿＿＿＿＿

※注意：(一)可以使用電子計算器。
(二)不必抄題，作答時請將試題題號及答案依照順序寫在試卷上，於本試題上作答者，不予計分。
(三)本科目除專門名詞或數理公式外，應使用本國文字作答。

一、設計題目：

城市未來生活體驗館設計（100分）

設計概述：

新興科技給城市生活產生重大的影響，例如智慧型手機改變了資訊取得以及人際間聯繫與溝通的方式，也帶動了運輸（如Uber）、消費（如foodpanda）、以及旅店（如Airbnb）商業模式的改變。又如擴增實境AR（Augmented Reality）與虛擬實境VR（Virtual Reality）創造了新的空間感知經驗。同時，在街道、超市、賣場、銀行無所不在的監視攝影設備，提高了管理的便利性卻也帶來個人隱私暴露的隱憂。本設計題目希望藉由城市未來生活體驗館之設置，提供產業界、學術界及政府單位一個共同合作及發表的平台，將前瞻科技與對未來城市生活可能產生的影響與改變，例如對人工智慧、自動駕駛、循環經濟、智慧城市等主題進行探討、實驗與想像，並透過展演的方式讓市民得以親身體驗。

空間基本需求：（可依前述設計概述調整基本需求，空間量自行設定）

1. 展覽空間：提供不同類型的城市未來生活方式之展覽與體驗使用，除了實體與平面展示之外，還包含AR與VR科技與互動技術之引用。
2. 工作坊空間：舉辦各種媒材與類型的工作坊使用，可容納60-80人共同使用，本空間亦可供創作者發表、交流與集會使用。
3. 演講、座談空間：可容納120人規模之演講廳及2間10-20人討論室。
4. 咖啡館兼共同工作空間（Co-working Space）：可容納20-30人使用。
5. 未來生活實驗室（Future Life Laboratory）：供8-10組跨領域創作團隊定期進駐使用。
6. 製造工廠：包含木工廠、金工廠、數位製造工廠（含CNC、Laser Cutter、3D Printer）及材料倉庫。
7. 餐廳兼交誼空間。
8. 體驗館行政辦公空間。
9. 其他附屬及支援空間如廣場、庭園、停車、廁所、儲藏及其他服務性空間。

代號:36280
頁次:2-2

基地說明:基地位於北部某都市住商混合區內,建蔽率60%、容積率240%,北面臨16公尺道路。

1. 基地面積:長60公尺、寬40公尺,面積約2400平方公尺。
2. 基地條件:本基地位於社區公園北側,其東西兩側為3C賣場及商業區,北側為住宅區。

設計構想及圖面需求:

1. 建築計畫說明:因應設計概述所提之目的、內容以及空間需求與基地條件,研提本館之建築計畫書(Program),包含空間需求與內容之調整說明,以作為整體建築設計的基礎。
2. 設計構想說明:包含主要之設計概念、空間組織、基地配置以及本設計的思考脈絡及重點。
3. 建築設計圖說:全區配置圖、平立剖面圖與其他能表達主要議題的透視圖或建築細部圖(比例尺自訂)。

基地示意圖:

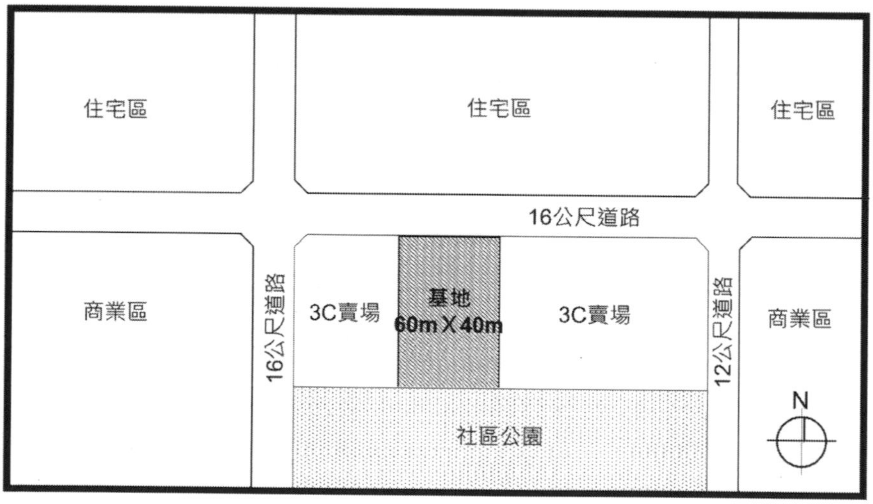

■ 110 年高考三級

新創事業聯合辦公室設計 ｜ 考題難易度：☆☆☆

一、讀題重點

某閒置市有地開發設置新創事業「服務式聯合辦公室」大樓，提供共同收發、秘書、會計、法務等行政服務，考生需注意要有共用窗口的服務空間。

二、解題策略

基地西側鄰地為機關用地，附近為鄰里商業區；注意其連結性，對應題目中設施地面層並提供餐飲、企業商品展售服務，以促進新創事業發展之要求。

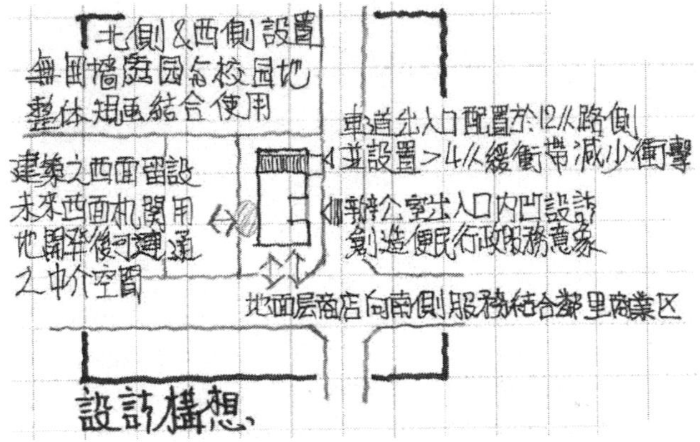

三、破題技巧

題旨提出為了鼓勵市民創業，作為市政府施政特色的政策說明，提供優惠出租辦公室，裝修完成並配置硬體；並提供共同行政服務以降低事業營運成本。

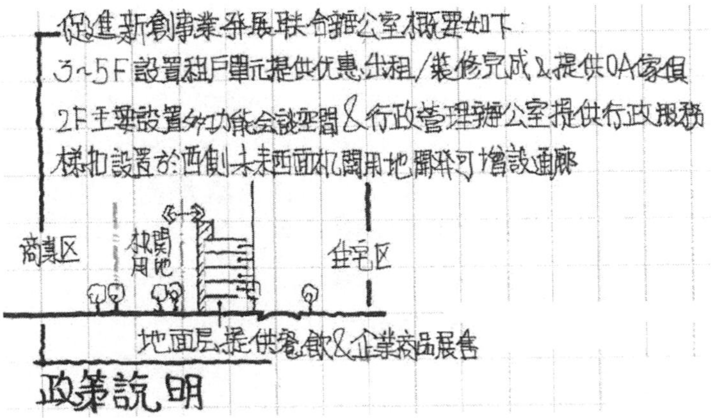

四、題目解析

將敷地計畫、動線、庭園景觀、平面設計、空間機能、立面處理、結構構造合理性及服務空間綜合於「服務式聯合辦公室」設計提案。

代號：35980
頁次：2－1

110年公務人員高等考試三級考試試題

類　　科：建築工程
科　　目：建築設計
考試時間：6小時　　　　座號：＿＿＿＿＿＿

※注意：(一)可以使用電子計算器。
(二)不必抄題，作答時請將試題題號及答案依照順序寫在試卷上，於本試題上作答者，不予計分。
(三)本科目除專門名詞或數理公式外，應使用本國文字作答。

一、設計題目：新創事業聯合辦公室設計

二、設計概述：某直轄市政府為了鼓勵市民創業，輔導開創個人事業生涯，積極育成新創事業作為市政府施政特色；擬於轄區內某閒置市有地開發設置新創事業「服務式聯合辦公室」大樓，提供優惠出租辦公室，裝修完成並配置辦公家具、設備、共用會議空間等硬體；為了降低事業營運成本，並提供共同收發、秘書、會計、法務等行政服務，按勞務收費。除了提供辦公場所設備、行政人力外，設施地面層並提供餐飲、企業商品展售服務，以促進新創事業發展。

三、基地說明：本基地為都市計畫劃定之機關用地，面積約960平方公尺（40M*24M，道路截角3公尺，參見基地圖），基地位於本市新開發區之住宅社區鄰里中心角地，面臨16公尺道路及12公尺道路；社區生活機能完備，街道兩側地面層多為鄰里小型商業活動。基地北側直接鄰接社區國小；基地西側鄰地為機關用地，附近為鄰里商業區；基地周邊多為公寓華廈集合住宅區，部分一樓供商業使用。基地法定建蔽率60%，法定容積率240%，建築物高度不得超過25公尺。

四、設計重點：
1. 研擬本設施之政策說明，並列表自訂說明本設施之建築計畫內容。
2. 分析新創事業微型企業開辦類型區分，共同行政服務空間模式配合，共用會談接待空間配置，及本提案規劃設計構想概念說明。
3. 新創業務專區之敷地計畫、動線及庭園景觀規劃構想說明。
4. 設計提案平面設計、空間機能、立面處理、結構構造合理性及服務空間之設計方案掌握。
5. 提案之設計說明、圖面表達及溝通技法呈現。

五、空間需求：

1. 新創租戶單元面積、附屬服務設施及數量自訂；應考量秘書、會計、法務等行政服務搭配；及本設施行政管理辦公室。
2. 多功能共用會談接待空間自訂（提供接待、會談、演講及簡報使用）。
3. 地面層商店、室內展示空間，入口門廳保全、收發等功能。
4. 茶水、廁所、共同設備、動線、停車、裝卸等必要服務設施。
5. 設施無圍牆之敷地庭園、休憩空間。其他設施可依構想增加自訂。

六、圖說要求及評分項目：

1. 本設施之政策說明及建築計畫與空間需求量分析之表列說明，包括活動設定與對應空間說明。（30 分）
2. 建築規劃設計概念說明。（20 分）
3. 總配置圖包括庭院規劃、各層平面圖、主要立面圖等，至少一向主要剖面圖，比例自訂。（40 分）
4. 其他表現設計構想之圖表、透視圖或大樣圖。（10 分）

七、基地圖：

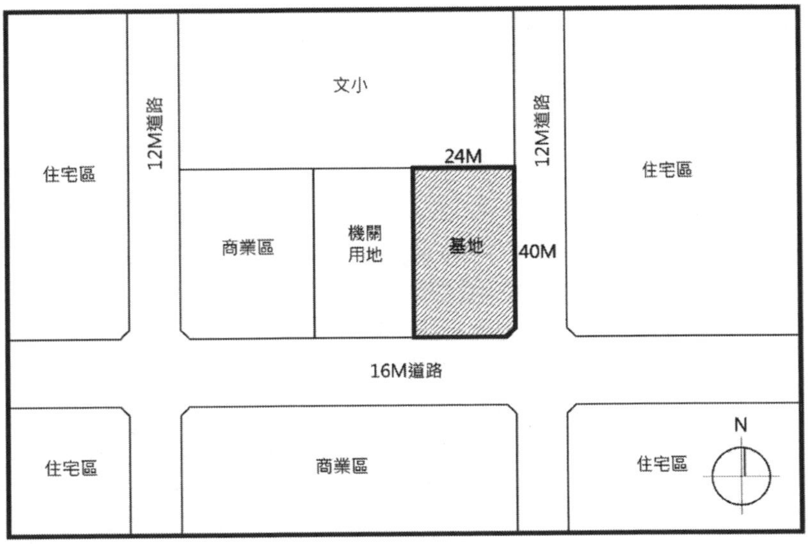

■ 107 建築師

國民運動中心 | 考題難易度：☆☆☆

一、讀題重點

建築基地位於南部之某中小型市鎮，於公共資源較為缺乏的中小型市鎮，興建符合現代標準的運動設施，讀到題旨當下判斷此題屬於公共工程的建築類型。

二、解題策略

基地東側為國民中學已有八水道戶外游泳池一座，所以此案不需要再規劃游泳池；西側及南側住宅區建築物型態以 2~3 層透天店舖住宅則為提醒考生注意建築物高度控制；北側鎮立圖書館則注意避免將有噪音之項目安排靠近它。

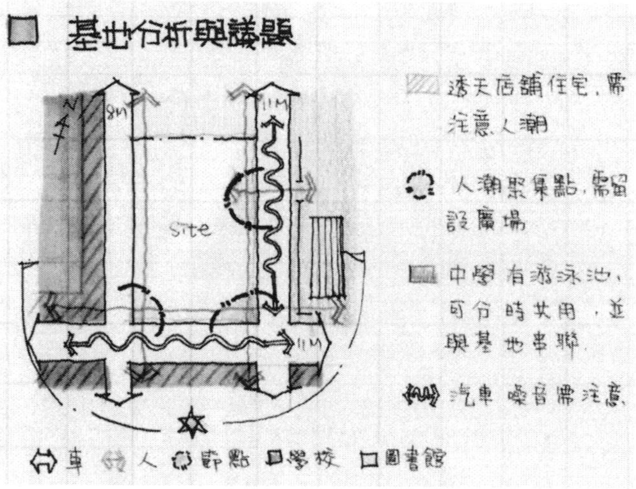

三、破題技巧

室內球場，重量訓練室，多功能大教室及多功能韻律教室四間，另有本案採委外經營（OT）之方式經營管理辦公室，考生需注意不同跨距空間模組的組合。

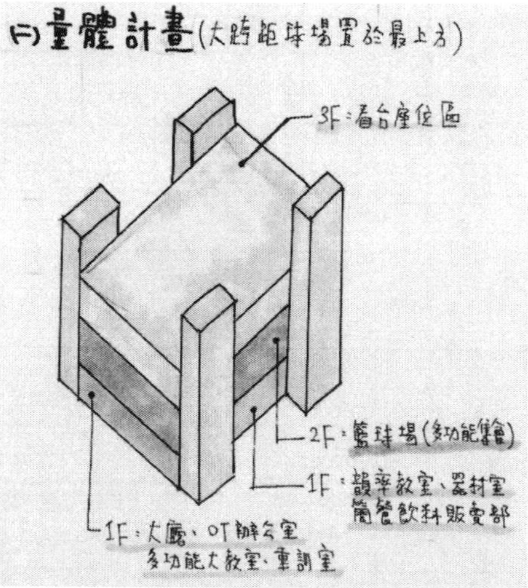

四、題目解析

本題考生注意不同尺度空間模矩組合及做好管理動線並注意停車空間設於法定空地，考慮供假日市集使用的要求要考量基地周圍動線。

代號：80160
頁次：3-1

107年專門職業及技術人員高等考試
建築師、技師、第二次食品技師考試暨
普通考試不動產經紀人、記帳士考試試題

等　　別：高等考試
類　　科：建築師
科　　目：建築計畫與設計
考試時間：8小時　　　　　　　　　　　　　　　　座號：________

※注意：㈠可以使用電子計算器。
㈡不必抄題，作答時請將試題題號及答案依照順序寫在試卷上，於本試題上作答者，不予計分。
㈢本科目除專門名詞或數理公式外，應使用本國文字作答。

一、題目

國民運動中心

二、題旨

近年全民運動風氣日益興盛，運動族群從青壯族群逐漸擴展到銀髮族群，為提供足夠的運動場所，大型都市如臺北市早已密集設置運動中心，惟部分中小型市鎮之類似設施尚付之闕如，居民多只能利用學校附設的運動設施，然而這些設施原本僅為教學需求而設，無法應付一些需要專屬場地以及專屬設備之運動項目，是以為了提升全民運動風氣，於公共資源較為缺乏的中小型市鎮，興建符合現代標準的運動設施成為當務之急。

三、建築基地（詳附圖）

㈠建築基地位於臺灣南部之某中小型市鎮，地勢平坦，國道巴士站就在不遠處，雖離大型都市較遠，但因氣候宜人、房價較低，加上田園風光優美，近年逐漸吸引了不少青壯族群返鄉居住，他們或投入觀光產業、或開設主題餐廳、或從事精緻農業，不一而足。

㈡基地所屬之都市計畫使用分區為文教區，東側為國民中學，設有八水道戶外游泳池一座；西側及南側皆為住宅區，建築物型態以二~三層透天店鋪住宅為主；北側則為鎮立圖書館。

㈢基地面積約6500 m^2，開發強度上限為建蔽率40%、容積率80%。

代號：80160
頁次：3-2

四、建築計畫需求（30 分）

㈠室內球場一處，其空間至少需能容納標準籃球場一面（15 m*28 m），球場必須的緩衝空間及附屬空間請自行規劃。

㈡面積 350~400 m^2 之重量訓練室一處，附屬空間請自行規劃。

㈢面積 350~400 m^2 之多功能大教室一處，使用內容包含桌球、集會以及運動課程等，附屬空間請自行規劃。

㈣多功能韻律教室四間，每間面積約 65~75 m^2。

㈤建築配置需呼應周邊街區之使用屬性。

㈥本地區少雨且日照時數長，建築計畫須妥善因應以增加設施之使用品質。

㈦停車空間設置於法定空地，惟應考慮可供假日市集使用，需設置汽車停車位 24 部、無障礙停車位 2 部，以及機車停車位 50 部。

㈧本案採委外經營（OT）之方式經營管理。

五、建築設計，圖面要求如下：（70 分）

㈠含戶外景觀之配置平面圖，比例 1：600。

㈡各層平面圖，比例 1：300。

㈢雙向剖面圖，比例 1：200。

㈣主要立面圖，比例 1：200。

㈤主要空間之外牆剖面圖，比例自訂。

㈥透視圖。

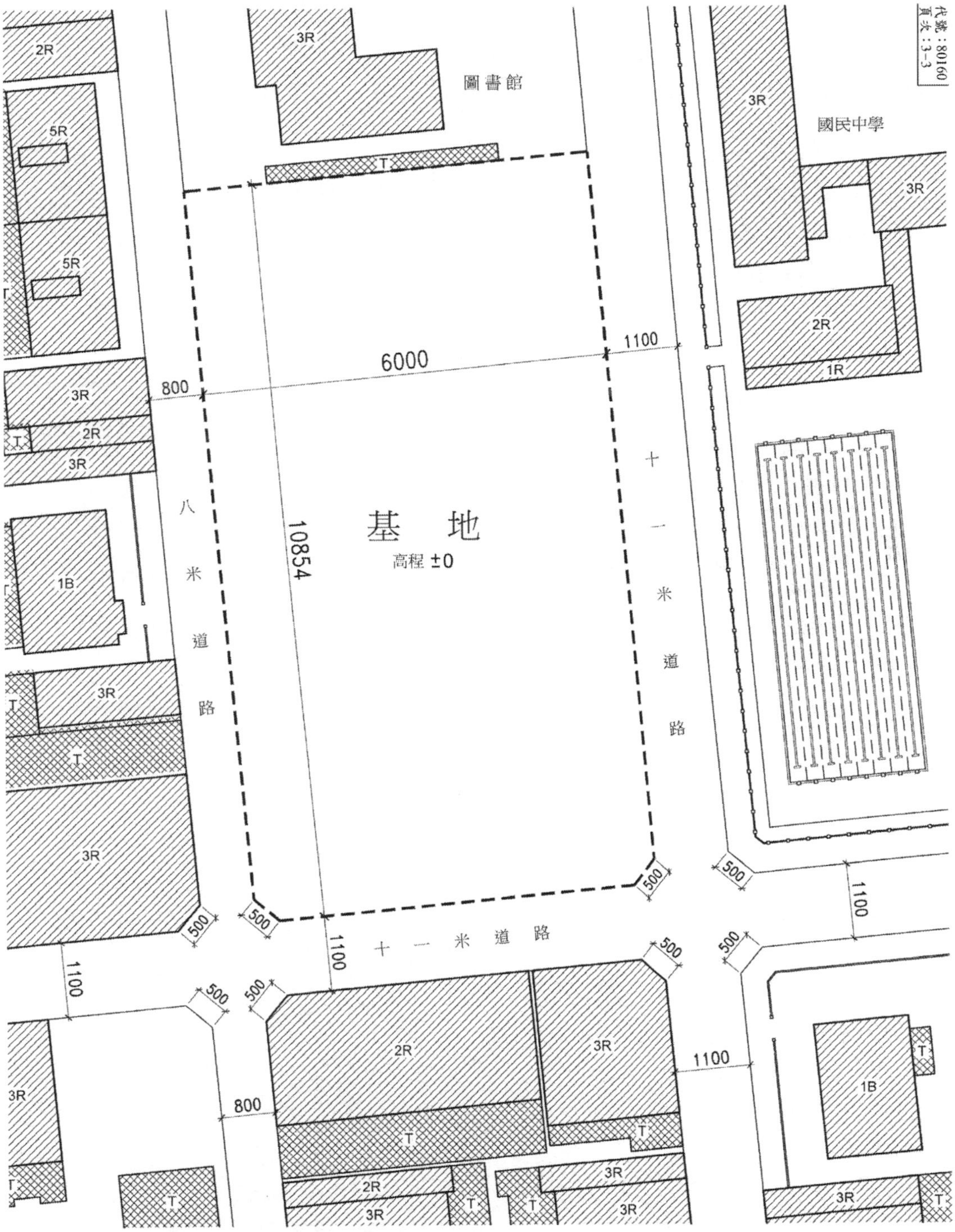

基地及周邊街區現況圖 0 1 5 10 20 50m

(圖面尺寸單位：cm)

N

■ 108 年建築師

國小閒置教室「老小共學」校舍增改建設計　考題難易度：☆☆☆

一、讀題重點

臺灣近年來面臨「少子化」與「高齡化」雙重衝擊。將「少子化」現象導致現有國中小學校園因為生源不足而開始出現閒置校舍空間作為「高齡化」社會所衍生的高齡人口須要照顧服務的使用。

二、解題策略

基地中的國小校園臨街區域。要考量校舍的鄰棟間隔；注意題目要求樓層數以 3 樓為原則，除挑高 2 樓的川堂空間外，西翼整幢校舍空間均為可改造變動範圍，要符合「建築物無障礙設施設計規範」設置規定因此增建部必須有電梯。

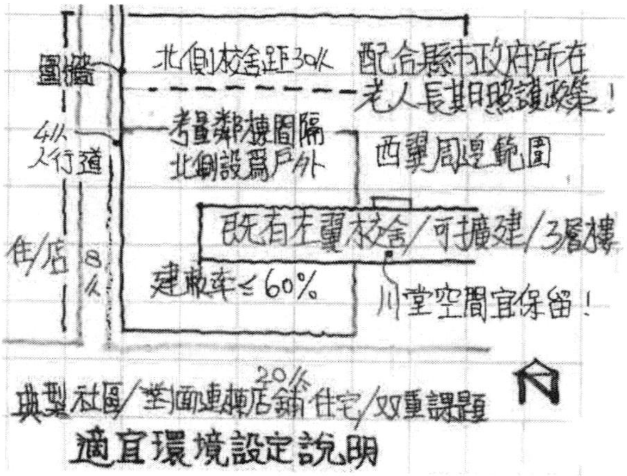

三、破題技巧

本題首重增建部位置的選擇注意題目所述，北側距離校園內其他校舍建築僅 30 公尺，請考量必要鄰棟間隔，選擇衝突點最小的位置做設計。

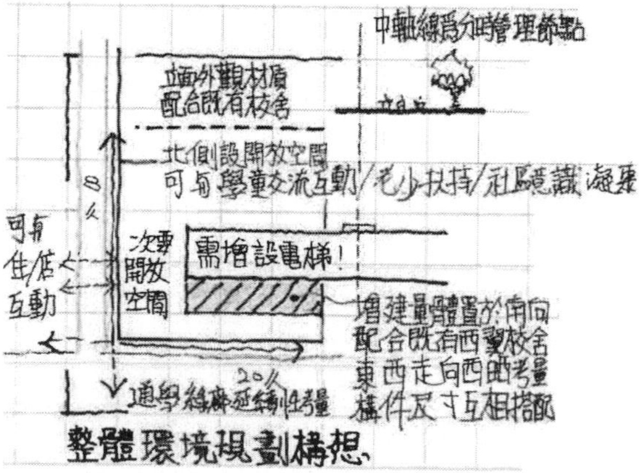

四、題目解析

有鑑於某個有「少子化」與「高齡化」雙重課題的典型社區，要將閒置校舍空間改造轉型為社區老人照顧與活動學習中心。

代號：80160
頁次：3-1

108年專門職業及技術人員高等考試建築師、25類科技師（含第二次食品技師）考試暨普通考試不動產經紀人、記帳士考試試題

等　　別：高等考試
類　　科：建築師
科　　目：建築計畫與設計
考試時間：8小時　　　　　　　　　　座號：＿＿＿＿＿＿

※注意：㈠禁止使用電子計算器。
㈡不必抄題，作答時請將試題題號及答案依照順序寫在試卷上，於本試題上作答者，不予計分。
㈢本科目除專門名詞或數理公式外，應使用本國文字作答。

題目：國小閒置教室「老小共學」校舍增改建設計

一、題旨：

臺灣近年來面臨「少子化」與「高齡化」雙重衝擊。「少子化」現象導致現有國中小學校園因為生源不足而開始出現閒置校舍空間；另一方面「高齡化」社會所衍生的高齡人口須要多元化與全面向的照顧服務需求日趨殷切。

有鑑於此，某地方政府擬選擇市區人口聚集、卻也呈現「少子化」與「高齡化」雙重課題的典型社區，其學區內的國民小學校園試辦閒置校舍轉型活化為社區老人照顧與活動學習中心。校舍空間改造需求分為兩大類別：

㈠日間照顧中心：計畫提供20位輕、中度失能、失智者（年滿65歲以上或年滿50歲以上經醫院診斷為失智症者）之日間照顧，在此獲得生活照顧、健康促進以及文康休閒等服務。

㈡銀髮學習中心：提供社區約50位健康老人午間社區供餐的關懷據點、學習教室、文康娛樂活動及社交聯誼空間。

如此模式既可提供白天家人上班、上學而無人照料的老人，能有就近接受日間服務照顧，老人們在校園中持續接受社會多元訊息，並嘗試適度與國小學童同一空間交流互動，可望達到老少相互扶持、社區意識凝聚、空間活用改善、人力適當轉用的多重成效。

二、基地環境概述：

基地為國內常見的國小校園臨街區域。校園南側為面前20公尺寬道路、西側為8公尺寬巷道，校園周邊均已設有圍牆；圍牆外有4公尺寬的人行道。該校配合所在縣市政府設立銀髮學園與老人長期照護政策，經行政會議多次討論並盤點現有教學空間資源後，可將閒置空間集中於第一排進落建築物（坐北朝南）西翼周邊之間的範圍—以既有校舍建物外牆為準，其西、北、南三側均尚有20公尺的空地，連同原有左

代號：80160
頁次：3-2

翼校舍為本案可擴建的建築基地範圍（詳見基地圖）；惟北側距離校園內其他校舍建築僅有30公尺，請考量必要的鄰棟間隔與教學影響。

校園整體建蔽率與容積率尚有寬裕；惟建議本基地範圍內建蔽率仍以60%為上限；樓層數以3樓為原則；各樓層高度請依校園相關法規自行合理設定。可供新建「老小共學」範圍內的既有校舍建築構造為3層樓平屋頂RC柱梁框架形式(屋齡約25年的合法建築，柱、梁、牆、板……等構件尺寸，以及立面外觀材質……等，請自行依照相關規範合理設定之)，除挑高2樓的川堂空間外，西翼整幢校舍空間均為可改造變動範圍。

三、設計課題：

㈠符合「建築物無障礙設施設計規範」設置規定。

㈡基地周邊景觀規劃應符合老人日常生活所需，並考慮老人因聽覺、視覺等感官與肢體退化的行動不便者，所需要的通用環境設計理念。

㈢改造方式（增建、修建、拆除重建……或其他）請自行依設計理念決定之，惟需與原有校園環境中學生群體的活動融合協調，並考慮建築之節能與永續設計。

㈣提供適合接送老人上下車、送餐車裝載與停車之空間。

四、空間需求：

㈠日間照顧中心

提供滿足長者身、心、靈需求，以及失能或失智老人（20人）個別照護服務及安心環境的人性化空間，以單位照顧模式，依身心機能狀況分組（家）照顧，尊重個別性、自主性的日間照顧空間。

依據「老人福利機構設立標準」，老人日間照顧設施應設多功能活動室、餐廳、廚房、盥洗衛生設備與午休空間等。其中活動空間每人應有10平方公尺；午休之寢室每人應有5平方公尺，其他餐廳、廚房、盥洗衛生設備與相關服務所需空間，請自行依需要設置之。

㈡銀髮學習中心暨關懷據點：

1. 提供各式語言、歌謠、國畫、書法、養生運動、資訊上網……等課程使用之教室2間，可兼為行政人員的講座訓練用空間。
2. 可提供約50位老人共同用餐的空間，用餐時段外並可作為日間照顧中心的多功能空間，提供全體老人文康娛樂活動、圖書閱覽及社交聯誼所需。
3. 福利與醫療諮詢室。
4. 工作人員辦公與志工空間（包括主任1位；日間照顧中心：護理人員2位、社會工作人員1位、照顧服務員約6位；銀髮學習中心：社會工作人員4位、廚師2位；志工6位）。
5. 會議室（20座席）。
6. 廚房與支援備品空間。
7. 其他（接送動線、停車、廁所及儲藏等服務空間依法規自訂）。

代號：80160
頁次：3-3

五、圖說要求：

㈠建築計畫說明：（30 分）

1. 研擬並列表說明本次設計標的物的建築計畫內容，包括：⑴本案的空間定性定量表—活動行為所需與相應之空間特質與量的決定原因、⑵整體環境規劃構想、⑶校園其他相關本基地的適宜環境設定說明。
2. 無障礙環境設計的系統性概念說明。

㈡建築設計圖面：（70 分）

1. 全區地面層配置圖，包括戶外空間景觀規劃：比例 1/200~1/300。
2. 重要的其他樓層平面圖：比例 1/200。
3. 主要立面圖：至少兩向（相鄰校舍建築立面外觀材質……等，請自行設定之），比例 1/200。
4. 主要剖面圖：至少一向，比例 1/200。
5. 其他表現設計構想之透視圖或大樣圖。

六、基地圖：

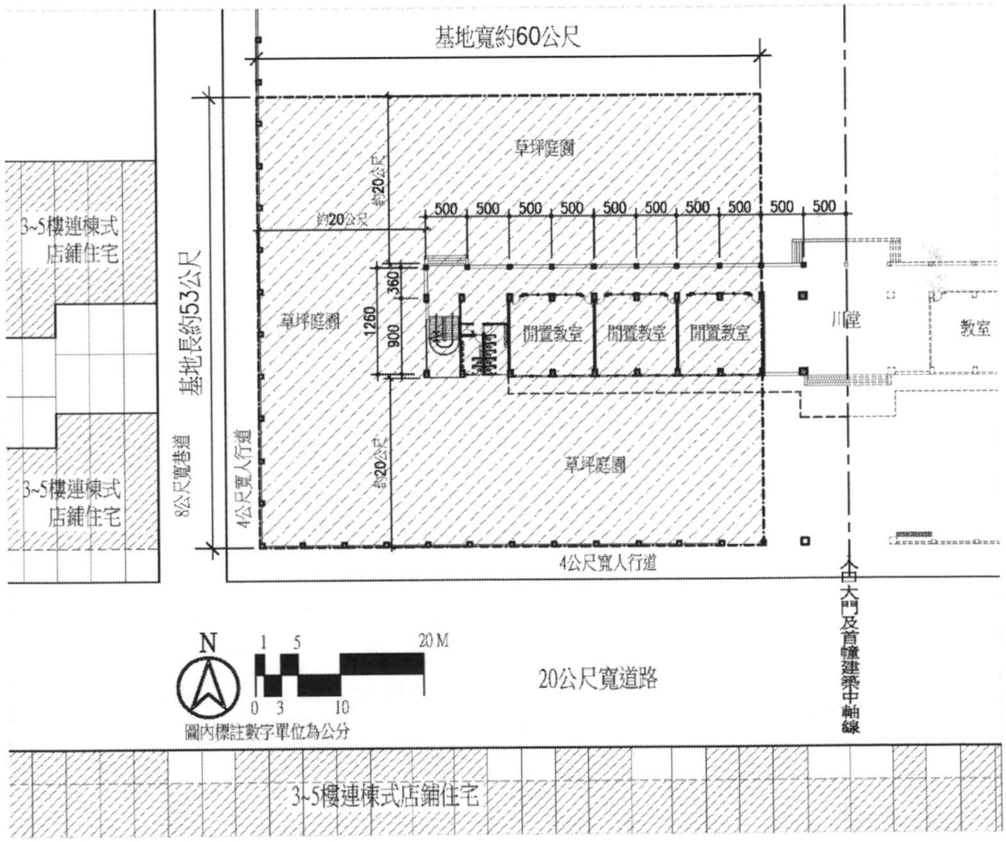

■ 109 年建築師

大學校園之學生宿舍 ｜ 考題難易度：☆☆☆☆

一、讀題重點

首先注意到建築基地的環境設定為：北部某國立大學之學生宿舍興建用地，考生可以先思考一下北部的地理、氣候等環境特性，基地北側為現有學生宿舍，南側為便利商店及醫務室，新建宿舍注意與這兩者的連結性。

二、解題策略

考生請注意此題為須安排空間較多的題型，可供至少 200 個學生長期住宿的居住空間，腳踏車停車空間 200 部，多功能集會空間一間，面積約 200 ㎡，有數量上需求的空間務必注意！

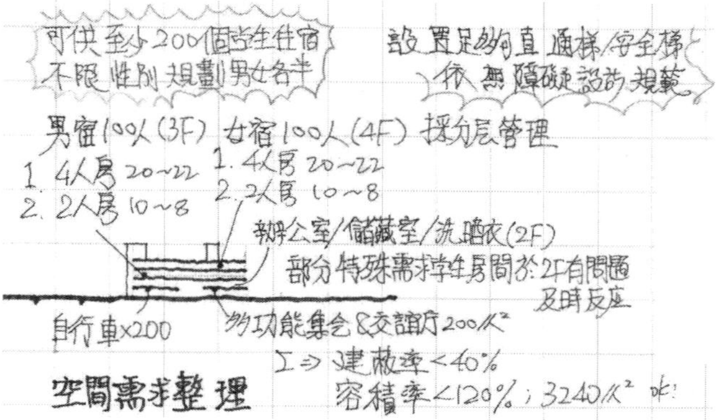

三、破題技巧

本年度專技考試出現不同的趨勢考生要注意圖說要求，地面層平面圖、各層平面圖都要求標示柱中心線、柱距與柱尺寸，外牆剖面圖標示樓層高度、樑深與室內淨高，標準單元平面詳圖兩式，圖面必須清楚畫出構造、傢俱，以及設備等，電梯間與安全梯繪製詳圖，未來可能出現更多接近實務工作之圖面要求。

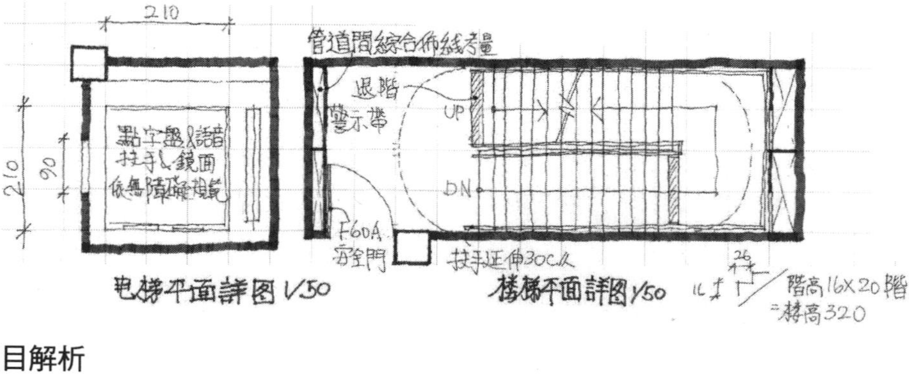

四、題目解析

有鑑於許多大學學校學校的宿舍供應量依然不足，題旨在為某公立大學校園內新設更合理的居住品質的學生宿舍。

代號：80160
頁次：3-1

109年專門職業及技術人員高等考試建築師、32類科技師（含第二次食品技師）、大地工程技師考試分階段考試（第二階段考試）暨普通考試不動產經紀人、記帳士考試、109年第二次專門職業及技術人員特種考試驗光人員考試試題

等　　別：高等考試
類　　科：建築師
科　　目：建築計畫與設計
考試時間：8小時　　　　座號：＿＿＿＿＿＿

※注意：㈠可以使用電子計算器。
㈡不必抄題，作答時請將試題題號及答案依照順序寫在試卷上，於本試題上作答者，不予計分。
㈢本科目除專門名詞或數理公式外，應使用本國文字作答。

題目：大學校園之學生宿舍

一、題旨：

大學校園之學生宿舍，在學生的成長過程中扮演極為重要的角色，他們將在這裡認識許多同住但不見得是同系的朋友、開拓人生的視野與見聞，並展開培養人際關係與融入群體生活的全新體驗。

然而許多大學園於校地與經費之不足，加上許多學校分配經費時，並未把提升宿舍品質列為首要考量，導致在少子化的今天，許多大學的宿舍供應量依然嚴重不足，而一些有如軍營般的老舊宿舍，至今依然勉強使用，無法順應時勢提供更合理的居住品質，教育改革數十年後的今天，許多家長陪同子女前往大學報到時，總能驚訝地發現，學校的住宿品質竟然跟他們當年讀書時一模一樣。

本案正如前述，乃一公立大學校園內新設之學生宿舍。

二、建築基地：北部某國立大學之學生宿舍興建用地（詳附圖）

㈠建築基地位於北部某國立大學校園內之宿舍區，地勢平坦，環境單純。

㈡基地北側為現有之學生宿舍，屋齡約 40 年，南側為便利商店及醫務室。

㈢基地長 72 m，寬 45 m，面積約 3240 m^2，開發強度上限為建蔽率 40%、容積率 120%。

三、建築計畫需求：（30 分）

㈠可供至少 200 個學生長期住宿的居住空間，須規劃至少兩種房型，樓層數不得超過地上四層。

㈡腳踏車停車空間 200 部。

㈢無須設置汽車停車場，由校區整體規劃處理之。

代號：80160
頁次：3-2

㈣多功能集會空間一間，面積約 200 m²，平時可作為主要交誼廳，亦可作為學生議會之開會空間，作為演講功能時，觀眾區應可容納至少120人，相關講台、桌椅以及必要的附屬空間等，請自行規劃。

㈤洗曬衣區請自行規劃，應以方便性為主要考量。

㈥辦公室、儲藏室以及其他附屬空間請自行規劃。

㈦本宿舍必須設置數量足夠的直通樓梯與安全梯，其中安全梯請依照「建築物無障礙設施設計規範」設計，並檢討樓面居室各點至安全梯之步行距離。

㈧本宿舍之入住者不限性別。

㈨本宿舍必須考量行動不便者入住之方便性。

四、設計圖面要求如下：(70分)

㈠含戶外景觀及腳踏車放置場之配置圖，比例1：500。

㈡地面層平面圖，比例1：200，應清楚並正確標示柱中心線、柱距與柱尺寸等。

㈢各層平面圖，比例1：200，應清楚並正確標示柱中心線、柱距與柱尺寸等，平面相似的樓層無須重複繪製。

㈣外牆剖面圖，比例1：50，必須清楚標示樓層高度、樑深與室內淨高等。

㈤標準單元平面詳圖兩式，比例1：50，圖面必須清楚畫出柱、牆、窗、門、床鋪、桌椅、櫥櫃，以及衛生盥洗設備等，並正確而清楚地標示尺寸，單元內主要家具間之通道寬度等亦然。

㈥擇一處樓、電梯間繪製平面詳圖，比例1：50，應清楚並正確標示之內容如下：

1. 電梯車廂內尺寸與開口尺寸。
2. 安全梯詳細尺寸，包含梯級數、級高、級深等，級高總和必須與樓層高度吻合。

㈦外觀透視圖。

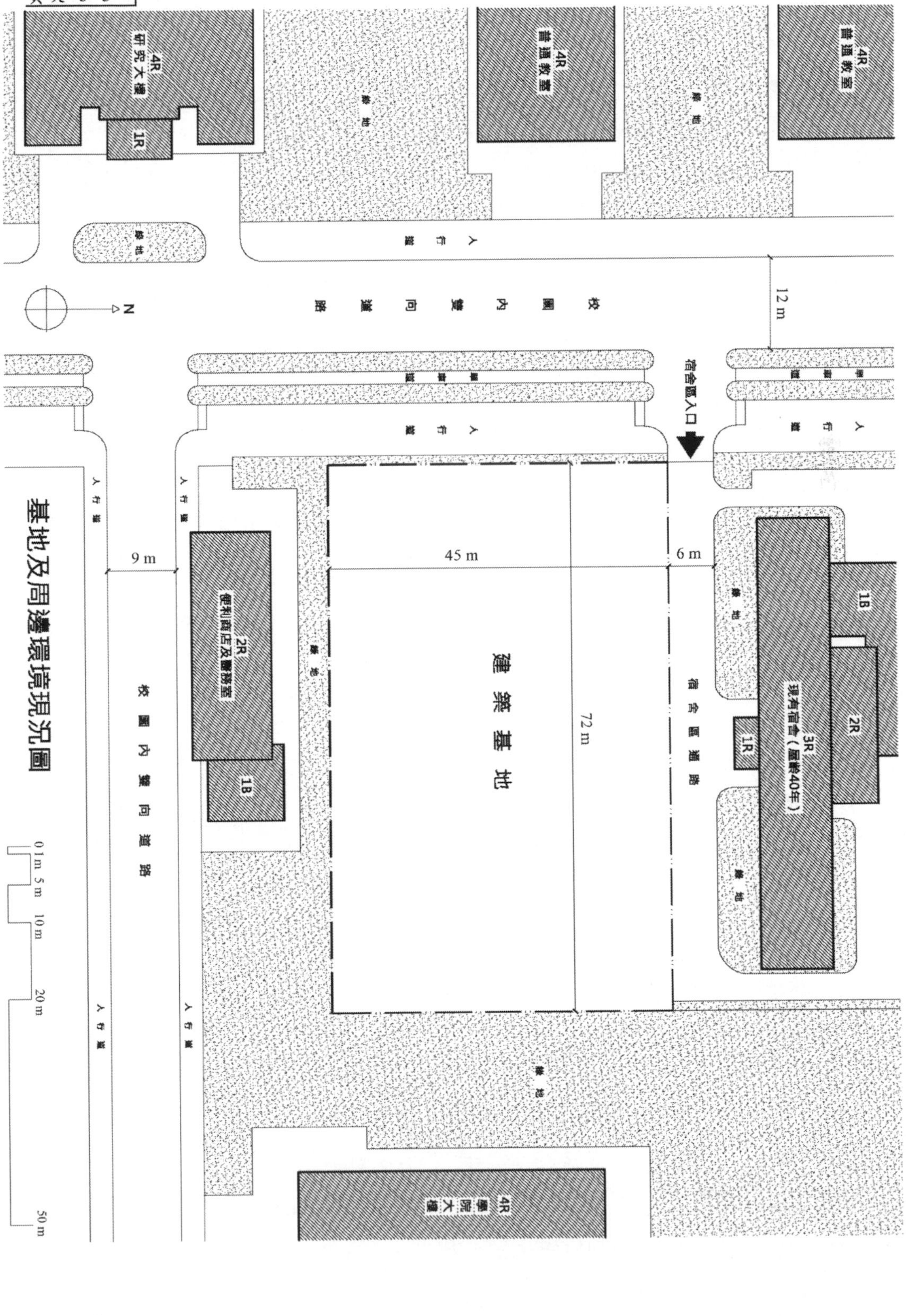

代號:80160
頁次:3-3
4R
普通教室
4R
普通教室
4R
研究大樓
1R
綠地
人行道
校園內雙向道路
12 m
單車道
宿舍區入口
1B
2R
3R
現有宿舍（屋齡40年）
1R
宿舍區道路
6 m
72 m
建築基地
45 m
4R
學院大樓
2R
便利商店及醫務室
1B
9 m
N
基地及周邊環境現況圖
0 1m 5m 10m 20m 50m

■ 110 年建築師

社區活動中心與公有出租套房　｜　考題難易度：☆☆☆☆

一、讀題重點

（一）分析基地和空間需求後，滿足使用需求，提出設計策略。

（二）請勿提出和圖無關的抽象策略。

（三）各種圖面應可表達出合理且經過整合的空間、機能和結構系統。

二、解題策略

基地北側商業區、臨 18 公尺道路，沿路住商混合，作為建築物的主要正面延續商業帶，考量基地環境條件可在題目上提出量體配置的設定圖例如右。

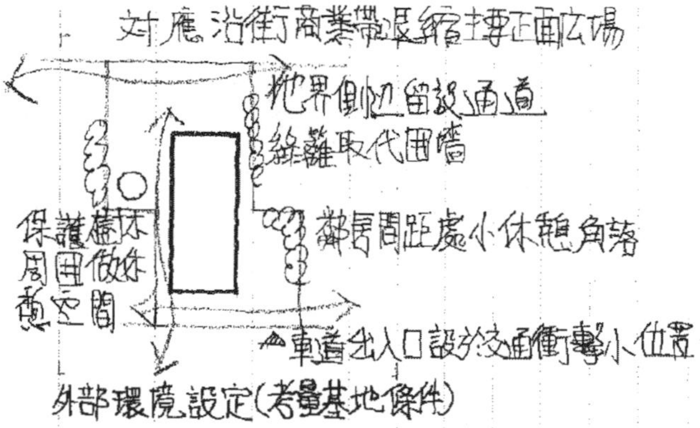

三、破題技巧

考生要注意沿路有延續不斷的路樹、人行道、騎樓與沿街店面這些題目陳述的條件，將建築設計為本街道是該地區的主要零售街道之接續節點，要注意基地內有一顆受保護樹木，將基地的主要開放空間與其連結，綜合考量的配合題目要求的量體簡圖舉例如右。

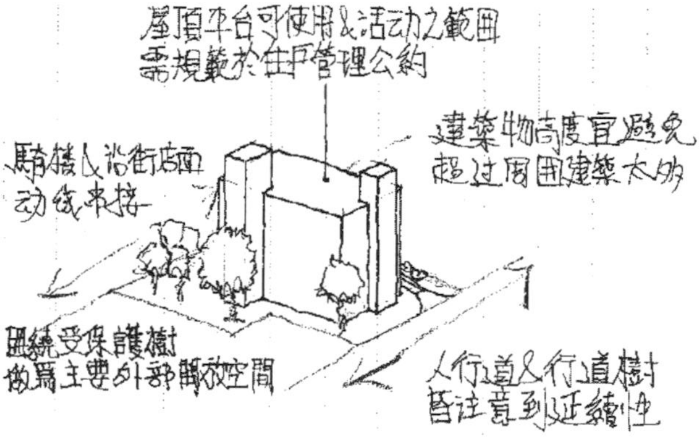

四、題目解析

此題有鑑於臺灣城市公共空間較為欠缺，故提出延續和強化公共空間／生活，以及滿足需求，要求提出策略並可清楚的表達在圖面上。

代號：80160
頁次：3-1

110年專門職業及技術人員高等考試建築師、24類科技師(含第二次食品技師)、大地工程技師考試分階段考試(第二階段考試)、公共衛生師考試暨普通考試不動產經紀人、記帳士考試試題

等　　別：高等考試
類　　科：建築師
科　　目：建築計畫與設計
考試時間：8小時　　　　座號：＿＿＿＿＿＿

※注意：㈠禁止使用電子計算器。
㈡不必抄題，作答時請將試題題號及答案依照順序寫在試卷上，於本試題上作答者，不予計分。
㈢本科目除專門名詞或數理公式外，應使用本國文字作答。

一、題意：

臺灣城市中的建築基地都有既存的環境紋理以及生活的模式，在過去高密度和快速的發展過程中，公共空間往往較為欠缺。在這種狀況下建築師除了滿足基地內特定的使用需求之外，基本上應該維持和延續既有的空間和生活模式，更進一步的應有創意的強化公共空間和公共生活。

請分析基地和空間需求後，因應維持延續和強化公共空間/生活，以及滿足本身使用需求，提出主要設計策略(或可稱為構想、想法等)，這些策略應可清楚的表達在量體、平面、剖面等圖面，請勿提出和圖無關的抽象策略。

各種圖面應可表達出合理且經過整合的空間、機能和結構系統。

二、基地：

基本資料：

1. 基地面積：1744 m^2。
2. 都市計畫：北側為商業區 1024 m^2、南側為住宅區 720 m^2，平均計算後基地之建蔽率 55%、容積率 275%。
3. 基地北側是商業區、臨 18 m 道路，沿路住商混合，建築量體自 6 層至 12 層不等，沿路有延續不斷的路樹、人行道、騎樓與沿街店面。本街道是該地區的主要零售街道，提供社區主要的生活機能。基地北側與東北側有人行穿越位置並設置紅綠燈。
4. 基地南側是住宅區、臨 10 m 道路，鄰屋多由道路退縮 3 m，沿路是 4 至 6 層住宅，一樓有少數店面。基地側設 1.5 m 人行道，基地東南設人行穿越道及紅綠燈，平時閃黃燈，上下學時由老師控制紅綠燈。南側道路對面是國中，學校側除 1.5 m 公有人行道之外，尚有校園退縮之 4 m 開放空間，有路樹。
5. 基地內有一顆受保護樹木(榕樹)樹冠直徑約 10 m，樹高 15 m。

代號:80160
頁次:3-2

三、建築計畫:(30分)

㈠社區活動中心:

1. 社區客廳480 m^2(可合併或分開配置)
開放供社區自由使用,早上10點開放至晚上9點,流動量較大,設電視和報章雜誌,許多老人在此泡茶聊天。可分若干間,但形式上應具整體性。
2. 茶水間,配合客廳設置。
3. 廁所。
4. 接待櫃臺(1人)。
5. 教室/會議室680 m^2
使用較特定,可出租供教學和開會使用。夜間及週末使用率較高,使用族群年齡跨世代。分大小若干間。
6. 里辦公室200 m^2。
7. 儲藏室200 m^2。

㈡公有出租單人套房單元:

1. 單元數盡可能多。
2. 每單元約30 m^2(9坪)。
3. 出租套房單元應考慮自然採光和私密性。
4. 單元設置簡易廚房,使用電爐,只適合料理輕食或加熱食品,無排油煙設備。
5. 衛浴設備無浴缸,以淋浴為主。
6. 應考慮陽台,可供曬衣使用。
7. 因該地極缺小坪數出租單元,請盡量多規劃出租單元,因此本案應設計至容積上限。請列算式計算:
⑴最大可建(容積)樓地板面積。
⑵最大可建建築面積。

㈢地下停車場:汽車35席,設置坡道。免設機車位。

㈣其他因基地條件和公共活動需要設立之空間。

四、圖面要求:(70分)

㈠地面層平面圖S:1/200,應清楚並正確標示柱中心線、柱距。

㈡各層平面圖S:1/200,應清楚並正確標示柱中心線、柱距,平面相似的樓層無須重複繪製。

㈢兩向剖面圖S:1/200,應清楚並正確標示柱中心線、柱距及樓高。

㈣外牆剖面圖S:1/50,必須清楚標示樓層高度、梁深與室內淨高。

㈤量體簡圖,應標示面臨街道、樓層線和服務核位置。

㈥立面:請以簡圖說明立面設計策略即可。(比例自訂)

代號：80160
頁次：3-3

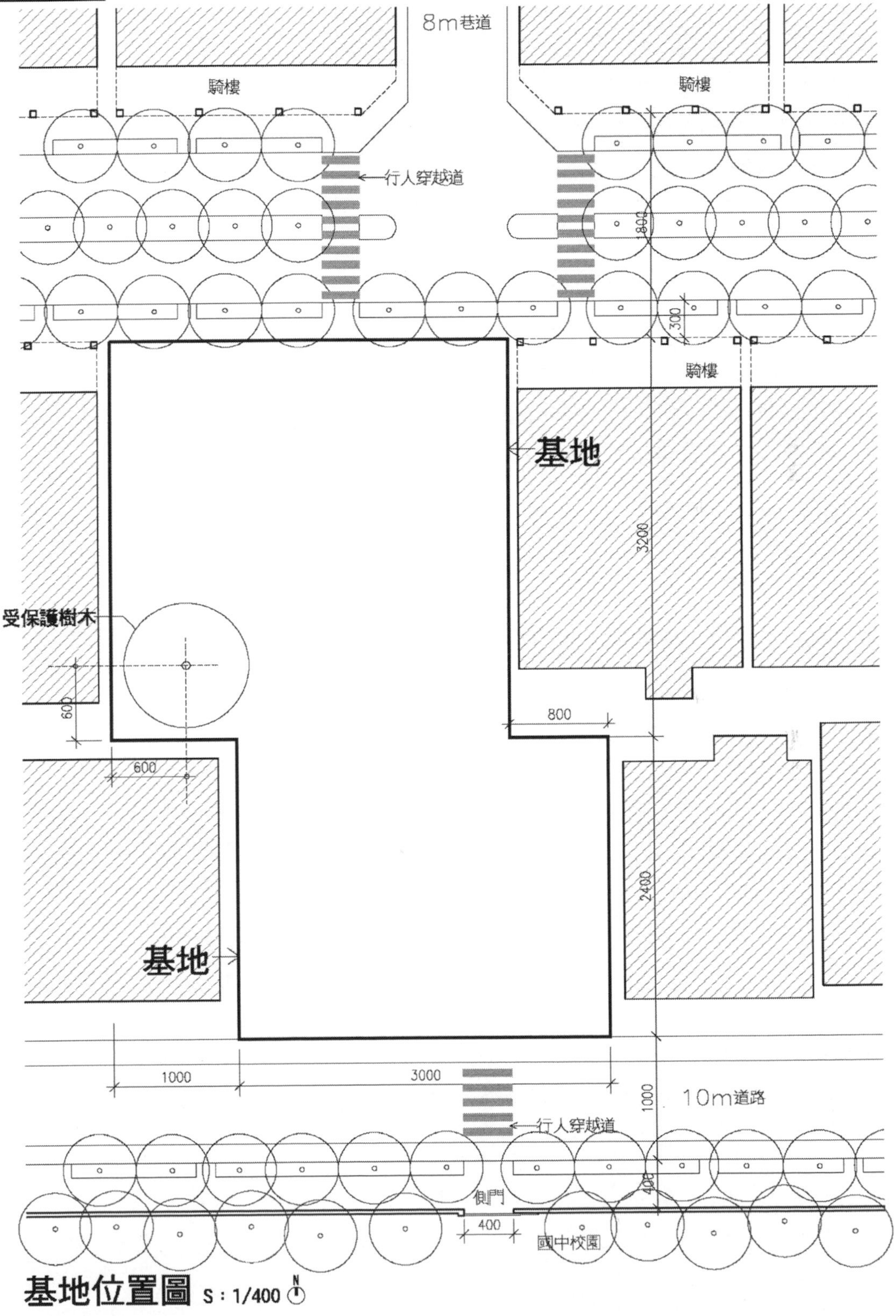

基地位置圖 S：1/400

■ 107 年地方三等

國小附設非營利幼兒園　　考題難易度：☆☆

一、讀題重點

某國民小學呼應該縣市政府推動廣設非營利幼兒園政策，興建幼兒園，提案的重點著重於小學附屬幼稚園這點之定位。

二、解題策略

基地西側臨接 6 公尺巷道隔著校園圍牆注意退縮帶的處理、南側臨接 15 公尺主要道路注意這一面的景觀整理及適度區隔、校園周邊均為 1~3 層樓設有騎樓連棟式住宅注意設計建築物的高度。

■6m巷道及15m道路處理原則

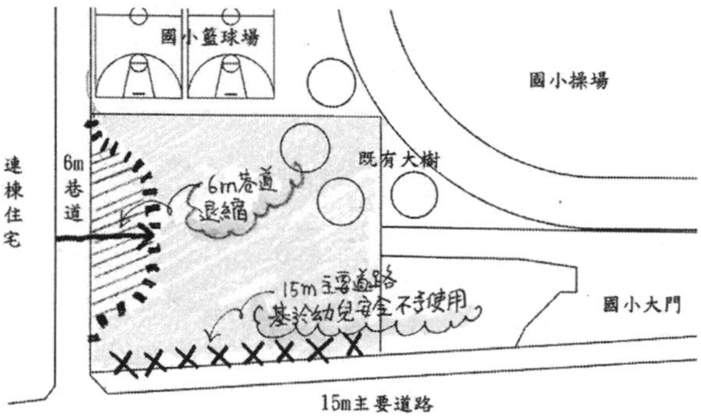

三、破題技巧

基地位於國小校園內，北側、東側臨校園注意兼顧與校園的連接性及管理，並利用基地內既有大樹搭配半戶外空間與景觀的手法處理好風向及氣溫的課題。

■基地內通路設置方案

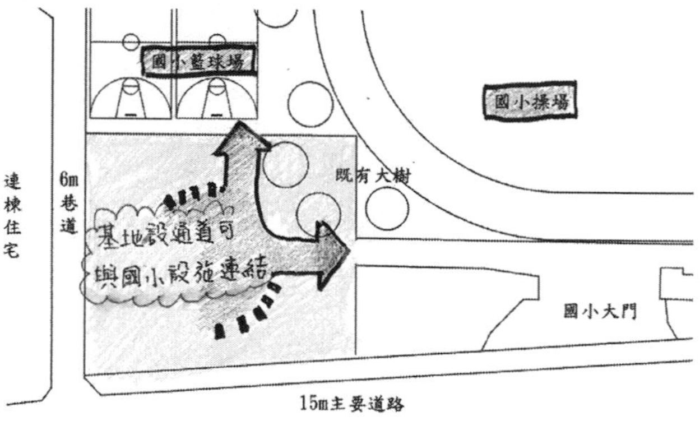

四、題目解析

本題的建築空間考生應注意處理好多間教學保育空間的安排，動態與靜態的分流，及幼兒空間的尺度，無障礙環境處理等設計內容。

代號：33080
頁次：3－1

107年特種考試地方政府公務人員考試試題

等　　別：三等考試
類　　科：建築工程
科　　目：建築設計
考試時間：6小時　　　　　　　　　　　　　　　　座號：＿＿＿＿＿＿

※注意：㈠禁止使用電子計算器。
㈡不必抄題，作答時請將試題題號及答案依照順序寫在試卷上，於本試題上作答者，不予計分。
㈢本科目除專門名詞或數理公式外，應使用本國文字作答。

一、題目：國小附設非營利幼兒園

二、設計概述：

臺灣進入高齡化、少子化社會，惟育兒費用對現在的年輕父母來說，一直是非常沉重的負擔，在民間團體多年倡議及教育部的規劃下，從 103 年起各地方政府開始積極推動非營利幼兒園。目前全國各縣市所設立的非營利幼兒園，收費平價，服務優質，並能配合家長上班時間提供服務，而成為全國各縣市最夯的幼兒園類型。該類型幼兒園如設置於國小校園內，廣大戶外活動空間是幼兒每日大肢體活動的最佳場所，只要協調使用區塊或時間，幼兒能在不影響學校作息的情形下使用；再者，也有幼小銜接的地利之便：國小端可由校長、教師帶領，以團隊的方式幫助幼兒園的孩子進入國小教室，試坐桌椅、體驗老師在講台上上課的感覺，同時開放幼兒家長提早與未來的老師熟悉，並認識國小教育。

三、基地概述：（詳基地圖）

㈠基地位置：基地位於某國小校園內的西南一隅，原為停車使用，現因老舊校舍改建後已附設足量的教職員停車空間而閒置。基地形狀為 50 m（東西向寬度）*40 m（南北向長度）約略呈矩形狀；本案設計標的請於此範圍內配置。北側臨接籃球場、東側臨校園正大門及操場區、西側隔著校園圍牆臨接 6 公尺巷道、南側隔著校園圍牆與 4 公尺寬人行步道而臨接 15 公尺主要道路。校園周邊均為臺灣城鎮常見的 1~3 層樓設有騎樓的連棟式住宅。

㈡土地使用：屬學校用地，本基地範圍內建蔽率 50%，容積率 150%。

㈢氣溫：最熱月平均溫度：32.7℃；最冷月平均溫度：10.9℃。

㈣主導風向：夏季南風，冬季北風。

㈤地質土質概述：GL±0 至-3.50 m 為一般土層；-3.50 至-11.61 m 為卵礫石層。

㈥其它基地圖上未標註；但有助於本標的物的環境條件，考生可自行設定並加以補充說明。

代號：33080
頁次：3-2

四、設計要求：

㈠某國民小學呼應該縣市政府推動廣設非營利幼兒園政策，擬興建收容120人（大、中、小班各2班）之幼兒園。設計成果應能符合非營利幼兒園營運之機能需求。

㈡設計符合智慧綠建築及無障礙設施設計規範、通用設計的原則。

㈢建築造型應考量兒童心理的認同與喜愛；並兼具創新性與安全保護。

㈣空間的配置及關係須合理；考量與國小校園活動區的共用與介面關係。

㈤各空間面積可以在±10%以內調整。

五、空間需求：

㈠教學保育空間：應設置6間保育室（每間室內最少60 m^2，配套附屬的幼兒廁所、教師角落、家長觀察…等空間另外加設），遊戲室1間（約300 m^2），幼兒室1間（約80 m^2），兒童閱覽室1間（約50 m^2）。

㈡行政空間：本幼兒園設園長1名，教員每班2名，職員工合計5名。應設置園長室、教員室、職員室、準備室、保健室等相關之空間。

㈢服務空間：應設置接待室、廚房、廁所，及適量停車空間。

㈣其他空間：應設置幼兒戶外活動空間及其他有助於本幼兒園的附屬設施，考生可自行設定並加以補充說明（如家長接送區域…等）。

六、圖面要求：

㈠設計理念：至少4則說明有關配置、造型、動線、空間關係…等設計內容。（各5分，共20分）

㈡總配置圖（包括景觀設計）：比例不得小於1/400。（20分）

㈢各層平面圖：比例不得小於1/200。（40分）

㈣建築主要剖立面圖：比例不得小於1/200。（10分）

㈤外觀透視圖：比例自訂。（10分）

代號：33080
頁次：3-3

基地圖

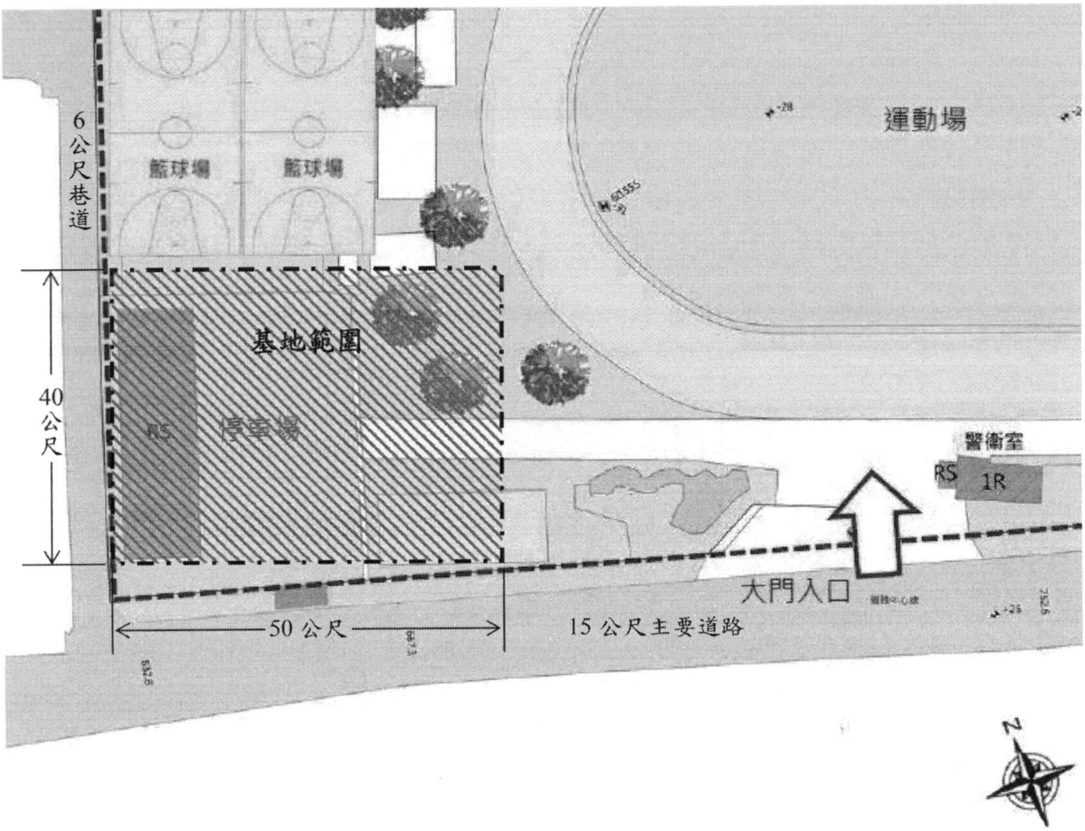

■ 108 年地方三等

地方創生體驗館設計　　考題難易度：☆☆

一、讀題重點

切入一道題目首先一定要先了解空間基本需求與圖面需求，整張圖的答題劇本才能慢慢在腦中勾勒出來，空間需求當中先注意較難處理的空間有哪些？提供青年創業家定期進駐育成使用的工作室單元，特色商店單元，大演講廳一定要優先注意到並妥善處理。

二、解題策略

基地位於社區公園旁西邊角地的環境條件，考生注意這點，屬於公園用地的一部分，優先考量點是與周圍的連結性。公共性與開放性要強。

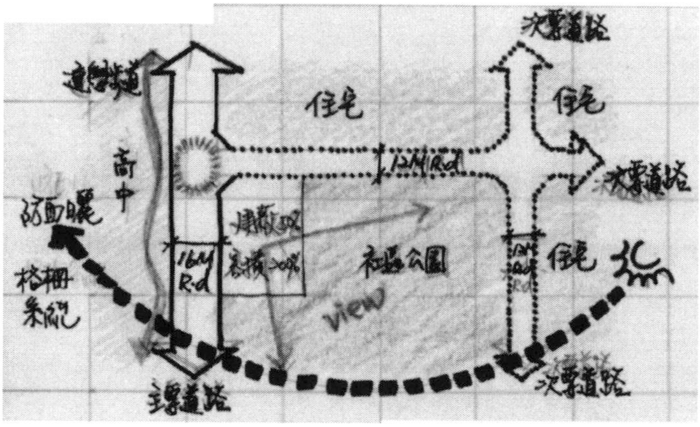

三、破題技巧

體驗館從室內建築空間到外部環境首重公共性，開放性，服務性，可及性。

四、題目解析

因應空間需求與基地條件，注意複合性展覽需求及公園角地的基地條件選擇適宜的配置方位

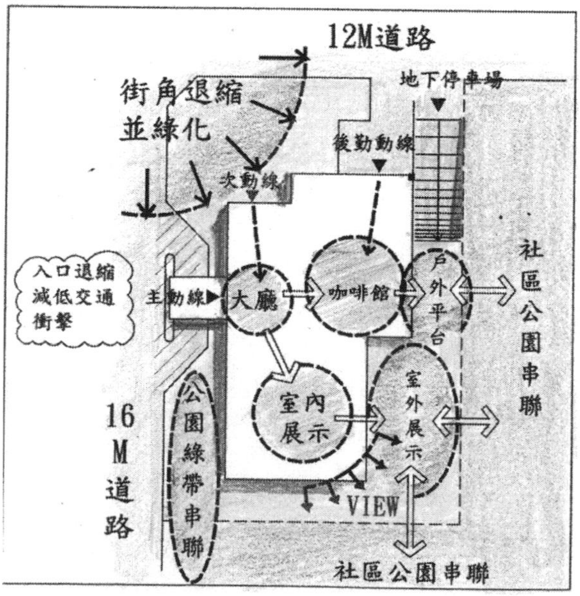

代號：33580
頁次：2－1

108年特種考試地方政府公務人員考試試題

等　　別：三等考試
類　　科：建築工程
科　　目：建築設計
考試時間：6小時　　　　　　　　　　　　　　座號：＿＿＿＿＿＿

※注意：㈠可以使用電子計算器。
㈡不必抄題，作答時請將試題題號及答案依照順序寫在試卷上，於本試題上作答者，不予計分。
㈢本科目除專門名詞或數理公式外，應使用本國文字作答。

一、設計題目：地方創生體驗館設計（100分）

二、設計概述：行政院訂定2019年是「臺灣地方創生元年」，並定位地方創生為國家安全戰略層級的國家政策，其目的是為解決臺灣總人口減少、人口過度集中大都市，以及城鄉發展失衡等問題。然而，地方創生的推動涉及許多跨領域、跨部門及跨界的課題，例如企業投資、科技導入、部會資源整合、社會參與、品牌建立，在推動初期有必要創造各類優良案例交流觀摩的機會。本設計希望藉由「地方創生體驗館」的設置，協助國內具前瞻性及代表性的地方創生案例對外推廣，以促進更多利害關係人從「參訪者」逐漸轉變為「參與者」。因此，本設計除了展示館舍原本涵蓋的空間基本需求之外，特別強調「體驗」之功能。

三、空間基本需求：（可依前面設計概述調整空間需求，空間量自行設定）
1. 地方創生展示空間：可滿足不同類型的地方創生展覽需求（如食農、織品、工藝），並提供實驗性原型之展示以引導跨領域與跨部門之投資與合作。
2. 工作坊空間：舉辦地方創生共識營及利害關係人集會、動態表演與發表，可容納40-60人共同使用。
3. 青年創業家工作室（Incubator Studio）：提供8-10位青年創業家定期進駐育成使用。
4. 特色商店：10-20 家，可與青年創業家工作室結合成「前店後廠」模式。
5. 製造工廠：包含木工廠、數位製造工廠（CNC、Laser Cutter、3D Printer）及材料倉庫。
6. 演講空間：可容納120人規模之演講廳。
7. 多功能教室：2間，各容納15-20人，提供地方民眾與產業參與、學習地方創生相關議題使用。
8. 咖啡館兼共同工作空間（Co-working Space）：可容納20-30人使用。
9. 共食廚房兼交誼空間。
10. 行政辦公空間。
11. 其他附屬及支援空間如廣場、庭園、停車、廁所及其他服務性空間。

代號：33580
頁次：2-2

四、基地說明：基地位於南部某鄉鎮地區，建蔽率 50%、容積率 200%，西北兩面臨路。

1. 基地面積：長 60 公尺、寬 40 公尺，面積約 2400 平方公尺。

2. 基地條件：本基地位於社區公園旁西邊角地，其西側為高中，東、北側為住宅區。

五、設計構想及圖面需求：

1. 建築計畫說明：因應設計概述所提之目的、內容以及空間需求與基地條件，研提本館之建築計畫書（Program），包含空間需求與內容之調整說明，以作為整體建築設計的基礎。

2. 設計構想說明：包含主要之設計概念、空間組織、基地配置以及本設計的思考脈絡及重點。

3. 建築設計圖說：全區配置圖、平立剖面圖與重要議題相關的意象透視圖或建築細部圖（比例尺自訂）。

六、基地示意圖：

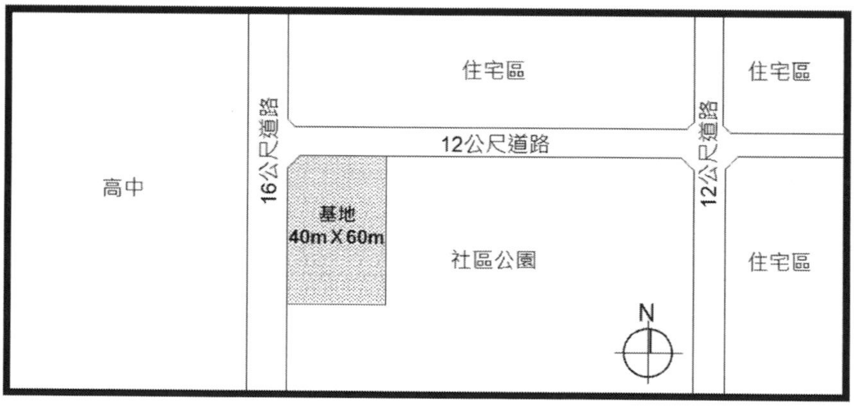

■ 109 年地方三等

複合式商店

考題難易度：☆☆☆

一、讀題重點

於題目所指基地鄰近某大學位於都市計畫區內之角地，南向為兒童公園永久空地，西臨排水道及 12 公尺單行道的環境中設置複合經營的商業型態之建築，強調要創造話題、吸引人流，建築物的型態必須四通八達與周遭的連結性要強。

二、解題策略

題目所要求複合式商店含便利商店區、虛擬商店區、咖啡輕食區、洗衣店及健身房。重在空間配置上能夠在組合經營且互相有包容性並考慮動線不會衝突。

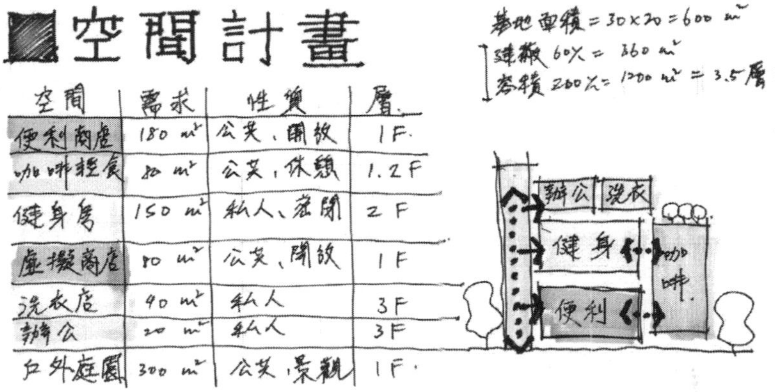

三、破題技巧

敷地計畫配置需考慮風、光、水、綠等自然因素，透露出此題重視基地配置選擇的優先性，考生在開始的讀題要優先選擇好方向

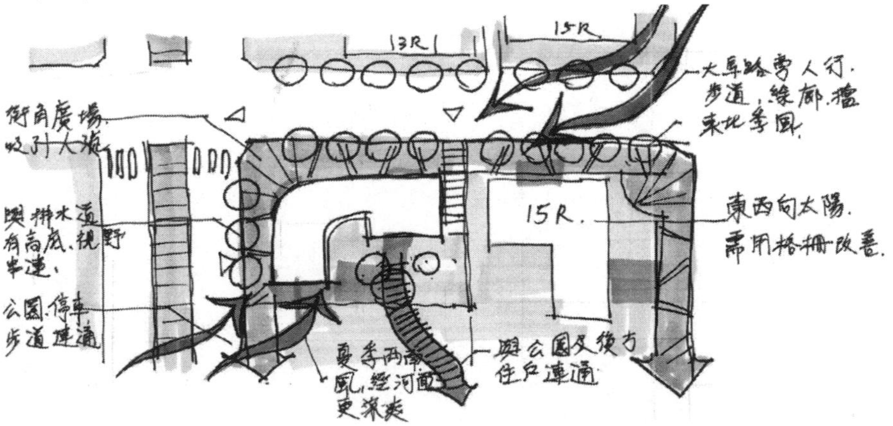

四、題目解析

複合式經營在近年來成為許多零售通路的新型態，一個店面同時做兩種以上不同的生意，在安排空間時可以考量面積與動線的設定

代號：33580
頁次：2-1

109年特種考試地方政府公務人員考試試題

等　　別：三等考試
類　　科：建築工程
科　　目：建築設計
考試時間：6小時

座號：＿＿＿＿＿＿

※注意：(一)可以使用電子計算器。
(二)不必抄題，作答時請將試題題號及答案依照順序寫在試卷上，於本試題上作答者，不予計分。
(三)本科目除專門名詞或數理公式外，應使用本國文字作答。

一、設計題目：

複合式商店

二、設計概述：

複合式經營在近年來成為許多零售通路的新型態，複合式商店就是一個店面同時做兩種以上不同的生意，例如某3C產品進軍旅遊和餐飲事業，在部分門市推出附帶旅遊和餐廳的複合式經營、亦有超商推出附帶健身中心的複合門市或推出自助洗衣複合店，因此複合式經營概念下的複合式商店似乎是零售通路的新模式。臺灣有24小時營業的各式便利服務，讓我們的生活中處處有便利商店，便利超商即是很適合複合經營的商業型態，因為便利超商本就不斷引進或開發新商品，目的都是在創造話題、吸引人流。複合式商業空間強調新的購物與消費感，因此改變傳統經營商業空間的思維，增加互動與多次消費的運營模式，挑戰現有單一商業經營的型態。

三、基地說明：

基地鄰近某大學位於都市計畫區內之角地，南向為兒童公園永久空地，西臨排水道及12公尺單行道，北臨16公尺道路。其法定建蔽率60%，容積率200%，依都市計畫規定，臨道路須留設4公尺人行道。

四、設計要求：

1. 敷地計畫配置需考慮風、光、水、綠等自然因素之合理性。
2. 設計建築需符合綠建築的精神。
3. 建築造型需有創新性，符合「複合式」性格及「商業」特質。
4. 複合式商店：含便利商店區、虛擬商店區、咖啡輕食區、洗衣店及健身房。能夠在一起組合經營且互相有包容性，在空間配置上應該巧妙融合，動線要合理流暢。
5. 各空間面積可以在±10%以內調整。

代號：33580
頁次：2-2

五、空間要求：

1. 便利商店：陳列及展售區、收銀櫃檯、飲料、冰食、熟食及儲藏等需求空間180 m^2。
2. 咖啡輕食區：需有咖啡吧檯料理區及休憩區80 m^2。
3. 洗衣店：40 m^2。
4. 健身房：健身區及男、女淋浴室、廁所150 m^2。
5. 虛擬商店：可融入咖啡輕食、洗衣店、健身房等區。
6. 小型辦公室一間：主管及2名員工20 m^2。
7. 附屬空間：廁所、機房、停車、法定空間及其他自訂附屬空間。
8. 戶外庭園、彈性活動及休憩空間。

六、圖說要求：

㈠設計說明：設計構想與分析。（15分）
㈡配置圖：含地面層平面圖。（35分）
㈢各樓層平面圖。（20分）
㈣主要立面圖至少二向，得以透視圖替代。（20分）
㈤主要剖面圖至少一向。（10分）

七、基地圖：

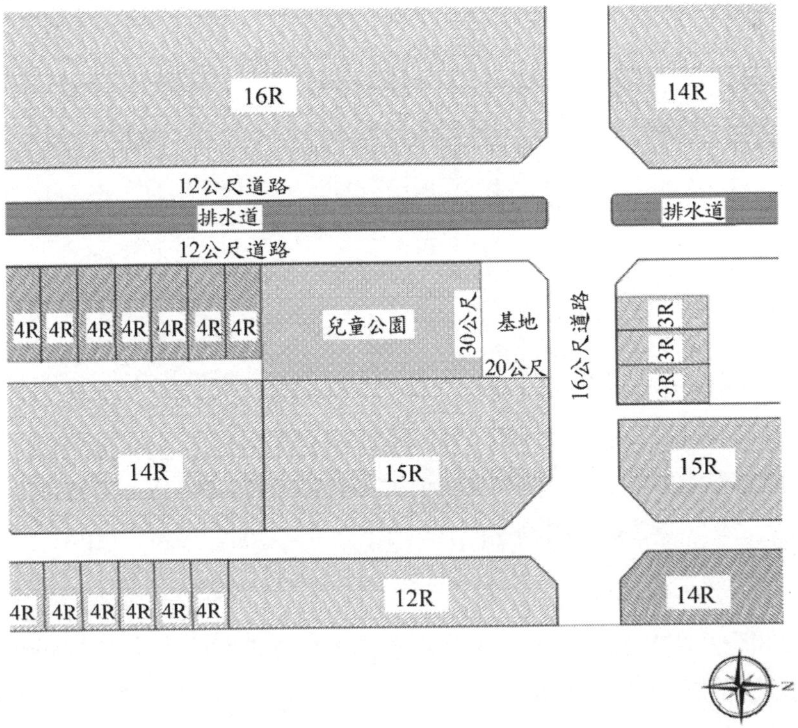

■ 110 年地方三等

鄉野書屋設計

考題難易度：☆☆

一、讀題重點

基於鄉弱勢家庭議題及提供學童逗留與溫習課業之場所。提案鄉野書屋，並考量場所會舉辦各種供全體社區居民參與之活動，供餐。

二、解題策略

基地位於鄉村區，東與南側各面臨社區巷道，附近多為鄉村傳統三合院建築，外部環境多為荒地或小菜園，建築物的設計宜考慮就地取材之風土建築。

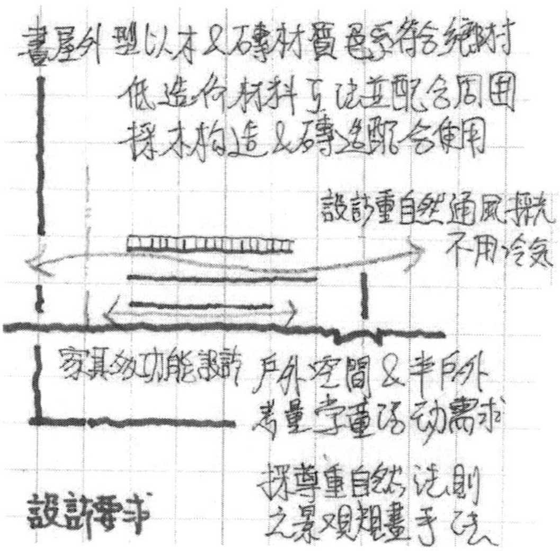

三、破題技巧

書屋設計需符合省能，自然通風採光，不用冷氣。考量造價，空間區分多功能方式設計，材料與工法之選擇亦以低造價為原則。

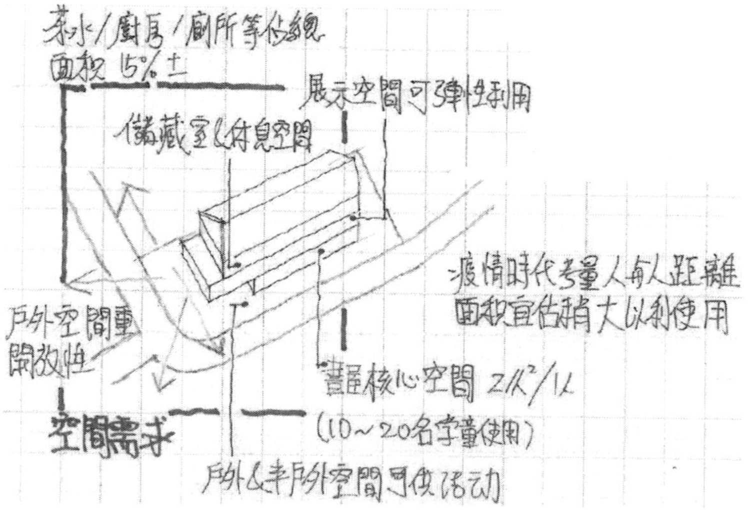

四、題目解析

此題有鑑於鄉間學童隔代教養與弱勢家庭之議題，擬為學童放學後提供逗留與溫習課業之場所，以盡量低造價方案作為提案。

代號：33180
頁次：2-1

110年特種考試地方政府公務人員考試試題

等　　別：三等考試
類　　科：建築工程
科　　目：建築設計
考試時間：6小時　　　　座號：＿＿＿＿＿＿

※注意：㈠禁止使用電子計算器。
㈡不必抄題，作答時請將試題題號及答案依照順序寫在試卷上，於本試題上作答者，不予計分。
㈢本科目除專門名詞或數理公式外，應使用本國文字作答。

一、設計題目：鄉野書屋設計

二、設計概述：

鑑於鄉間學童隔代教養與弱勢家庭之議題嚴重，弱勢家庭學童放學後缺乏適當逗留與溫習課業之場所。某善心人士欲提供位於家鄉社區的一塊空地並捐贈一座鄉野書屋，供弱勢家庭學童課後溫書與活動之用。

社區會聘請志工陪伴學童溫習，舉辦各種課後之室內外活動，亦提供學童課後餐點。此書屋不定期舉辦較大型之學童活動供全體社區居民參與。由於善心人士的財力有限，故希望以低造價方式完成。

三、基地說明：

基地位於某鄉村社區，東與南側各面臨4.5公尺與5.5公尺之社區巷道，附近多為鄉村之傳統三合院建築，三合院之間為荒地或不規則之小菜園，並無較大喬木。小學就在附近，學童徒步可至。

四、設計要求：

1. 書屋之設計需符合省能之基本原則，採自然通風採光，不用冷氣。
2. 考量造價，空間區分盡量使用家具或以多功能方式設計，並控制適當之室內面積，以降低造價。材料與工法之選擇亦以低造價為原則。
3. 戶外之活動設計需符合學童需求，並符合尊重自然之法則。
4. 書屋之外型盡量符合鄉村野趣、自然寧靜之氛圍。

五、空間需求：

1. 書屋核心空間：供15～20名弱勢家庭學童溫書、閱讀、聆聽講習等，以及其他與書屋機能不違和之小型活動。
2. 茶水廚房：提供茶水、簡單餐點、加熱之用。
3. 廁所：供學童、陪伴員、家長之用。
4. 儲藏室：儲藏教具、更換之家具、活動用品、季節物件等。
5. 展示空間：展示圖書、學童作品或具教育性之海報、資訊等。
6. 戶外活動空間：提供適當的活動場域供學童活動。

代號：33180
頁次：2-2

六、圖說要求：(比例尺自定)

㈠設計說明：(30 分)

說明各個機能需求之對應面積。

說明降低造價之對策。

說明自然通風採光對策，以降低能源使用。

說明對學童戶外活動之構想與空間安排。

說明達成鄉村野趣、自然寧靜之設計策略。

㈡配置圖：包含戶外活動場域設計。(20 分)

㈢平面圖：包含其中重要之家具，以顯示使用方式。(20 分)

㈣外觀立面圖，至少 2 向，或透視圖。(15 分)

㈤剖面圖，至少一軸，顯示屋架結構與室內設計。(15 分)

七、基地圖：(圖面中之數字單位為公尺)

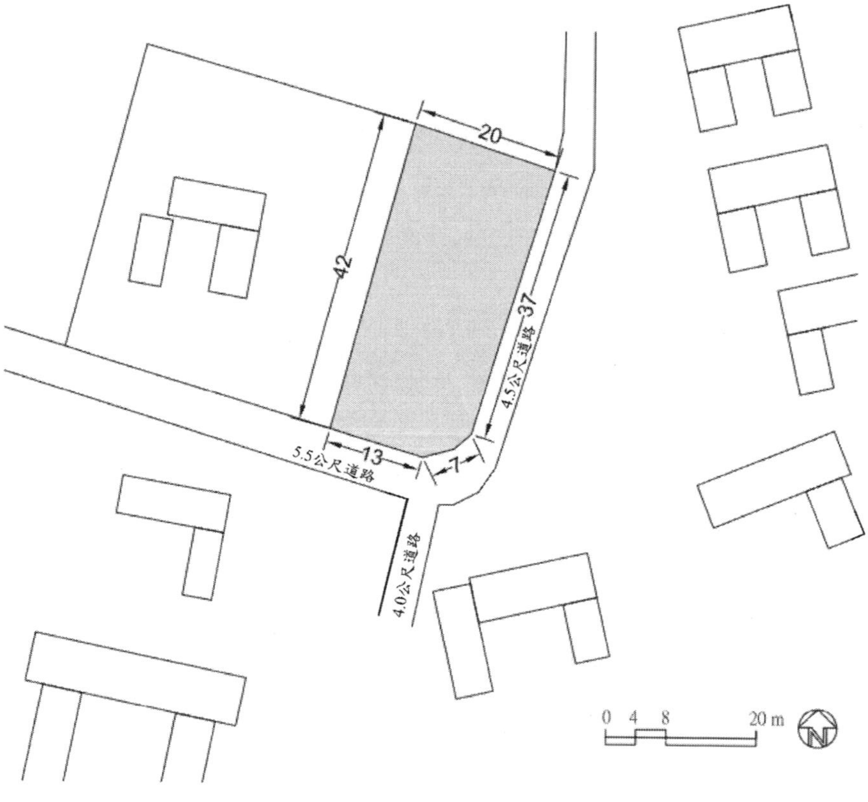

05

PART

107-110年
參考題解
及復原圖

建築工藝實驗中學設計

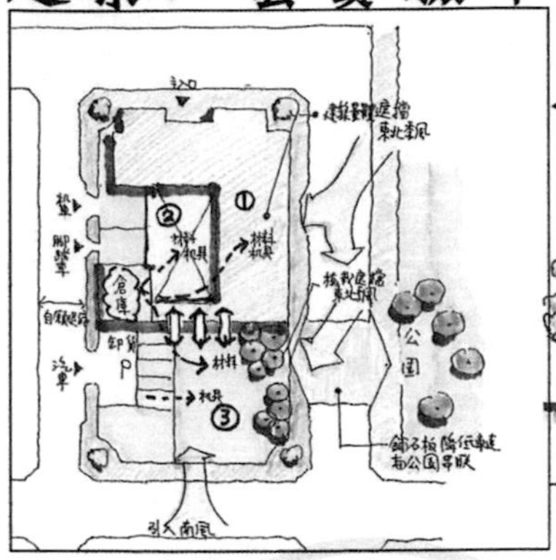

設計策略與構想

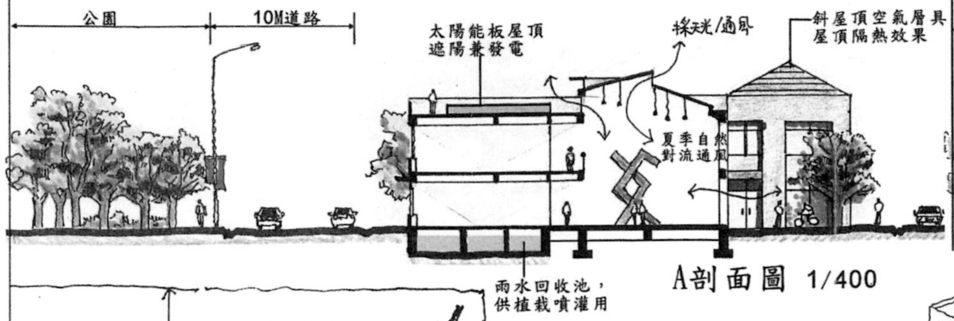

A剖面圖 1/400

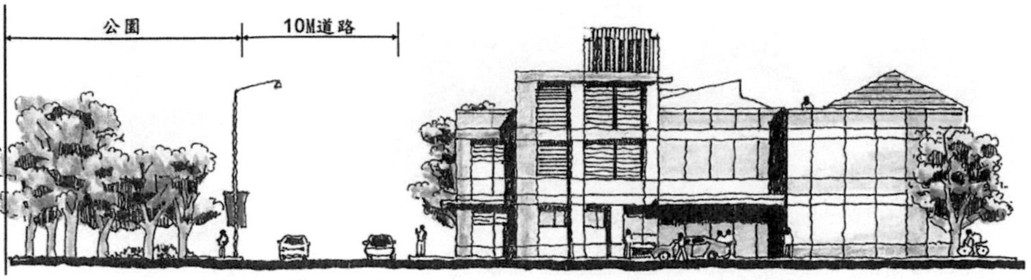

主入口立面圖 1/400

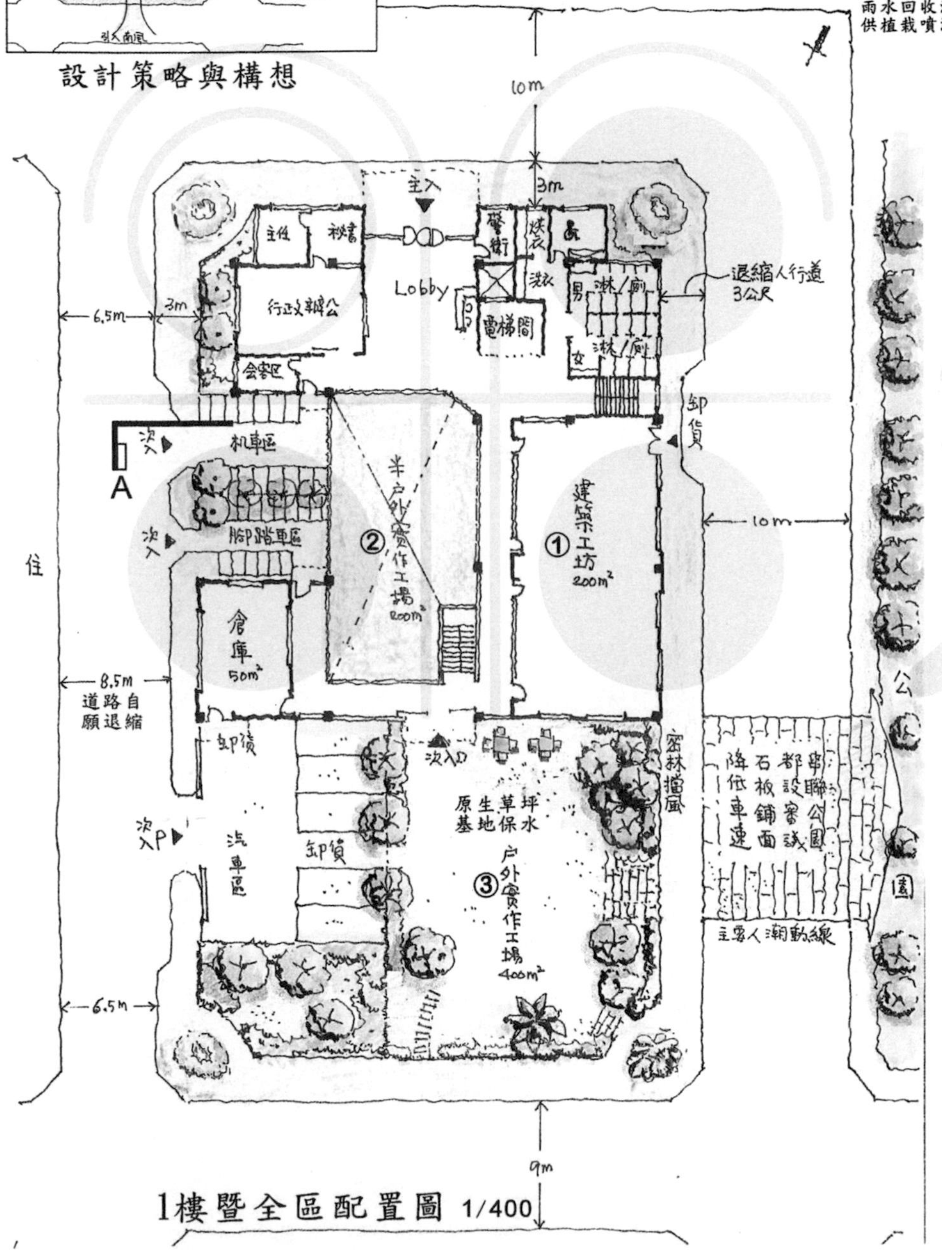

1樓暨全區配置圖 1/400

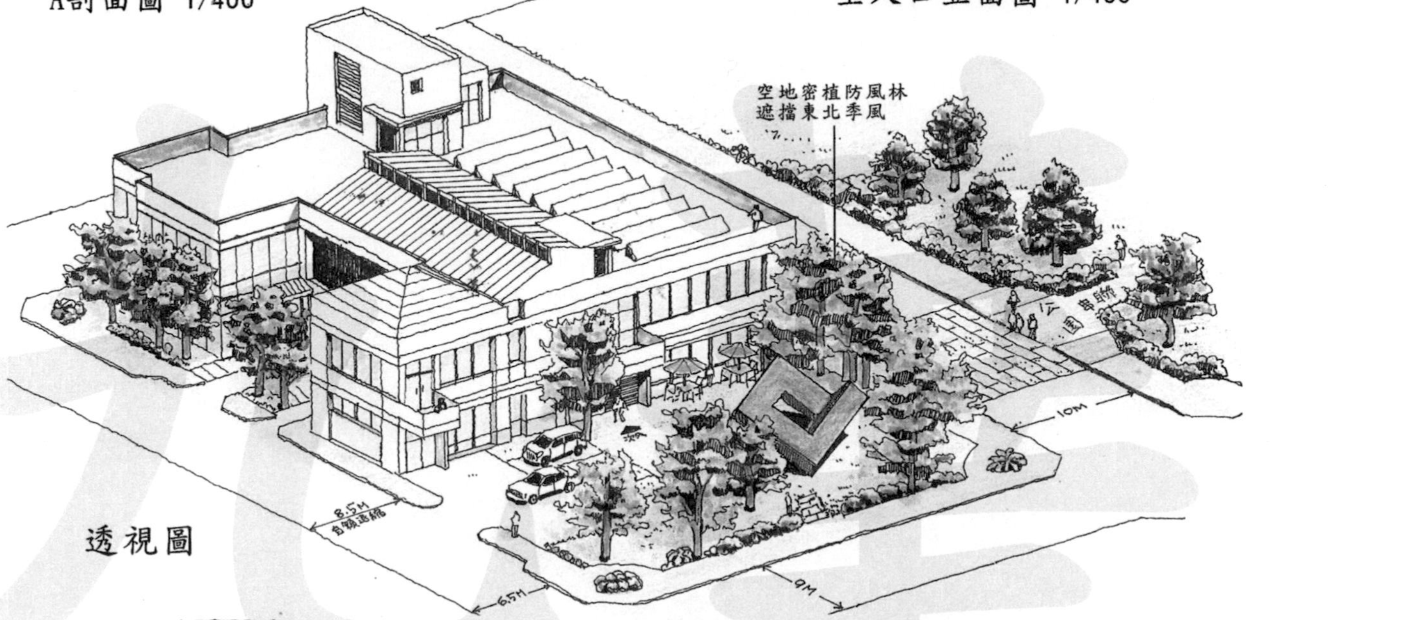

透視圖

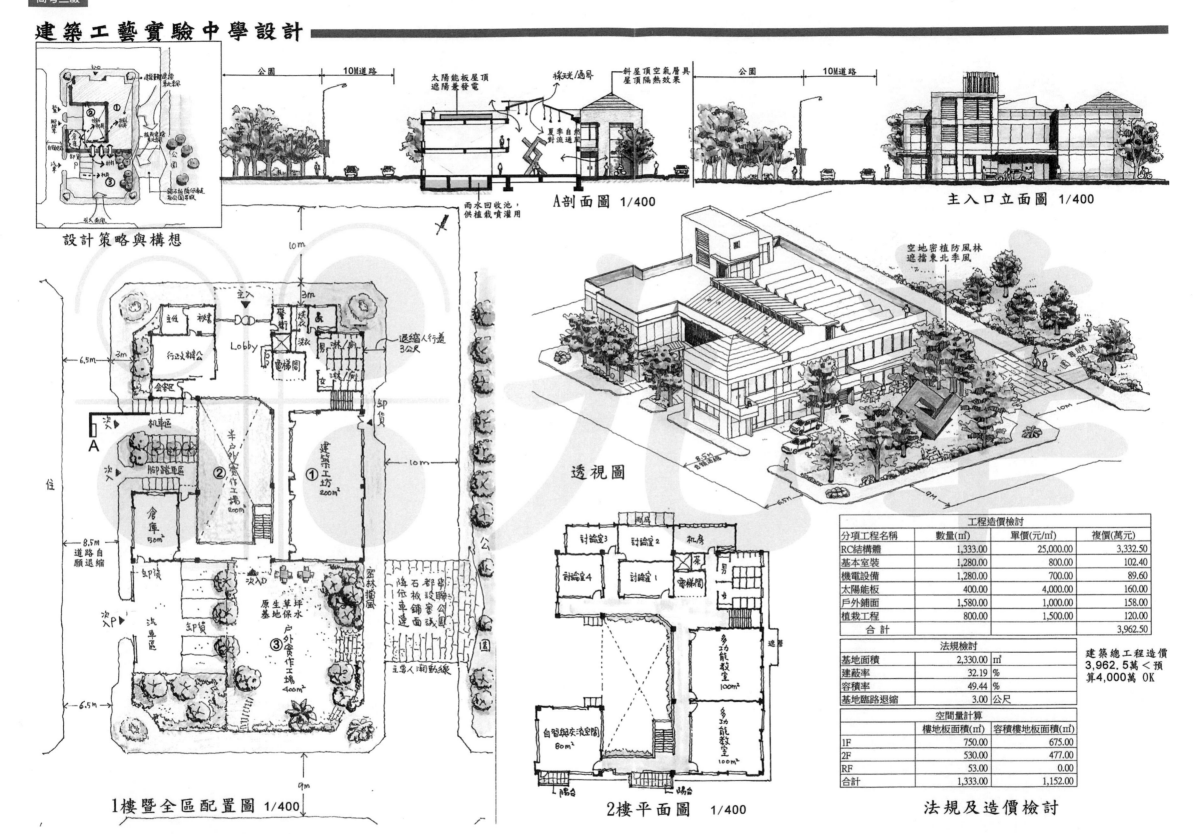

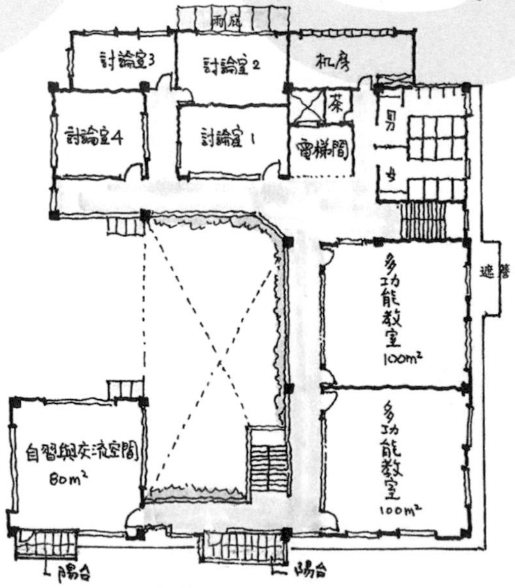

2樓平面圖 1/400

工程造價檢討			
分項工程名稱	數量(m²)	單價(元/m²)	複價(萬元)
RC結構體	1,333.00	25,000.00	3,332.50
基本室裝	1,280.00	800.00	102.40
機電設備	1,280.00	700.00	89.60
太陽能板	400.00	4,000.00	160.00
戶外鋪面	1,580.00	1,000.00	158.00
植栽工程	800.00	1,500.00	120.00
合 計			3,962.50

法規檢討		
基地面積	2,330.00	m²
建蔽率	32.19	%
容積率	49.44	%
基地臨路退縮	3.00	公尺

建築總工程造價 3,962.5萬＜預算4,000萬 OK

空間量計算		
	樓地板面積(m²)	容積樓地板面積(m²)
1F	750.00	675.00
2F	530.00	477.00
RF	53.00	0.00
合計	1,333.00	1,152.00

法規及造價檢討

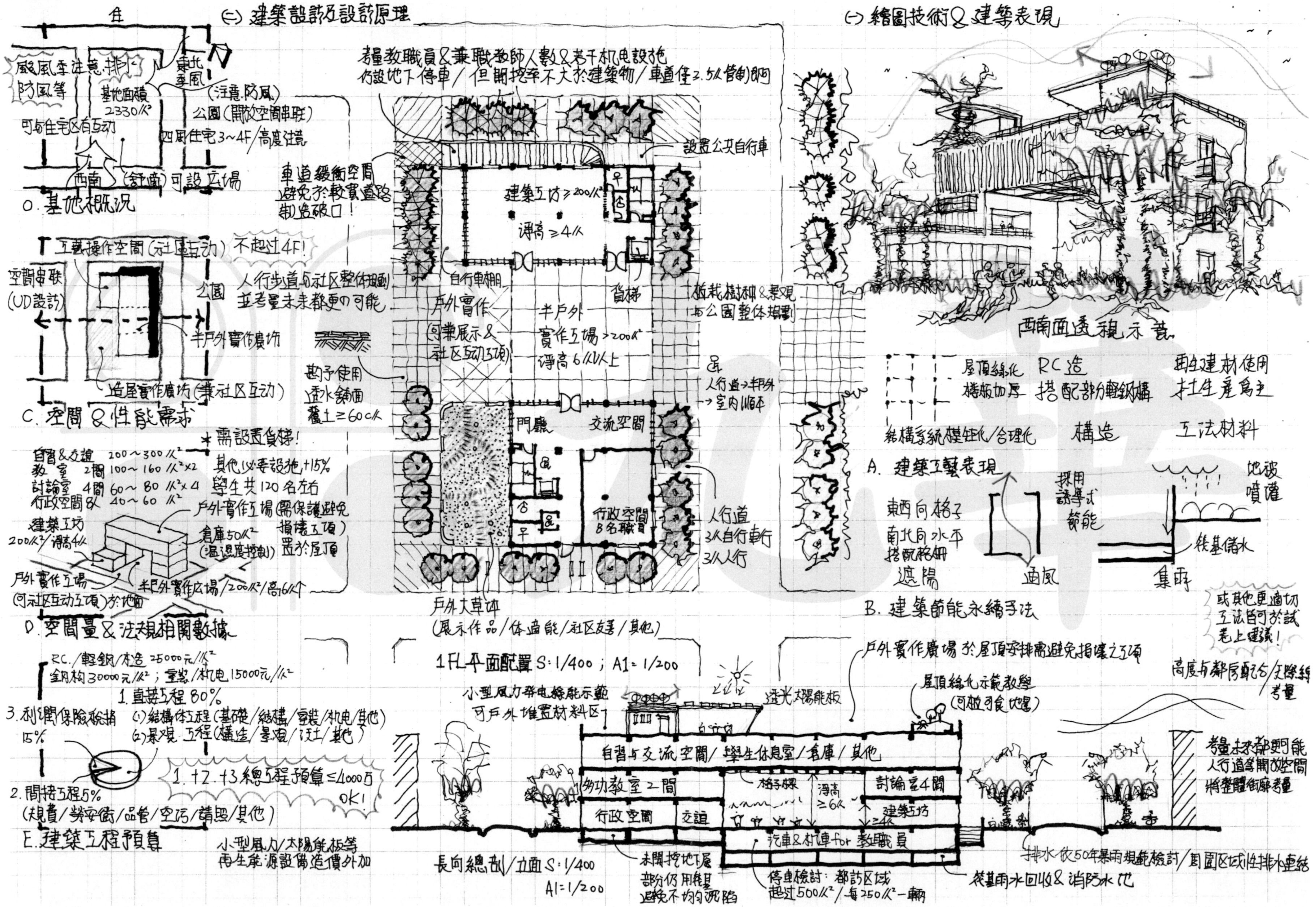
(二) 建築設計及設計原理
(一) 繪圖技術＆建築表現
颱風季注意 排水
防風等
東北季風
基地面積 2330㎡
(注意 防風)
公園(開放空間串聯)
可與住宅區有互動
四周住宅3~4F/高度注意
西南 (舒適) 可設廣場
0. 基地概況
工藝操作空間(社區互動) 不超過4F!
空間串聯 (UD設計)
公園
半戶外實作廣場
造屋實作廣場(兼社區互動)
C. 空間＆性能需求
自習＆交誼 200～300㎡
教室 2間 100～160㎡×2
討論室 4間 60～80㎡×4
行政空間8人 40～60㎡
＊需設置貨梯!
其他必要設施+15%
學生共120名左右
建築工坊 200㎡ 淨高4M
戶外實作工場(需保護避免損壞工項)置於屋頂
倉庫50㎡ (溫濕度控制)
戶外實作工場 (可社區互動工項)於地面
半戶外實作廣場/200㎡/高6M
D. 空間量＆法規相關數據
考量教職員＆兼職教師人數＆若干機電設施
仍設地下停車/但開挖率不大於建築物/車道僅3.5M管制閘門
設置公共自行車
車道緩衝空間 避免於較寬道路製造破口!
建築工坊≥200㎡
淨高≥4M
自行車棚
貨梯
戶外實作 (可兼展示＆社區互動工項)
半戶外 實作工場>200㎡ 淨高6M以上
植栽樹種＆景觀 與公園整體規劃
人行道→半戶外→室內順序
鋪面使用 透水鋪面 覆土≥60cm
門廳 交流空間
行政空間 8名職員
人行道 3M自行車行 3M人行
戶外大草坪 (展示作品/休憩/社區交集/其他)
1FL平面配置 S:1/400；A1=1/200
西南面透視示意
屋頂綠化 樓板加厚
RC造 搭配部分輕鋼構
再生建材使用 村土生產為主
結構系統模矩化/合理化
構造
工法材料
A. 建築工藝表現
東西向格子
南北向水平 搭配格柵
遮陽
採用 誘導式 節能
通風
地被 噴灌
集雨
筏基儲水
B. 建築節能永續手法
或其他更適切工法皆可於試卷上建議!
高度與鄰房配合/實際需考量
RC/輕鋼/木造 25000元/㎡
鋼構 30000元/㎡；室內/機電 15000元/㎡
1. 直接工程 80%
(1) 結構體工程(基礎/結構/裝修/機電/其他)
(2) 景觀工程(構造/景觀/設計/其他)
3. 利潤保險稅捐 15%
1.+2.+3. 總工程預算≤4000萬 OK!
2. 間接工程5%
(規費/勞安衛/品管/空污/請照/其他)
E. 建築工程預算
小型風力/太陽能板等 再生能源設備造價外加
戶外實作廣場於屋頂安排需避免損壞之工項
小型風力發電機能示範
可戶外堆置材料區
透光太陽能板
屋頂綠化示範教學 (可植可食作物)
自行車
自習與交流空間/學生休息室/倉庫/其他
多功教室2間
格子樑
淨高≥6M
討論室4間
行政空間
交誼
建築工坊
汽車＆機車 for 教職員
考量未來都更可能 人行道等開放空間 將整體街廓考量
長向總剖/立面 S:1/400
A1=1/200
未開挖地下層 部份仍用樑 避免不均勻沉陷
停車檢討：都計區域 超過500㎡/每250㎡一輛
筏基雨水回收＆消防水池
排水依50年暴雨規範檢討/周圍區域性排水連結

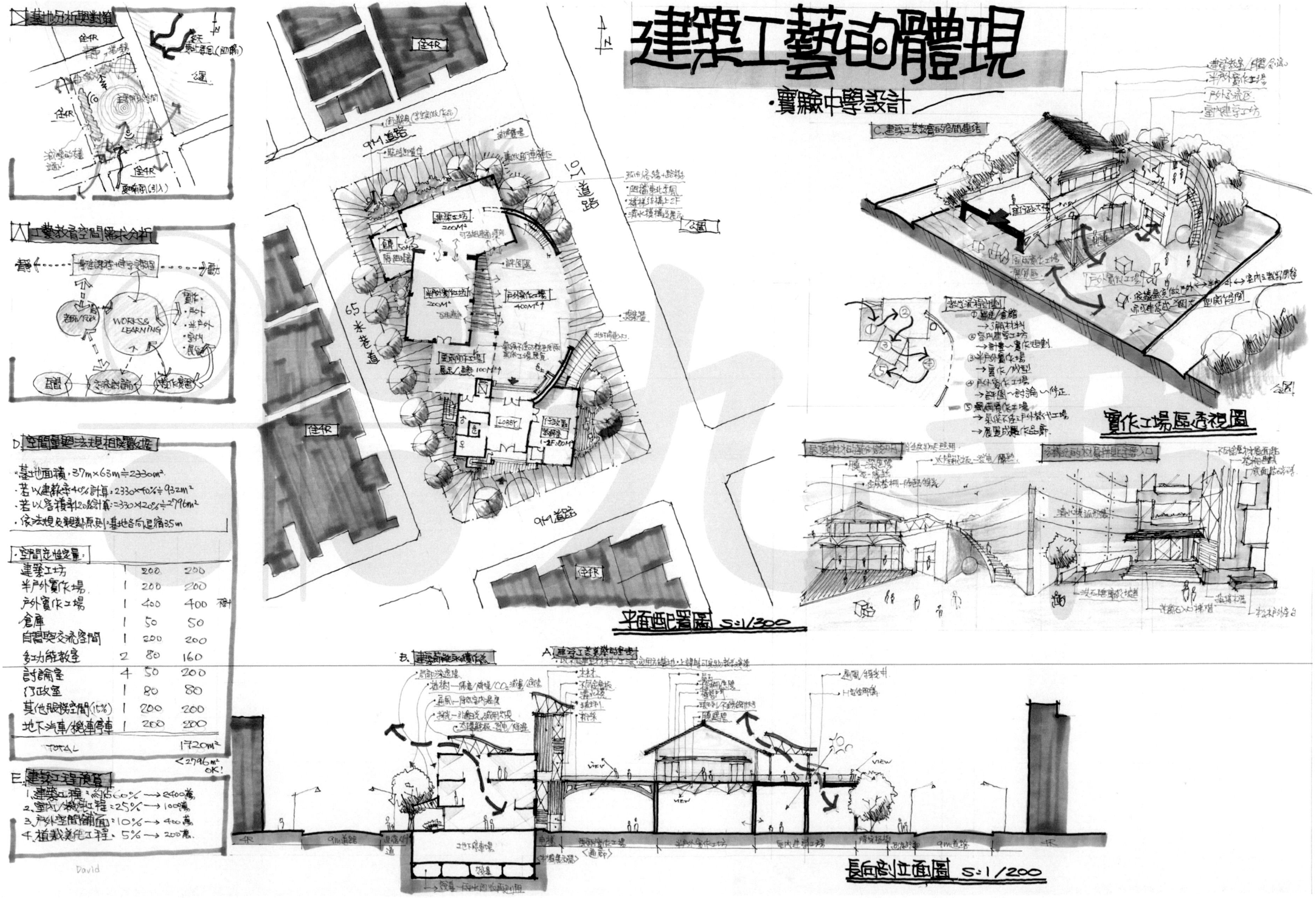
建築工藝的體現
·實驗中學設計
平面配置圖 S:1/300
實作工場區透視圖
長向剖立面圖 S:1/200
D.空間量與法規相關數據
·基地面積：37m×63m≒2330m²
·若以建蔽率40%計算：2330×40%≒932m²
·若以容積率120%計算：2330×120%≒2796m²
·依法規及規劃原則：基地各向退縮3.5m
空間定性定量
建築工坊 1 200 200
半戶外實作場 1 200 200
戶外實作工場 1 400 400
倉庫 1 50 50
自習與交流空間 1 200 200
多功能教室 2 80 160
討論室 4 50 200
行政室 1 80 80
其他服務空間(15%) 1 200 200
地下汽車/機車停車 1 200 200
TOTAL 1720m²
<2796m² OK!
E.建築工程預算
1.建築工程：約佔60%→2400萬
2.室內/設備工程：25%→1000萬
3.戶外空間鋪面：10%→400萬
4.植栽美化工程：5%→200萬
9M道路
10M道路
6.5米巷道
住4R
公園
LOBBY
WORKS & LEARNING
David

108年公務高考三級　循環設計展/臨時性裝置展示空間

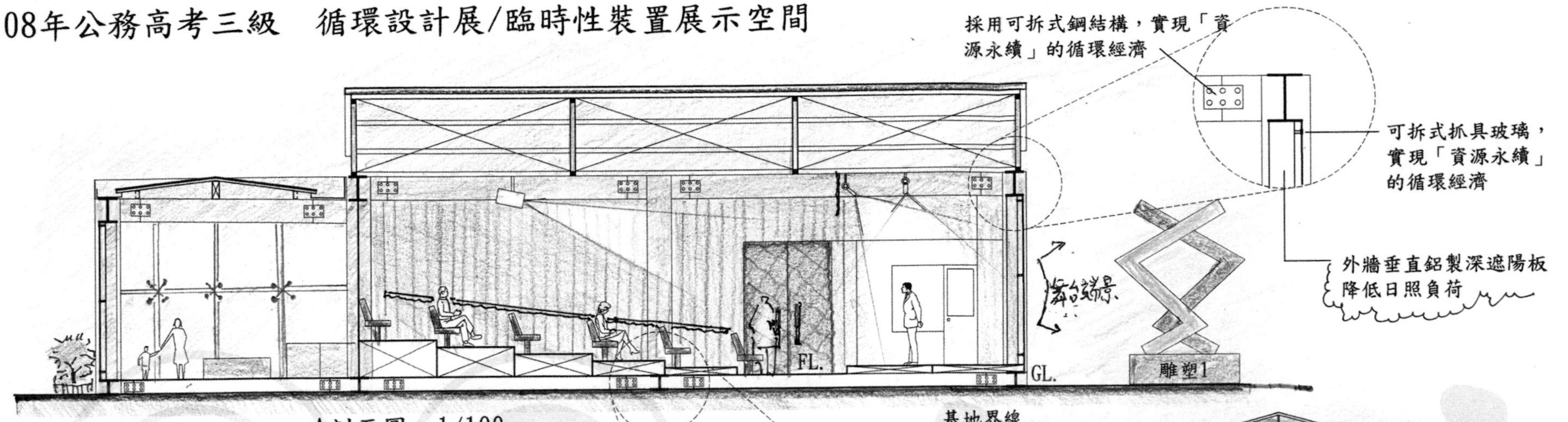

A剖面圖　1/100

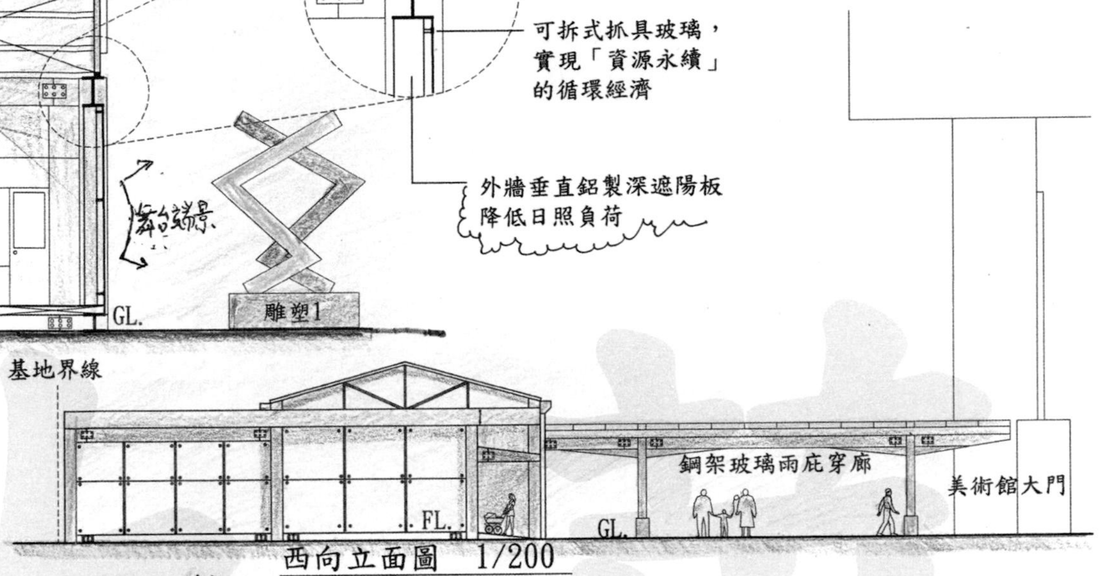

西向立面圖　1/200

設計構想說明

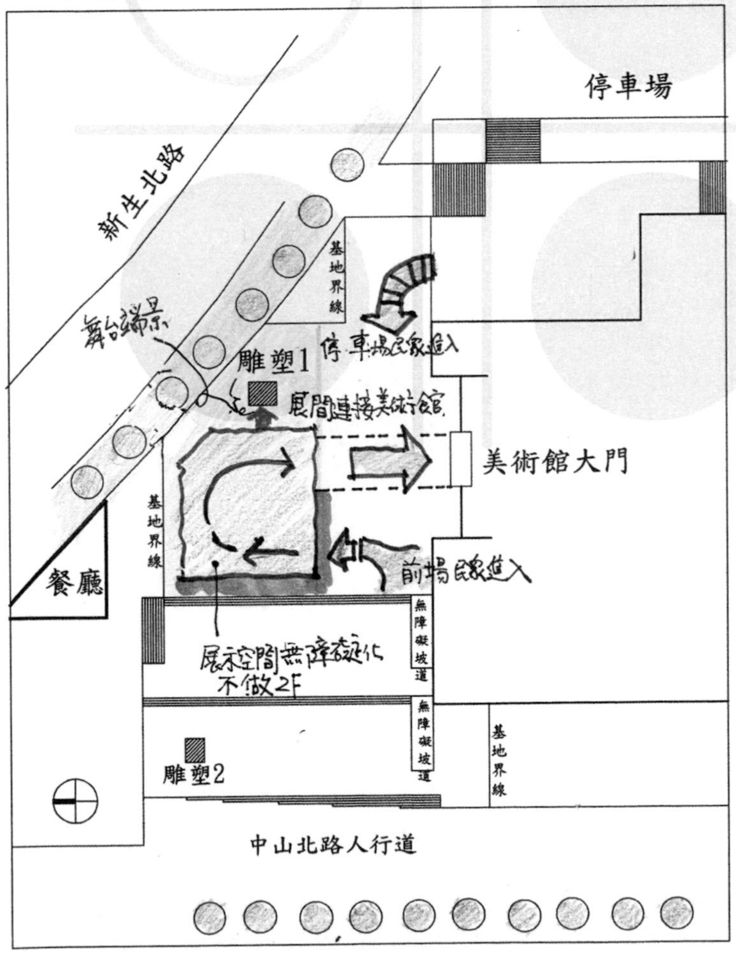

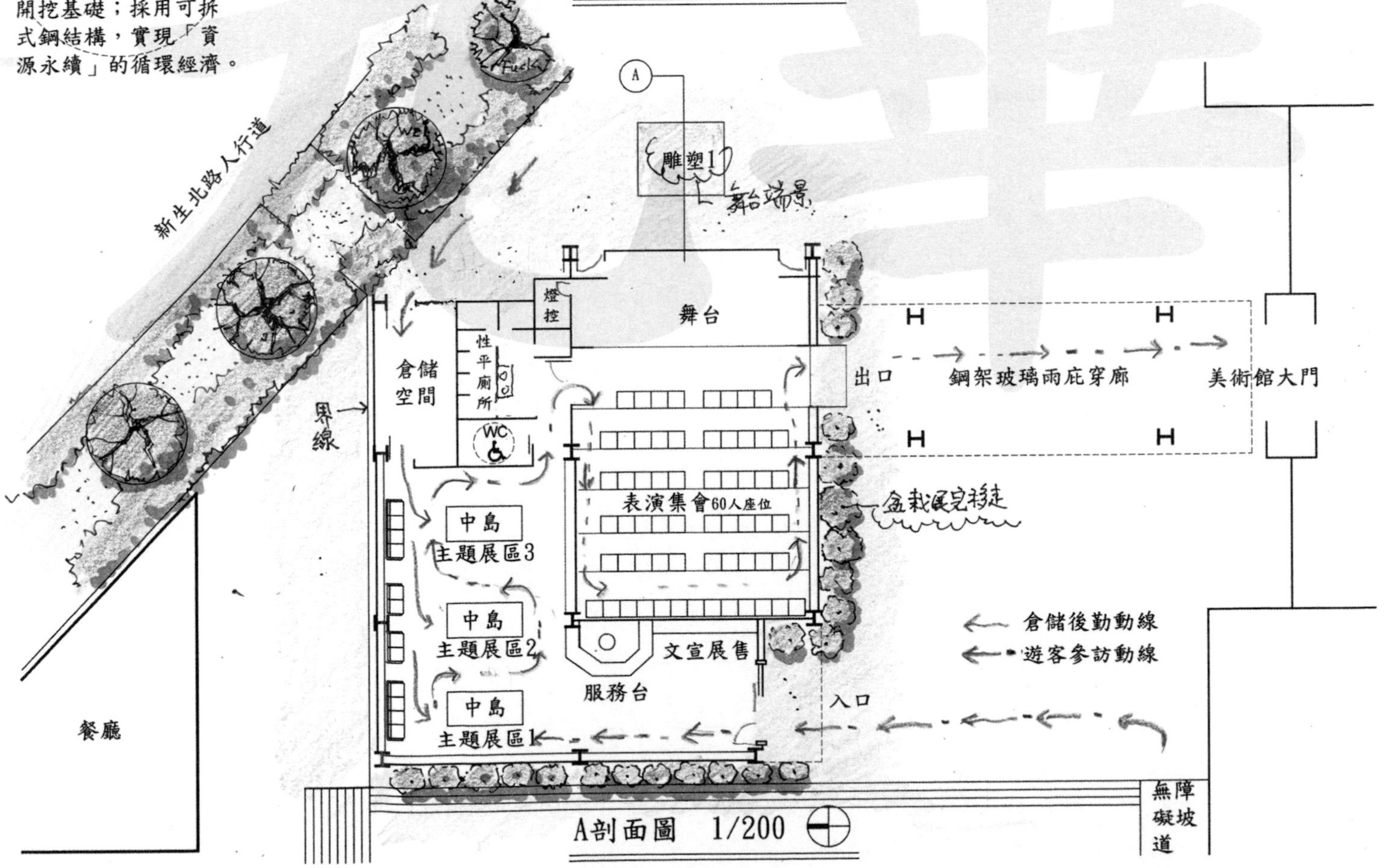

A剖面圖　1/200

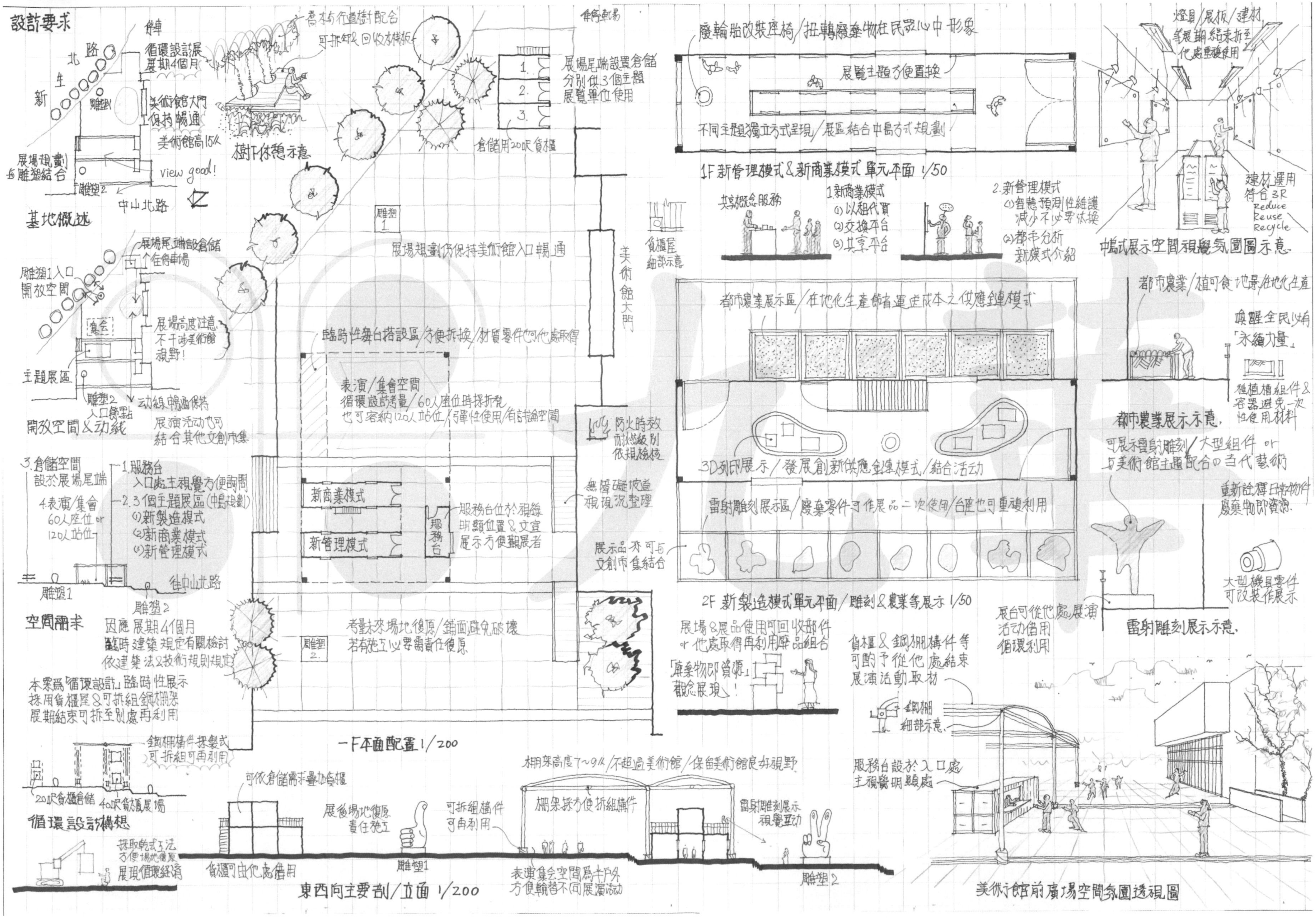
設計要求
新生北路
循環設計展
展期4個月
美術館大門保持暢通
美術館高15M
view good!
展場規劃與雕塑結合
雕塑1
雕塑2
中山北路
基地概述
喬木配置樹配合
可拆卸&回收木棧板
樹下休憩示意
展場尾端設置倉儲
分別供3個主題
展覽單位使用
倉儲用20呎貨櫃
展場尾端設倉儲
雕塑1入口開放空間
集會
展場高度注意
不干涉美術館視野!
主題展區
雕塑2入口廣場
動線暢通保持
展演活動也可結合其他文創市集
開放空間&動線
3.倉儲空間
設於展場尾端
1.服務台
入口處主視覺方便詢問
2.3個主題展區(中島規劃)
(1)新製造模式
(2)新商業模式
(3)新管理模式
4.表演/集會
60人座位 or 120人站位
往中山北路
雕塑1
雕塑2
空間需求
因應展期4個月
臨時建築規定有關檢討
依建築法&技術規則規定
本案為「循環設計」臨時性展示
採用貨櫃屋&可拆組鋼棚架
展期結束可拆至別處再利用
鋼棚構件採裝式可拆組再利用
20呎貨櫃倉儲
40呎貨櫃展場
循環設計構想
採取乾式工法
方便場地復原
展現循環經濟
雕塑1
展場規劃仍保持美術館入口暢通
美術館大門
臨時性舞台搭設區/方便拆換/材質零件可他處取得
表演/集會空間
循環設計考量/60人座位時採折疊
也可容納120人站位/彈性使用/有討論空間
新商業模式
新管理模式
服務台
服務台位於視線明顯位置&文宣展示方便觀展者
無障礙坡道
視現況整理
防火時效
耐燃級別
依規檢核
貨櫃屋細部示意
展示品亦可與文創市集結合
考量未來場地復原/鋪面避免破壞
若有施工必要需責任復原
雕塑2
一F平面配置 1/200
廢輪胎改裝座椅/扭轉廢棄物在民眾心中形象
展覽主題方便置換
不同主題獨立方式呈現/展區結合中島方式規劃
1F新管理模式&新商業模式單元平面 1/50
共享概念服務
1.新商業模式
(1)以租代買
(2)交換平台
(3)共享平台
2.新管理模式
(1)智慧預測性維護減少不必要汰換
(2)都市分析新模式介紹
燈具/展板/建材等展期結束折至他處重複使用
建材運用符合3R
Reduce
Reuse
Recycle
中島式展示空間視覺氛圍圖示意
都市農業展示區/在地化生產縮短運送成本之供應鏈模式
3D列印展示/發展創新供應鏈模式/結合活動
雷射雕刻展示區/廢棄零件可作展品二次使用/台座也可重複利用
2F新製造模式單元平面/雕刻&農業等展示 1/50
都市農業/植可食地景/在地化生產
喚醒全民以有「永續力量」
種植槽組件&容器避免一次性使用材料
都市農業展示示意
可展示雷射雕刻/大型組件 or 與美術館主題配合の當代藝術
重新詮釋日常物件
廢棄物即資源
大型機具零件可改裝作展示
展台可從他處展演活動借用
循環利用
雷射雕刻展示示意
展場&展品使用可回收部件 or 他處取得再利用廢品組合
「廢棄物即資源」觀念展現!
貨櫃&鋼棚構件等可酌予從他處結束展演活動取材
鋼棚細部示意
服務台設於入口處主視覺明顯處
棚架高度7~9M/不超過美術館/保留美術館良好視野
可依倉儲需求疊加貨櫃
展後場地復原責任施工
可拆組構件可再利用
棚架採方便拆組構件
雷射雕刻展示視覺互動
貨櫃可由他處借用
雕塑1
表演集會空間為半戶外方便轉替不同展演活動
雕塑2
東西向主要剖/立面 1/200
美術館前廣場空間氛圍透視圖

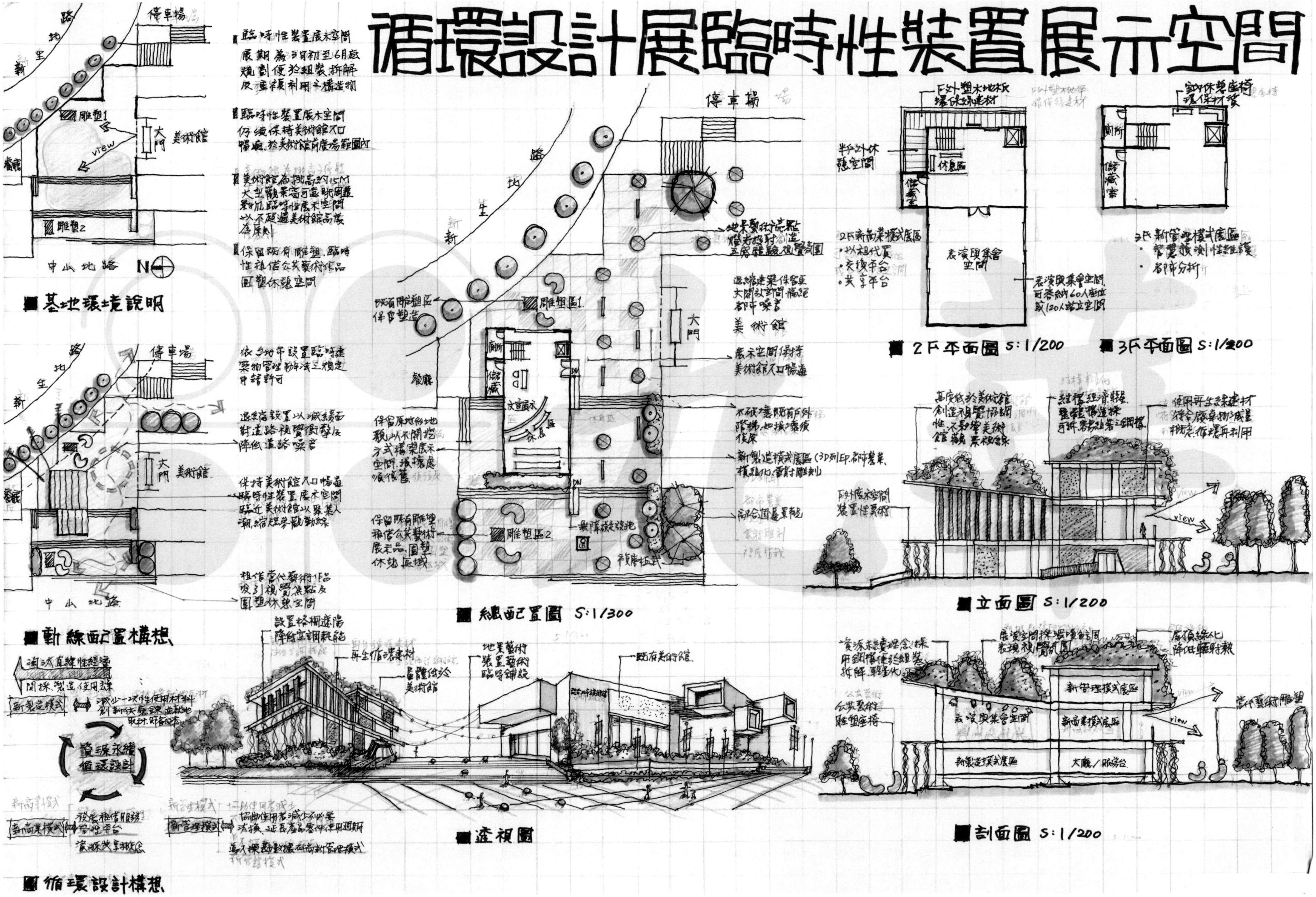

循環設計展臨時性裝置展示空間

■ 臨時性裝置展示空間
展期為3月初至6月底
規劃便於組裝、拆解
及重複利用之構造物

■ 臨時性裝置展示空間
仍須保持美術館入口
暢通,於美術館前展場範圍內

■ 美術館高為挑高約15M
大型覽景窗可直視開闊
景觀視野於展示空間
以不遮擋美術館品景
為原則

■ 保留既有雕塑,臨時
性裝置借公共藝術作品
圍塑休憩空間

■ **基地環境說明**

■ **動線面配置構想**

資源永續
循環設計

■ **循環設計構想**

■ **總配置圖** S:1/300

雕塑區1
雕塑區2
大門
美術館
停車場
餐廳
儲藏
廁所
放置展示區
休息區

■ **透視圖**

2F外塑木地板
螺絲休憩建材
環保材質

半戶外休憩空間
休息區
儲藏室

2F新高景觀式展區
表演與集會空間
可容納60人座位
或120人站立空間

■ **2F平面圖** S:1/200

廁所
儲藏室

3F新管理模式展區

■ **3F平面圖** S:1/200

■ **立面圖** S:1/200

新管理模式展區
表演與集會空間
新商業模式展區
大廳／服務台

■ **剖面圖** S:1/200

設計構想說明

109年公務人員高等考試三級考試　城市未來生活體驗館設計

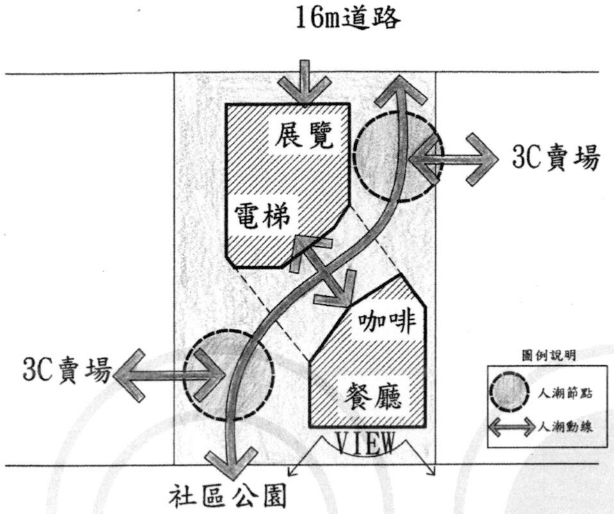

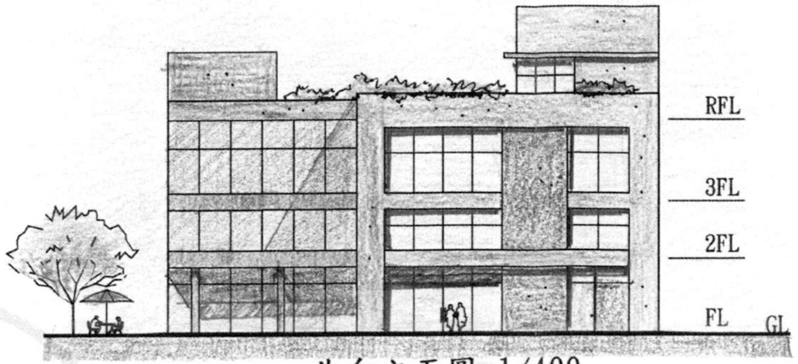

北向立面圖 1/400

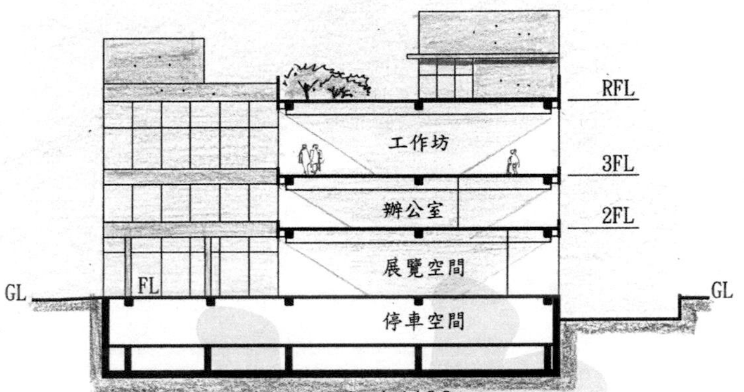

A剖面圖 1/400

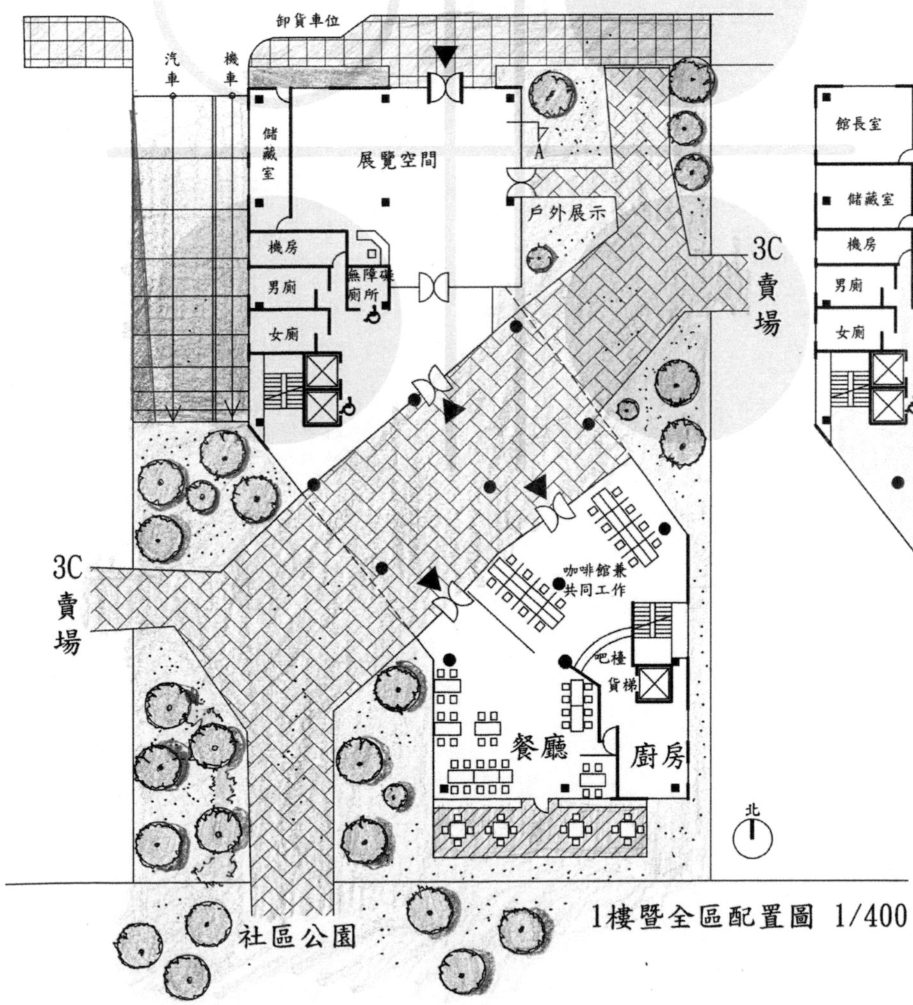

1樓暨全區配置圖 1/400

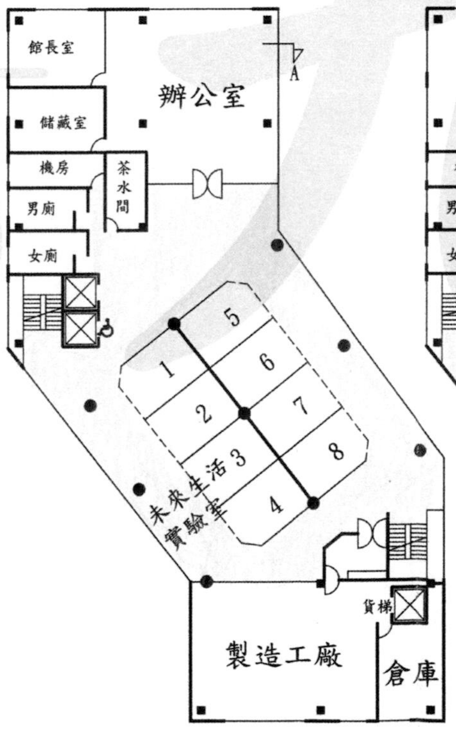

2樓平面圖 1/400

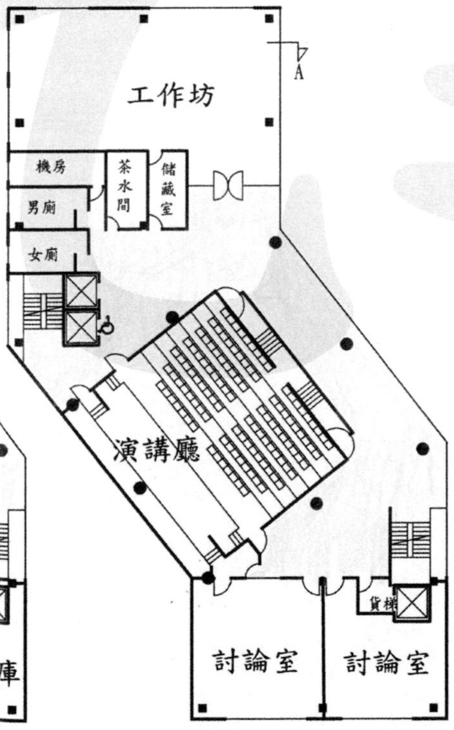

3樓平面圖 1/400

建築計畫

空間名稱	間數	每間面積㎡核算	面積合計㎡	空間特質	所需環境對應條件
展覽空間	1	展區 200 ㎡ 儲藏室 30 ㎡	230	提供不同類型的城市未來生活方式之展覽與體驗使用，除了實體與平面展示之外，還包含 AR 與 VR 科技與互動技術之引用。	■ 公共空間 ■ 置於一樓大廳處展現成果 ■ 與綠地戶外展示區結合
咖啡館兼共同工作空間	1	20 人*7.5 ㎡/人=150 ㎡ 吧檯 10 ㎡	160	提供無線上網平台及座位區網路交流	■ 公共空間 ■ 置於一樓可與戶外景觀融合
餐廳交誼空間	1	含廚房	160	對外營業	■ 公共空間 ■ 置於一樓可與戶外景觀及公園相互融合 ■ 後勤動線
製造工廠	1	金木工廠 80 ㎡ 數位製造 40 ㎡ 材料倉庫 30 ㎡	150	包含木工廠、金工廠、數位製造工廠及材料倉庫。	■ 半公共空間 ■ 有粉塵噪音需有前室隔離 ■ 後勤動線
工作坊空間(60-80 人共同使用)	1	60 人*3.3 ㎡/人=200 ㎡	200	舉辦各種媒材與類型的工作坊使用，可容納 60-80 人共同使用，本空間亦可供創作者發表、交流與集會使用。	■ 公共空間 ■ 彈性空間
演講/座談空間	1	座位區 120 人*1 ㎡/人=120 ㎡ 舞台後台 60 ㎡	180		■ 半公共空間 ■ 大跨距，設於頂樓 ■ 階梯式座位區
未來生活實驗室	8	8*20=160	160	供 8-10 組跨領域創作團隊定期進駐使用。	■ 半公共空間
行政辦公空間	1		120		■ 半公共半私密空間

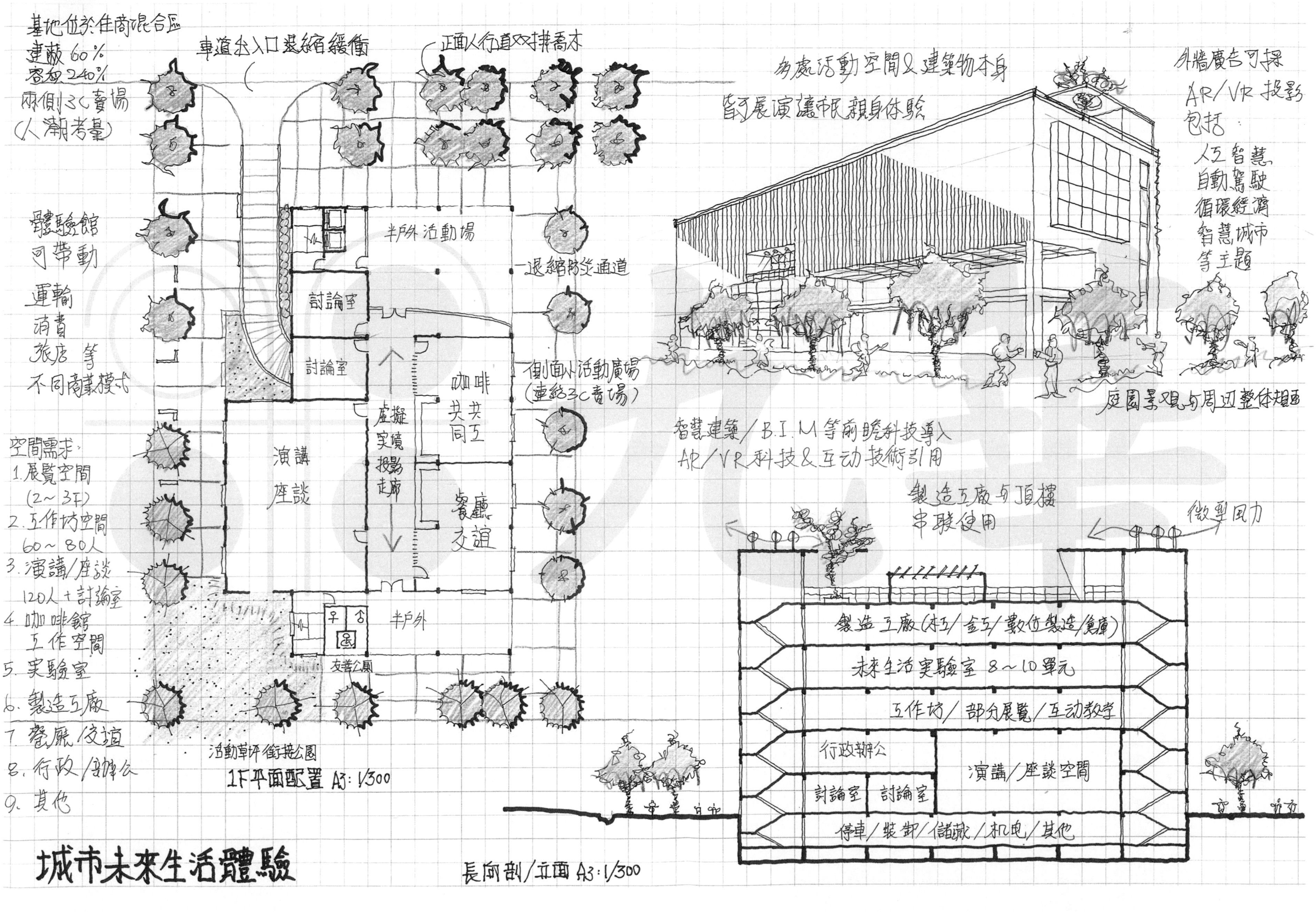
基地位於住商混合區
建蔽60%
容積240%
兩側3C賣場
(人潮考量)
車道出入口退縮緩衝
正面人行道双排喬木
多處活動空間及建築物本身
皆可展演讓市民親身体驗
外牆廣告可採
AR/VR投影
包括
人工智慧
自動駕駛
循環經濟
智慧城市
等主題
體驗館
可帶動
運輸
消費
旅店 等
不同商業模式
半戶外活動場
退縮防災通道
討論室
討論室
側面小活動廣場
(連結3C賣場)
咖啡
共同工
虛擬實境投影走廊
演講
座談
餐廳
交誼
半戶外
友善公廁
庭園景觀與周辺整体規画
智慧建築/B.I.M等前瞻科技導入
AR/VR科技&互动技術引用
製造工廠與頂樓
串聯使用
微氣風力
空間需求
1.展覽空間
(2~3F)
2.工作坊空間
60~80人
3.演講/座談
120人+討論室
4.咖啡館
工作空間
5.実驗室
6.製造工廠
7.餐廳/交誼
8.行政/辦公
9.其他
活動草坪銜接公園
1F平面配置 A3:1/300
製造工廠(木工/金工/數位製造/倉庫)
未來生活実驗室 8~10單元
工作坊/部分展覽/互动教学
行政辦公
演講/座談空間
討論室
討論室
停車/裝卸/儲藏/机电/其他
城市未來生活體驗
長向剖/立面 A3:1/300

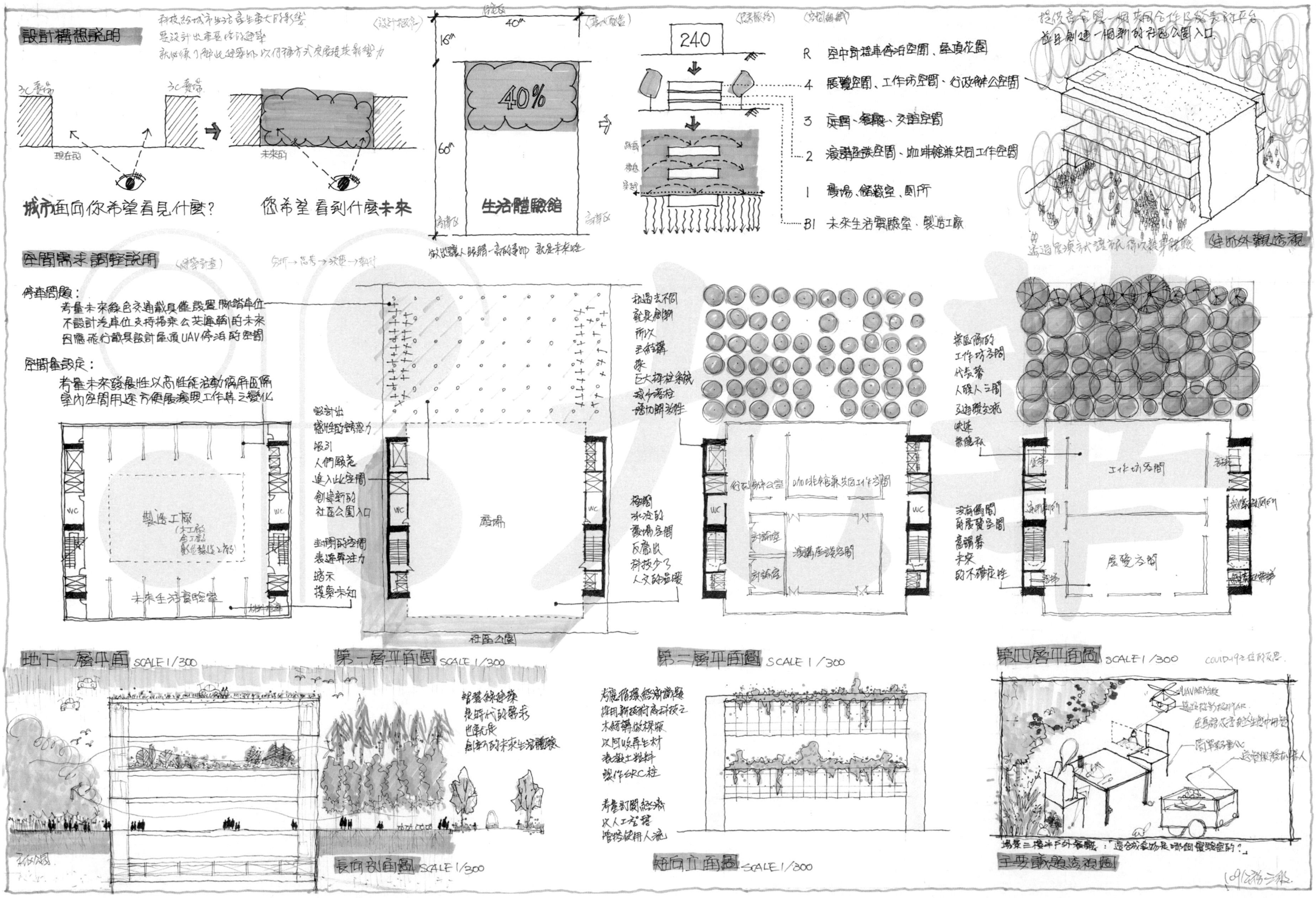
設計構想說明
城市面向你希望看見什麼?
你希望看到什麼未來
40%
生活體驗館
240
R 空中計程車停泊空間、屋頂花園
4 展覽空間、工作坊空間、行政辦公空間
3 展間、餐廳、交誼空間
2 演講座談空間、咖啡館兼共同工作空間
1 賣場、儲藏室、廁所
B1 未來生活實驗室、製造工廠
建築外觀透視
空間需求調整說明
停車問題：
考量未來綠色交通載具僅設置腳踏車位
不設計汽車位支持搭乘公共運輸的未來
因應飛行載具設計屋頂UAV停泊的空間
空間量設定：
考量未來發展性以高性能活動隔屏區隔
室內空間用途方便展演與工作等之變化
製造工廠
未來生活實驗室
廣場
WC
工作坊空間
展覽空間
演講座談空間
地下一層平面 SCALE 1/300
第一層平面圖 SCALE 1/300
第三層平面圖 SCALE 1/300
第四層平面圖 SCALE 1/300
長向剖面圖 SCALE 1/300
短向立面圖 SCALE 1/300
主要議題透視圖

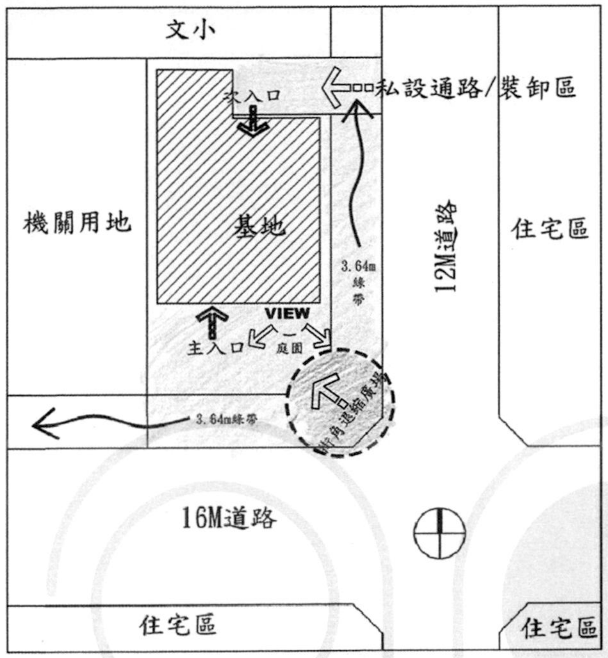

設計說明

110年公務人員高考三級建築設計 【新創事業聯合辦公室設計】

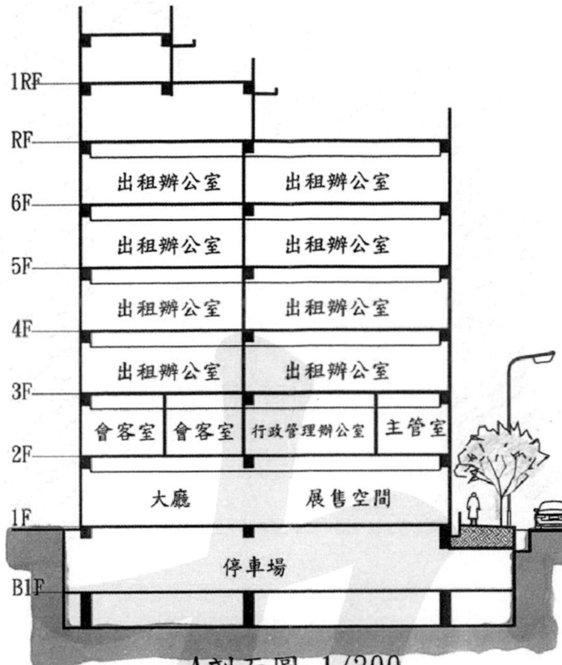

A剖面圖 1/300

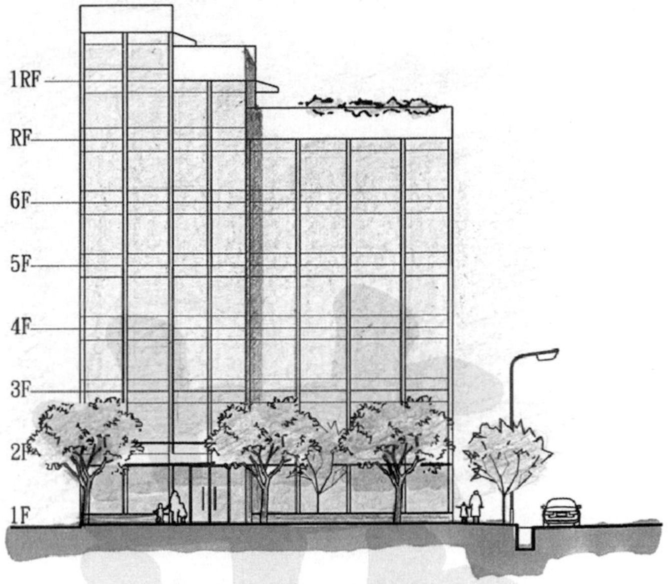

南向立面圖 1/300

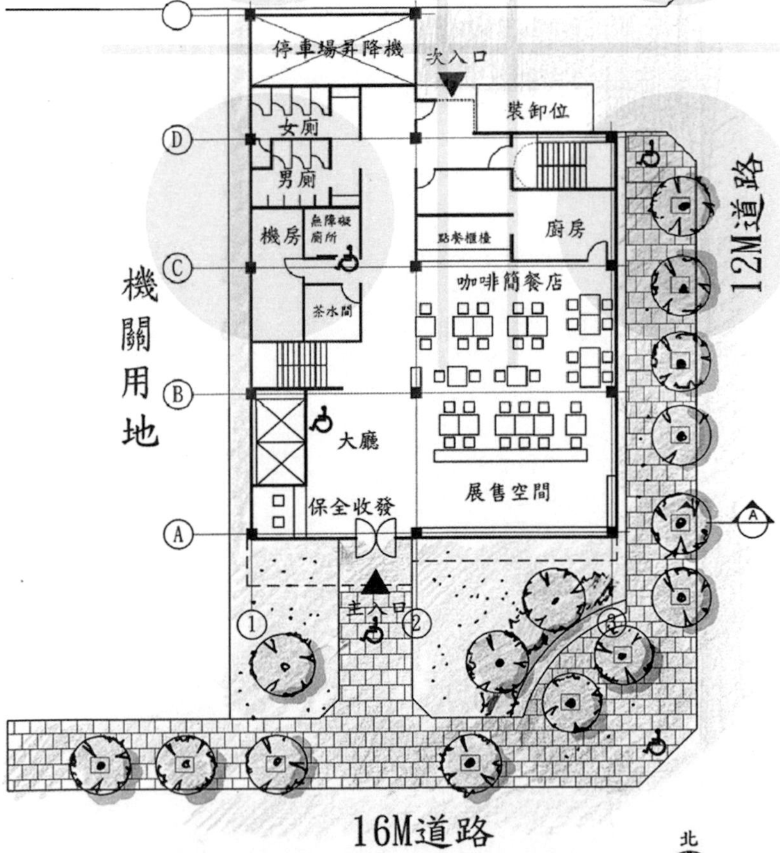

全區配置暨一樓平面圖 1/300 單位cm

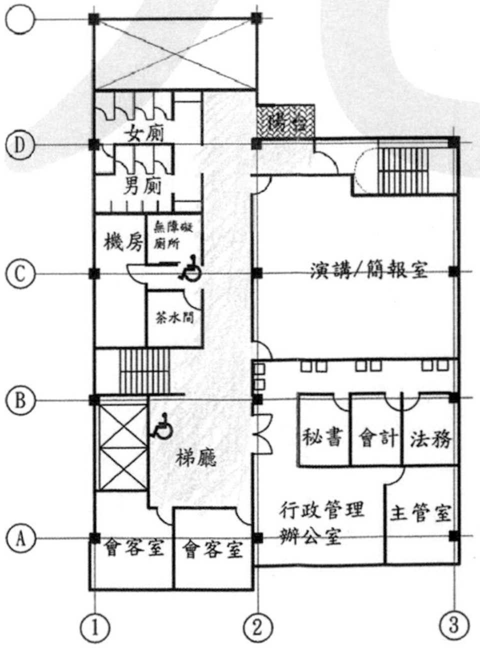

2樓平面圖 1/300

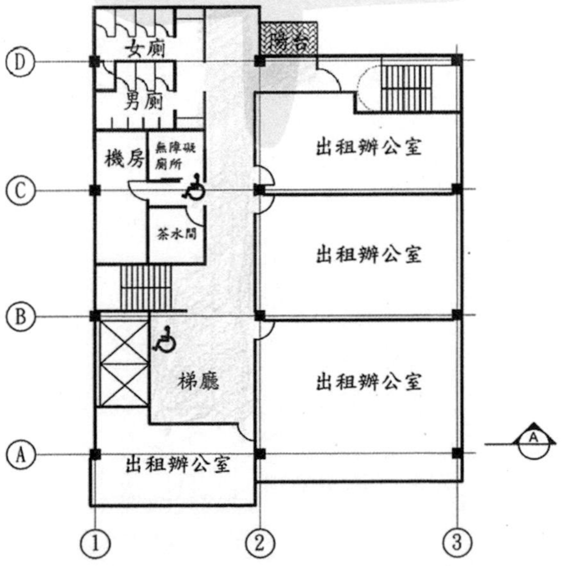

3~6樓出租辦公室平面圖 1/300

A3 1/300

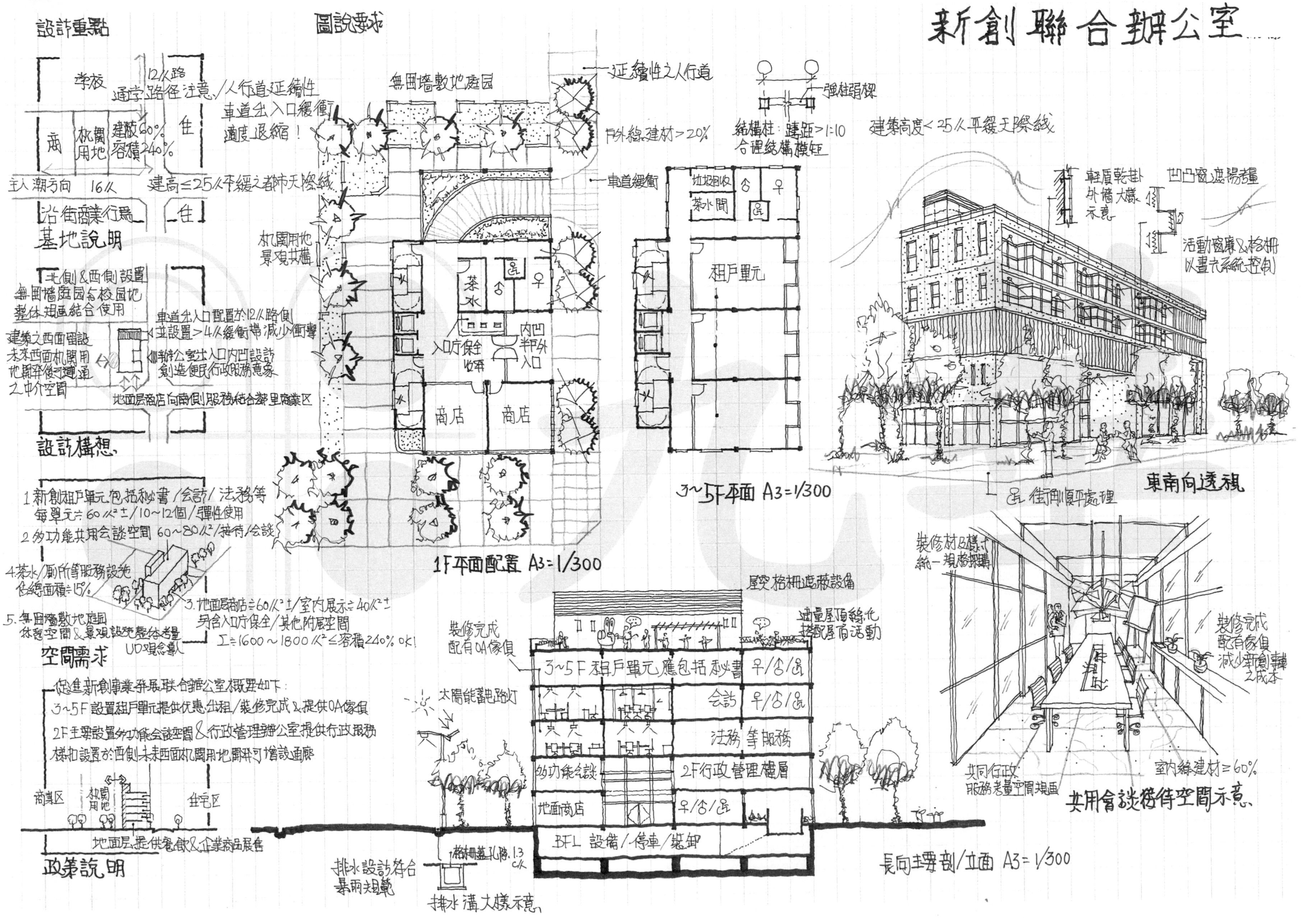
新創聯合辦公室
設計重點
圖說要求
基地說明
設計構想
空間需求
政策說明
1F平面配置 A3=1/300
3~5F平面 A3=1/300
東南向透視
長向主要剖/立面 A3=1/300
共用會談接待空間示意
建築高度<25M平緩天際線
戶外綠建材>20%
車道緩衝
延續性之人行道
無圍牆數地庭園
租戶單元
商店
茶水間
入口保全收發
1.新創租戶單元包括秘書/会計/法務等 每單元約60M²±/10~12個/彈性使用
2.多功能共用会談空間 60~80M²/接待/会談
4.茶水/廁所等服務設施 佔總面積≒15%
5.無圍牆數地庭園 休憩空間&景觀設施整体考量 UD觀念導入
3.地面層商店≒60M²±/室內展示≒40M²± 另含入口保全/其他附屬空間
3~5F租戶單元應包括秘書
2F行政管理樓層
地面商店
BFL 設備/停車/裝卸
室內綠建材≥60%
地面層提供餐飲&企業商品展售

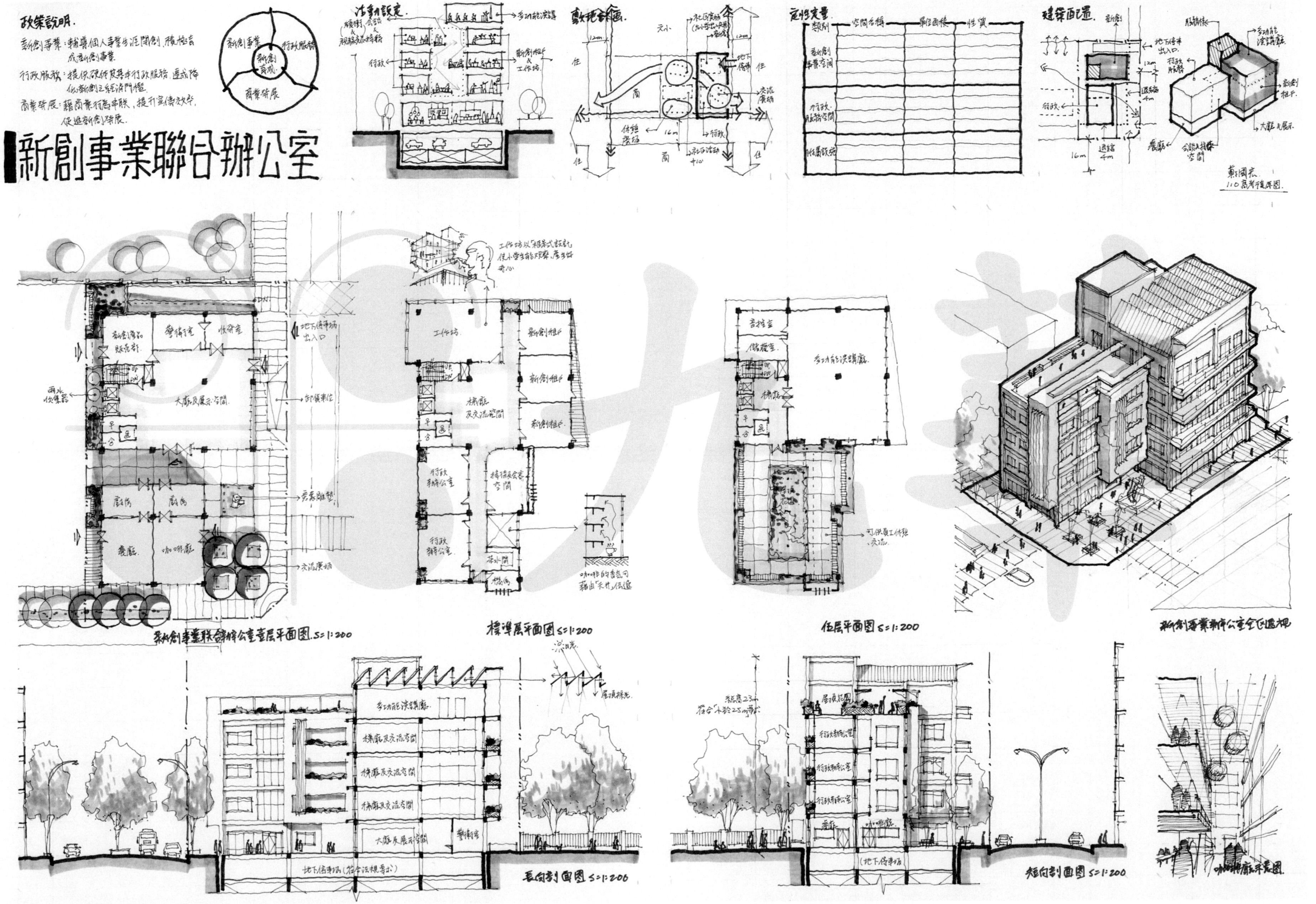
政策說明
新創事業
行政服務
商業發展
新創事業聯合辦公室
活動設定
動線計畫
定性定量
類別
空間名稱
單位面積
性質
建築配置
工作坊
多功能演講廳
新創租戶
行政辦公室
大廳及展示空間
餐廳
咖啡廳
交流廣場
標準層平面圖 S=1:200
伍層平面圖 S=1:200
長向剖面圖 S=1:200
短向剖面圖 S=1:200
屋頂花園
地下停車場

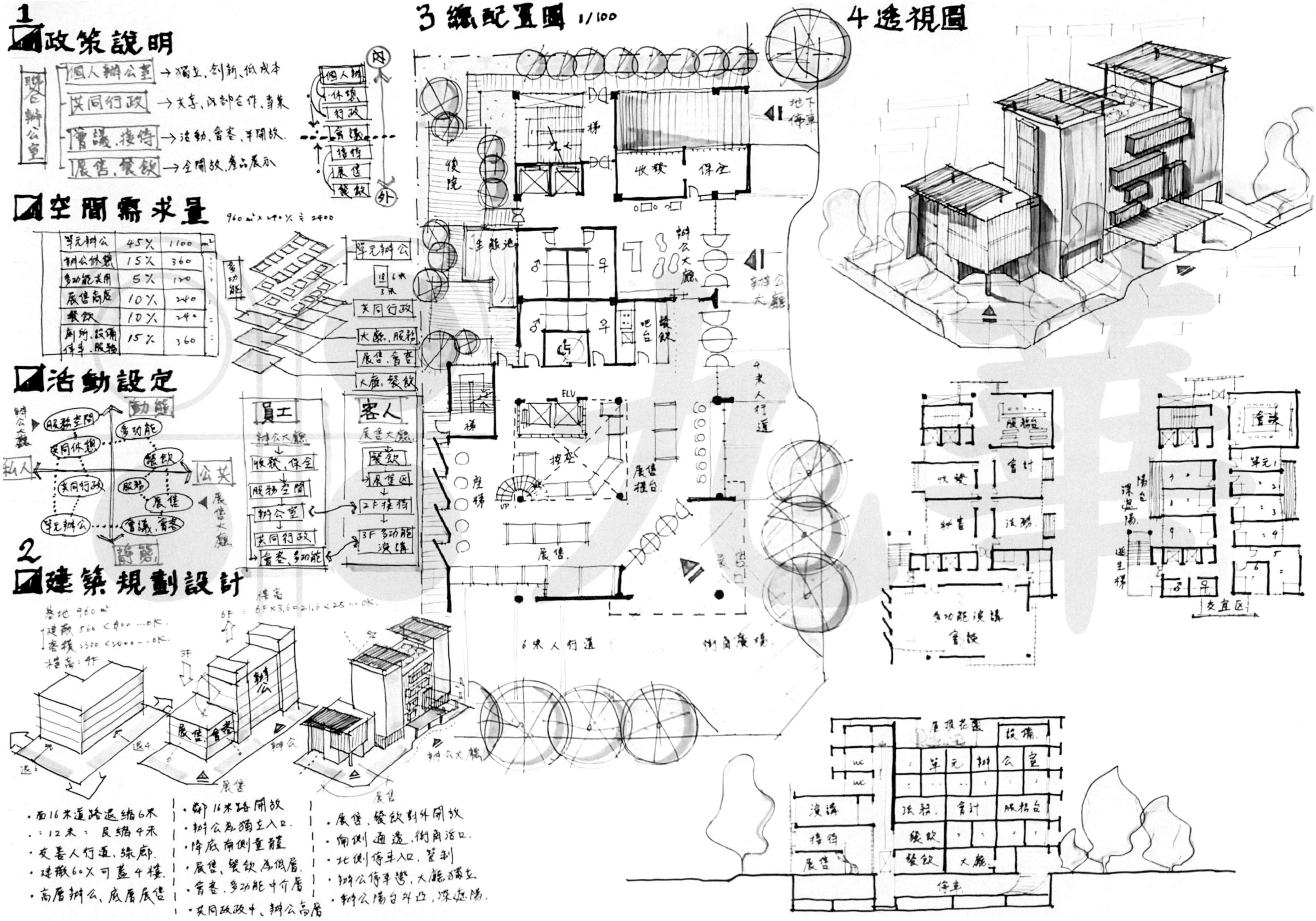
1
政策說明
聯合辦公室
個人辦公室 → 獨立、創新、低成本
共同行政 → 共享、內部合作、專業
會議、接待 → 活動、會客、半開放
展售、餐飲 → 全開放、產品展示
空間需求量
960㎡×250%≒2400
單元辦公 45% 1100
辦公休憩 15% 360
多功能共用 5% 120
展售商店 10% 240
餐飲 10% 240
廁所、設備、停車、服務 15% 360
活動設定
動態
靜態
私人
公共
多功能
餐飲
共同休憩
共同行政
服務
展售
單元辦公
會議、會客
員工
客人
辦公大廳
收發、保全
服務空間
辦公室
共同行政
會客、多功能
展售大廳
餐飲
展售區
2F 接待
3F 多功能演講
2
建築規劃設計
基地 960㎡
建蔽 560 < 600 …OK.
容積 2300 < 2400 …OK.
樓層：4F
樓高 6F×3.6=21.6 < 25 …OK.
展售
辦公
辦公大廳
・面16米道路退縮6米
・12米：退縮4米
・友善人行道、綠廊
・建蔽60%可蓋4樓
・高層辦公、底層展售
・鄰16米路開放
・辦公為獨立入口
・降底南側量體
・展售、餐飲為低層
・會客、多功能中介層
・共同行政中、辦公高層
・展售、餐飲對外開放
・南側通透、街角活口
・北側停車入口、管制
・辦公停車場、大廳獨立
・辦公陽台外凸、深遮陽
3 總配置圖 1/100
後院
梯
收發
保全
地下停車
辦公大廳
吧台
餐飲
ELV
座梯
接待
展售
展售櫃台
4米人行道
6米人行道
街角廣場
4 透視圖
服務
會計
收發
行銷
法務
會議
單元
陽台
深遮陽
逃生梯
交誼區
多功能演講
會議
屋頂花園
設備
單元辦公室
演講
接待
展售
服務台
餐飲
大廳
停車

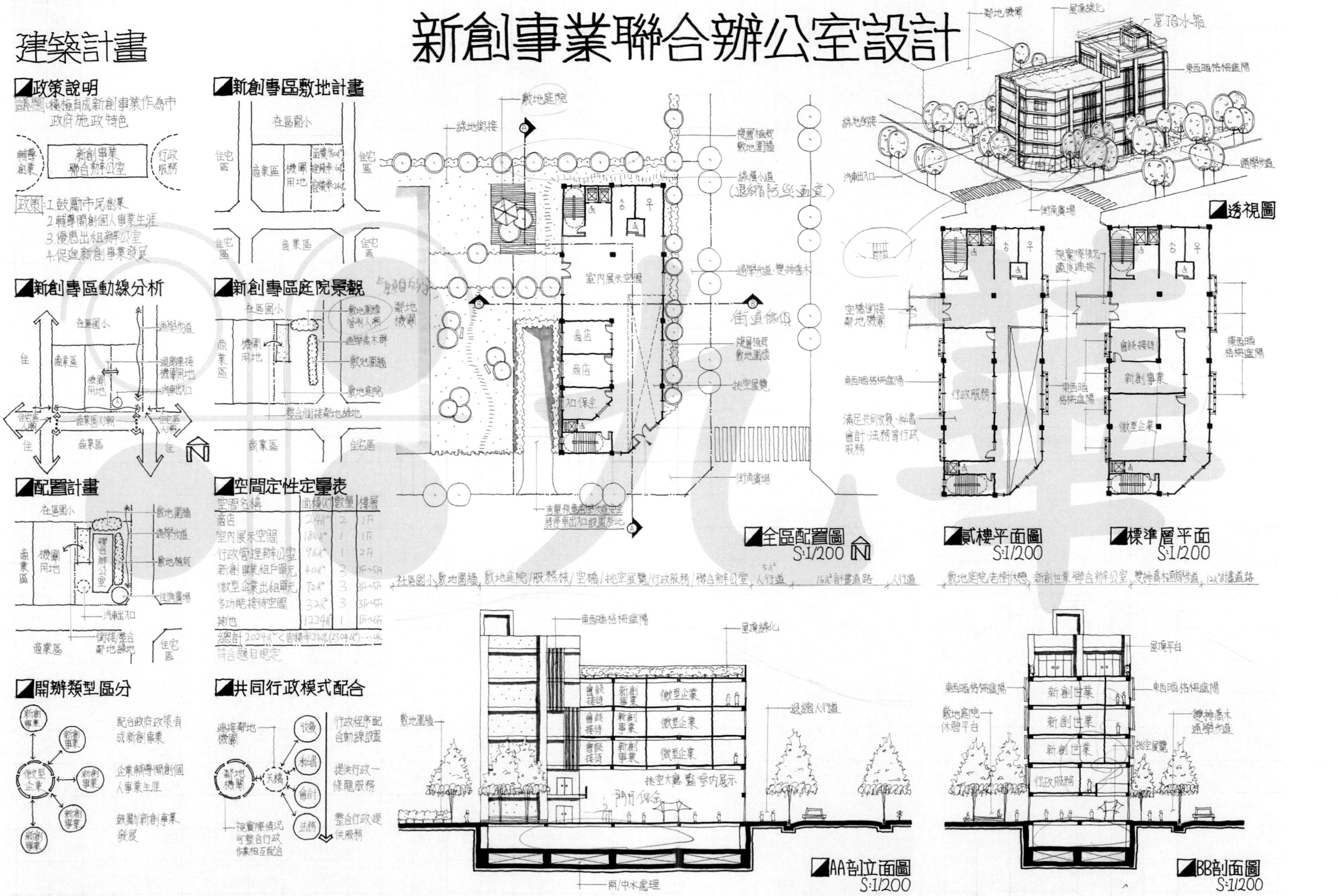
新創事業聯合辦公室設計
建築計畫
政策說明
新創事業 聯合辦公室
新創事區敷地計畫
在區國小
住宅區
商業區
機關用地
住宅區
新創事區動線分析
新創事區庭院景觀
配置計畫
空間定性定量表
商店
室內展示空間
行政管理辦公室
新創事業租戶單元
微型企業出租單元
多功能接待空間
其他
符合題目規定
開辦類型區分
配合政府政策育成新創事業
企業輔導開創個人事業生涯
鼓勵新創事業發展
共同行政模式配合
行政程序配合動線設置
提供行政一條龍服務
整合行政提供服務
敷地庭院
綠地銜接
室內展示空間
商店
街道條件
通學步道．雙排喬木
街角廣場
全區配置圖 S:1/200
貳樓平面圖 S:1/200
標準層平面 S:1/200
行政服務
會談接待
新創事業
微型企業
透視圖
屋頂綠化
東西向格柵遮陽
通學步道
AA剖立面圖 S:1/200
BB剖面圖 S:1/200
屋頂平台
挑空展覽
雨/中水處理

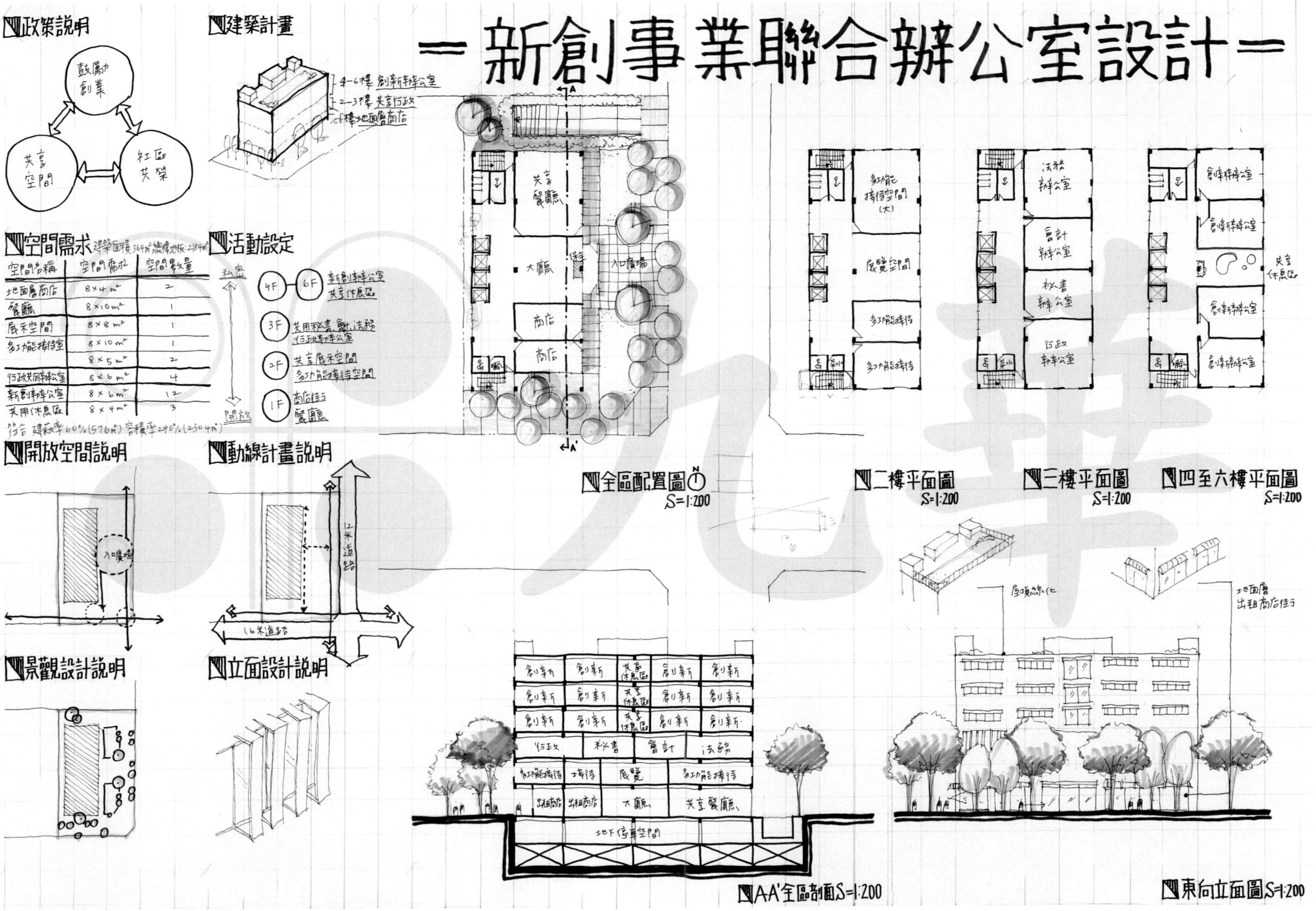

=新創事業聯合辦公室設計=
政策說明
鼓勵創業
共享空間
社區共榮
建築計畫
4-6樓 創新辦公室
2-3樓 共享行政
1樓地面層商店
空間需求 建築面積:364㎡ 總樓地板:2184㎡
空間名稱 | 空間需求 | 空間數量
地面層商店 | 8×4 m² | 2
餐廳 | 8×10 m² | 1
展示空間 | 8×8 m² | 1
多功能接待室 | 8×10 m² | 1
 | 8×5 m² | 2
行政共同辦公室 | 8×6 m² | 4
新創辦公室 | 8×6 m² | 12
共用休息區 | 8×4 m² | 3
符合 建蔽率60%(576㎡) 容積率240%(2304㎡)
活動設定
私密
開放
4F 6F 新創辦公室 共享休息區
3F 共用秘書、會計、法務 行政辦公室
2F 共享展示空間 多功能接待空間
1F 商店街 餐廳
開放空間說明
入口廣場
動線計畫說明
12米道路
16米道路
景觀設計說明
立面設計說明
共享餐廳
大廳
商店
入口廣場
全區配置圖 S=1:200
多功能接待空間(大)
展覽空間
多功能接待
二樓平面圖 S=1:200
法務辦公室
會計辦公室
秘書辦公室
行政辦公室
三樓平面圖 S=1:200
創新辦公室
共享休息區
四至六樓平面圖 S=1:200
屋頂綠化
地面層出租商店街
創新
共享休息區
行政
秘書
會計
法務
多功能接待
接待
展覽
出租商店
大廳
共享餐廳
地下停車空間
AA'全區剖面 S=1:200
東向立面圖 S=1:200

空間名稱	空間量	活動設定
商店	$110m^2$	提供餐飲服務
展示空間	$110m^2$	企業商品展售
行政辦公室	$110m^2$	行政服務及辦公
會談接待空間	$110m^2$	接待、會談、演講
出租單元	$880m^2$	市民創業辦公室
保全室	$20m^2$	門禁管理與收發
廁所、樓梯	$320m^2$	公共服務設施
昇降機間	$60m^2$	昇降設備待等空間

總和 $2300m^2$、建蔽率60%、容積率240%（OK）

空間需求

輔導市民創業：提供優惠出租辦公室，鼓勵市民創業，開創個人事業。

建立施政特色：育成新創事業，作為政府之施政特色。

地面商業活動：設施地面層提供餐飲及企業展售服務。

降低營運成本：收發、秘書、會計、法務等行政服務，按勞務收費

硬體設備提供：完成室內裝修，並提供辦公家具、會議空間等硬體。

政策說明

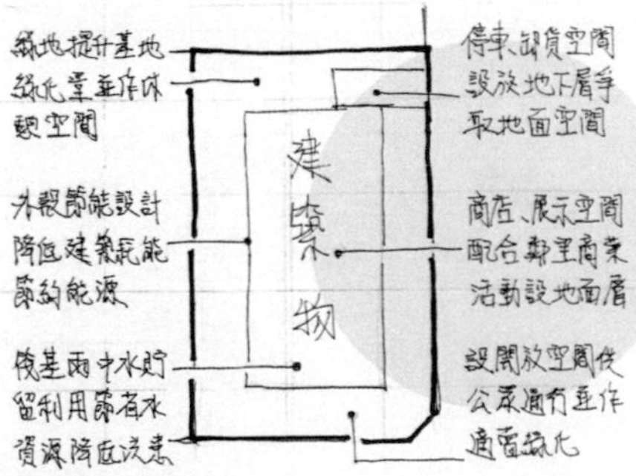

設計概念

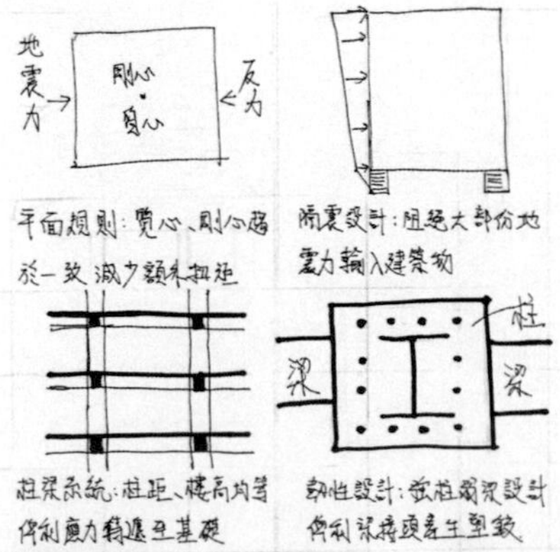

結構合理性說明

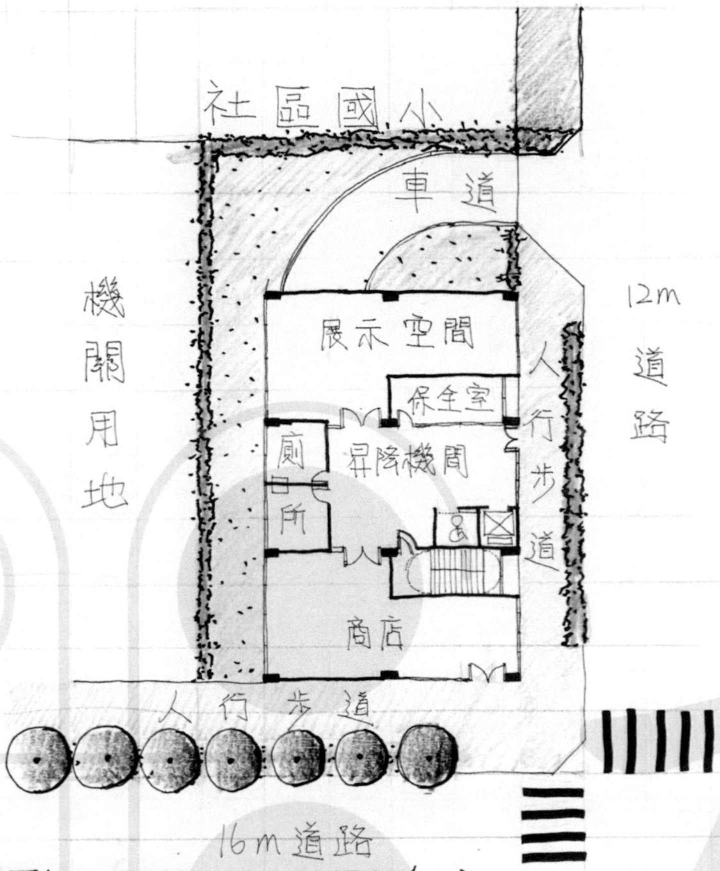

總配置圖暨一層平面圖（1/200）

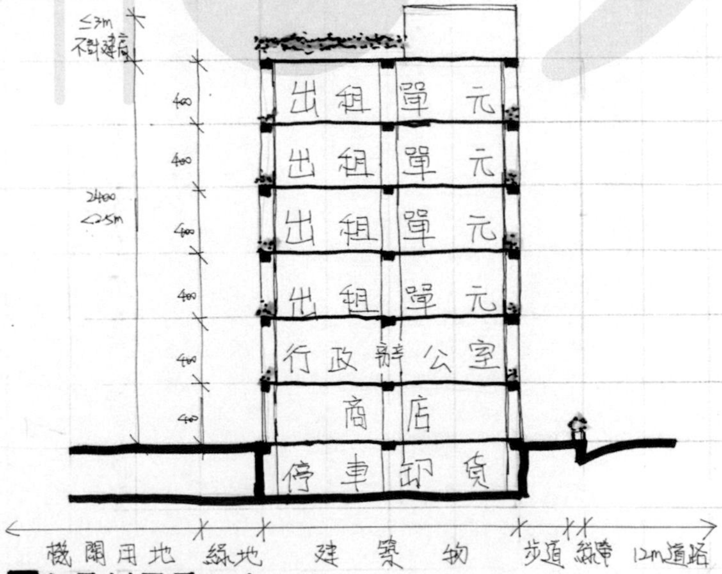

主要剖面圖（1/200）

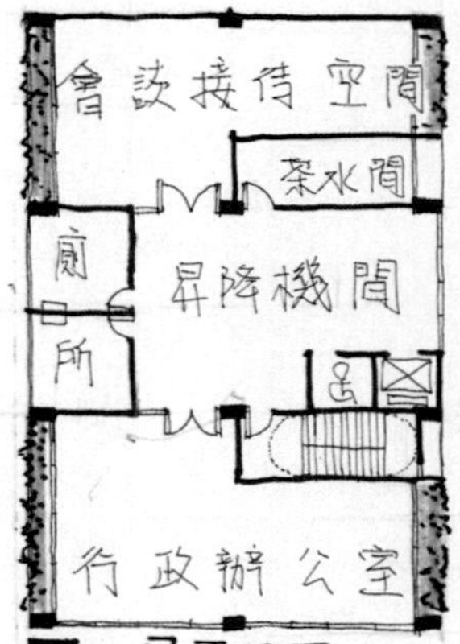

二層平面圖（1/200）

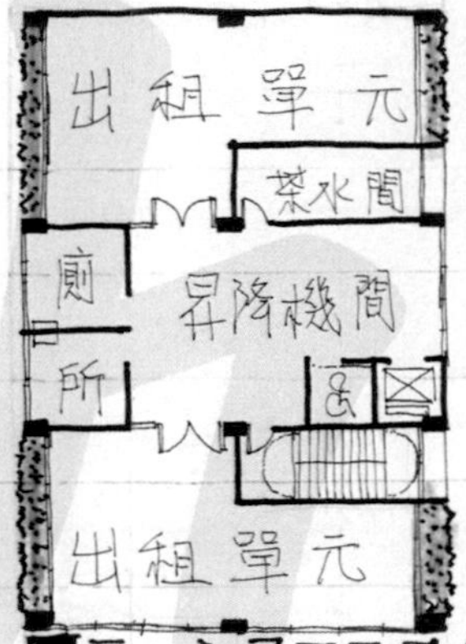

三～六層平面圖（1/200）

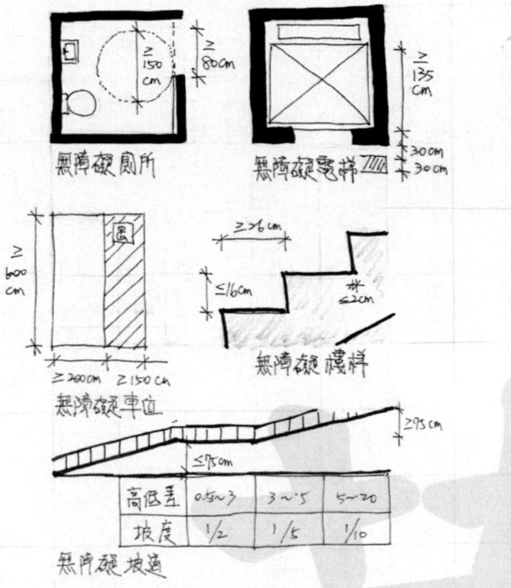

無障礙設施設計圖

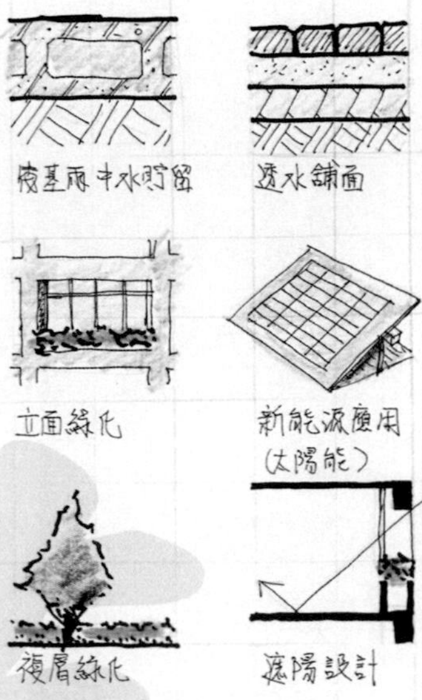

物理環境構想

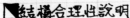

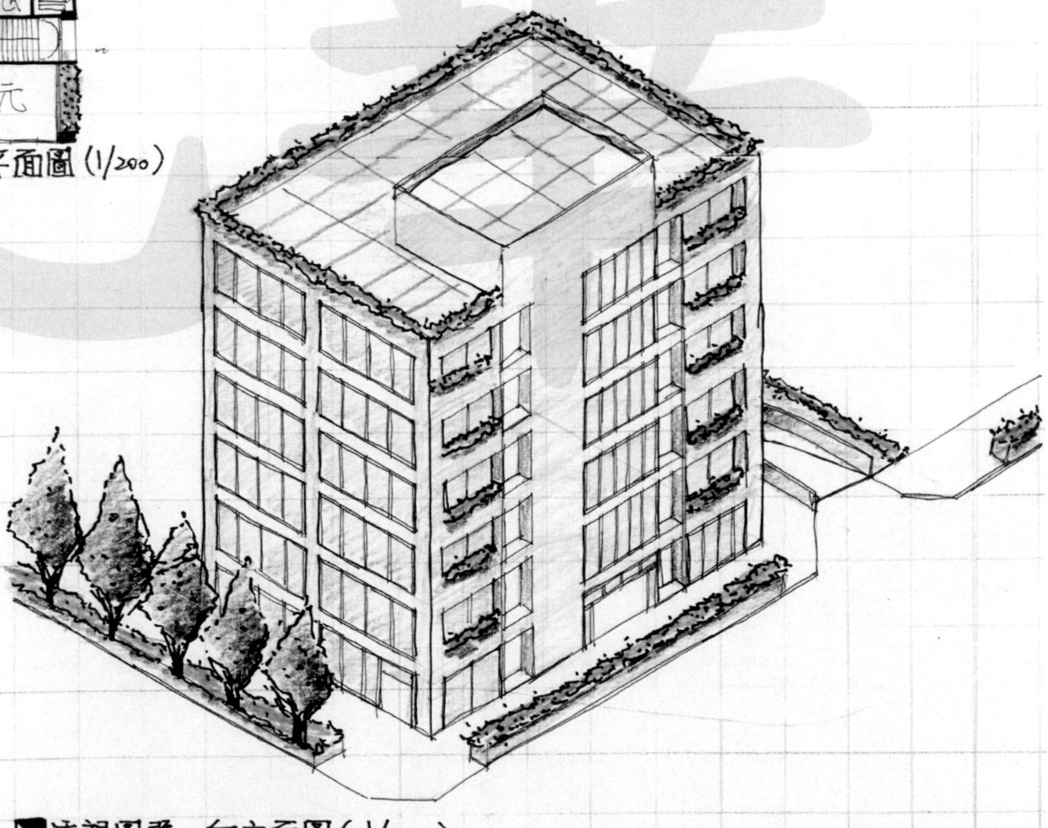

透視圖暨二向立面圖（1/200）

國民運動中心設計

設計構想
外牆詳圖
室內
外牆
Low E 玻璃帷幕
支架
B剖面圖
5F 室內籃球場
4F 多功能大教室
3F 重量訓練室
2F 韻律教室
1F 大廳/穿堂
圖書館
停車區
假日市集廣場區
11m道路
車棚
汙水池
立面暨透視圖
A剖面圖
R2F 梯間
R1F 梯間
5F 服務核
4F 服務核
3F 服務核
2F 服務核
1F 服務核
貨梯
8m道路
1F暨全區配置圖 1/500
圖書館
汽車
機車50
11m道路
8m道路
後校門
國中游泳池開放
大廳
管理室
男
女
減速鋪面
假日市集廣場
小農特賣區
陽光草坪
卸貨區
住
3F重量訓練室 1/500
重量訓練室
服務通道
器材間
電梯間
機房
男廁
女廁
門廳
櫃台
休息區
5F室內籃球場 1/500
室內籃球場
2F韻律教室 1/500
韻律教室1
韻律教室2
韻律教室3
韻律教室4
4F多功能大教室 /500
集會/桌球/運動課程
貴賓室

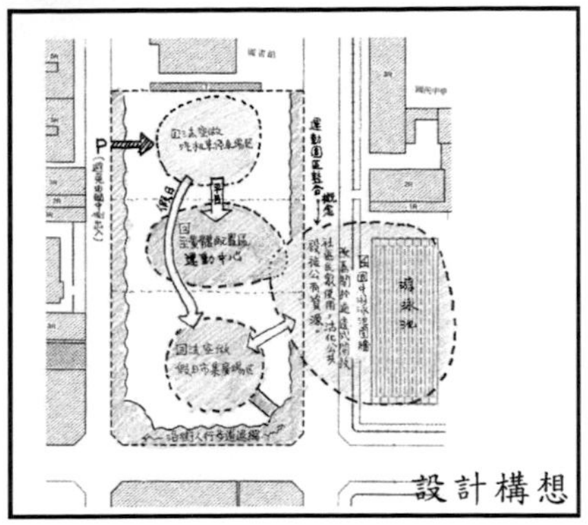

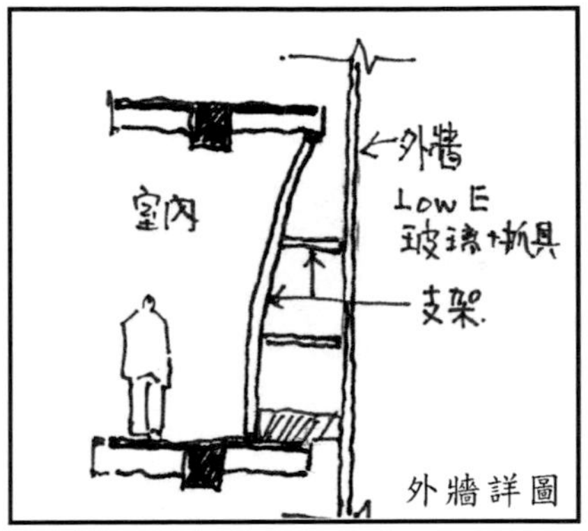

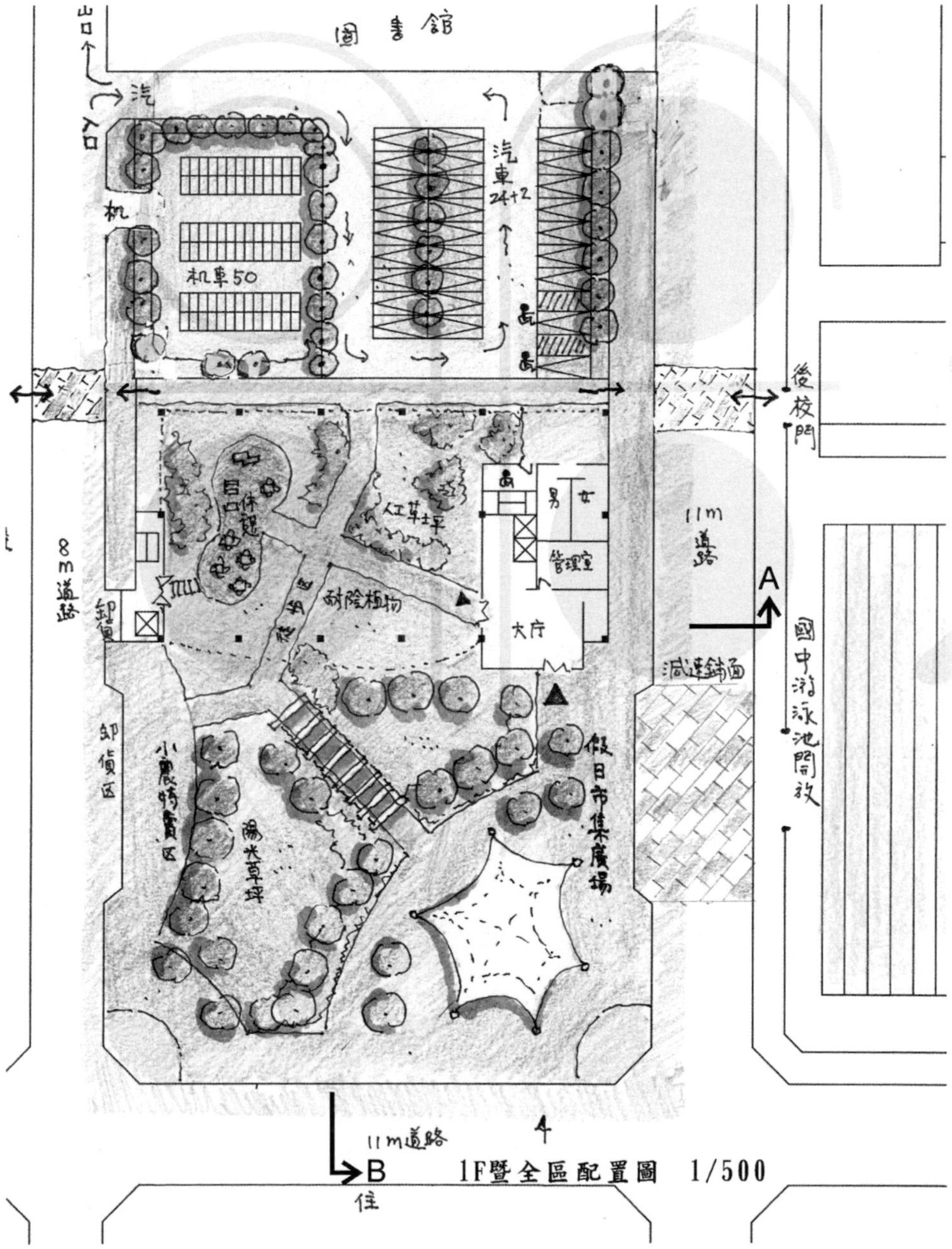

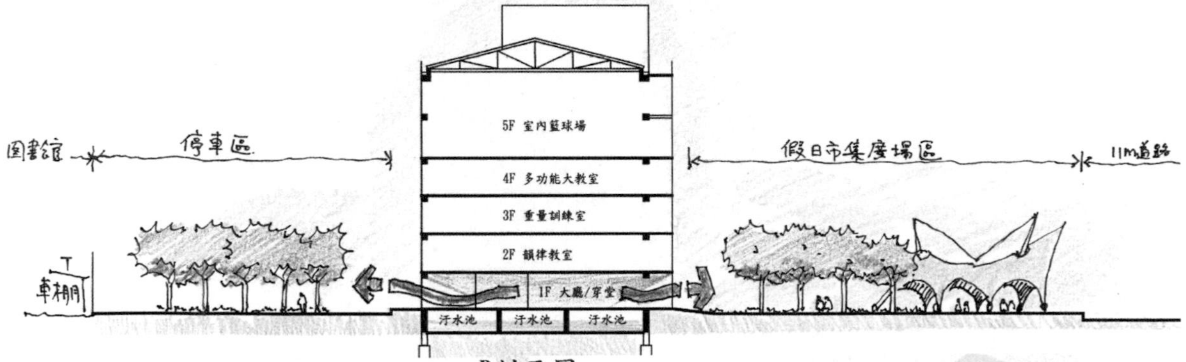

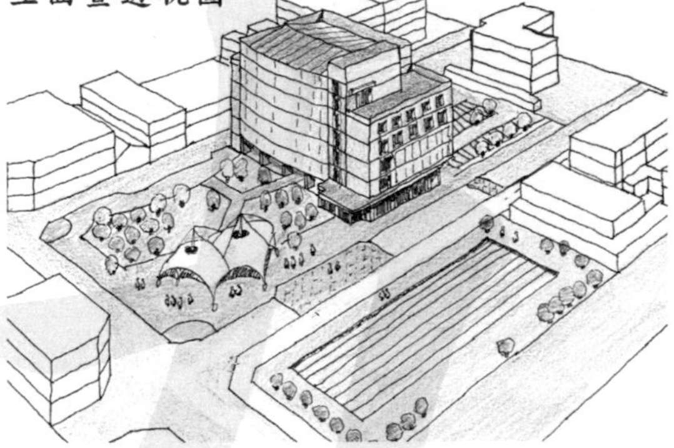

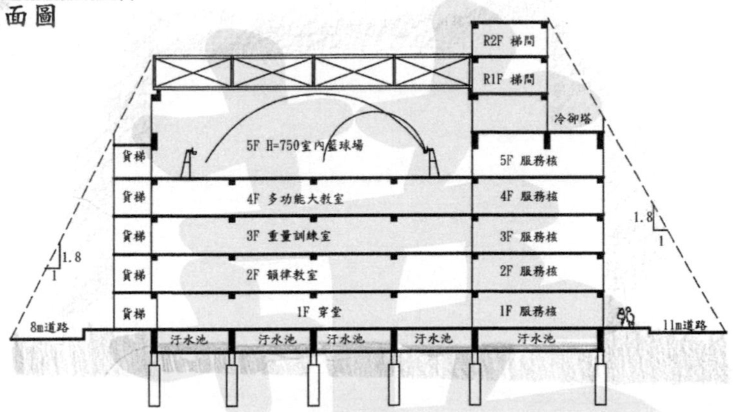

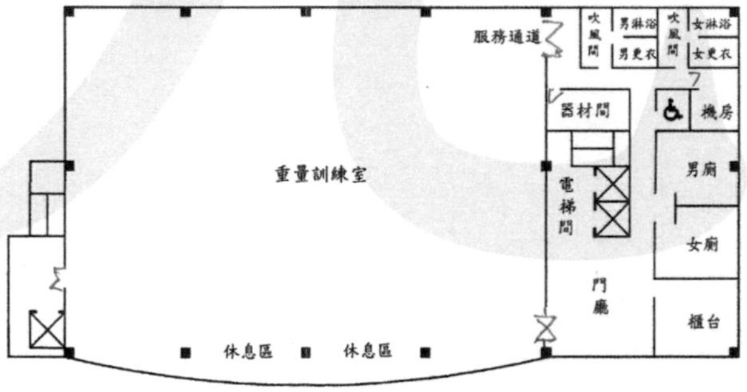

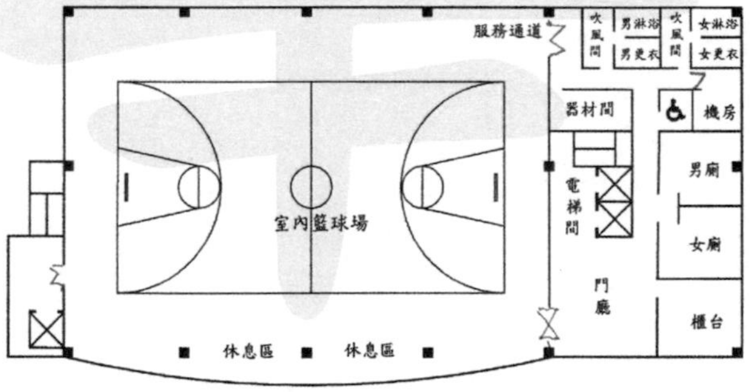

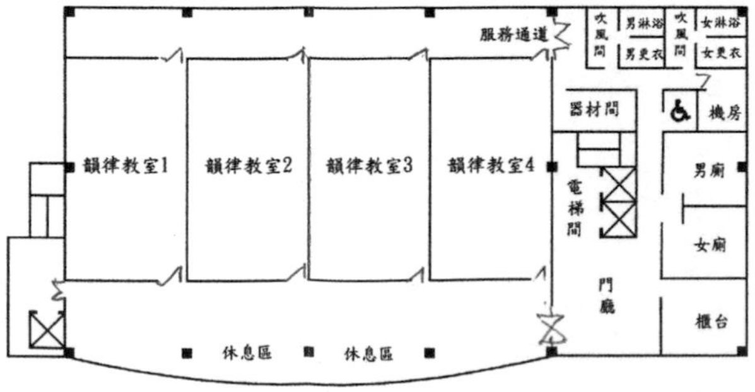

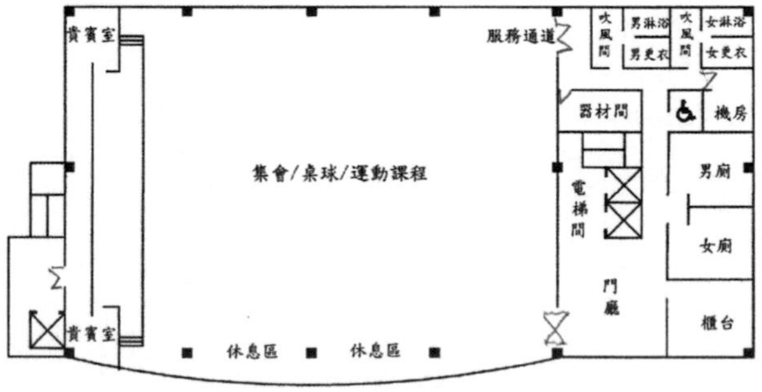

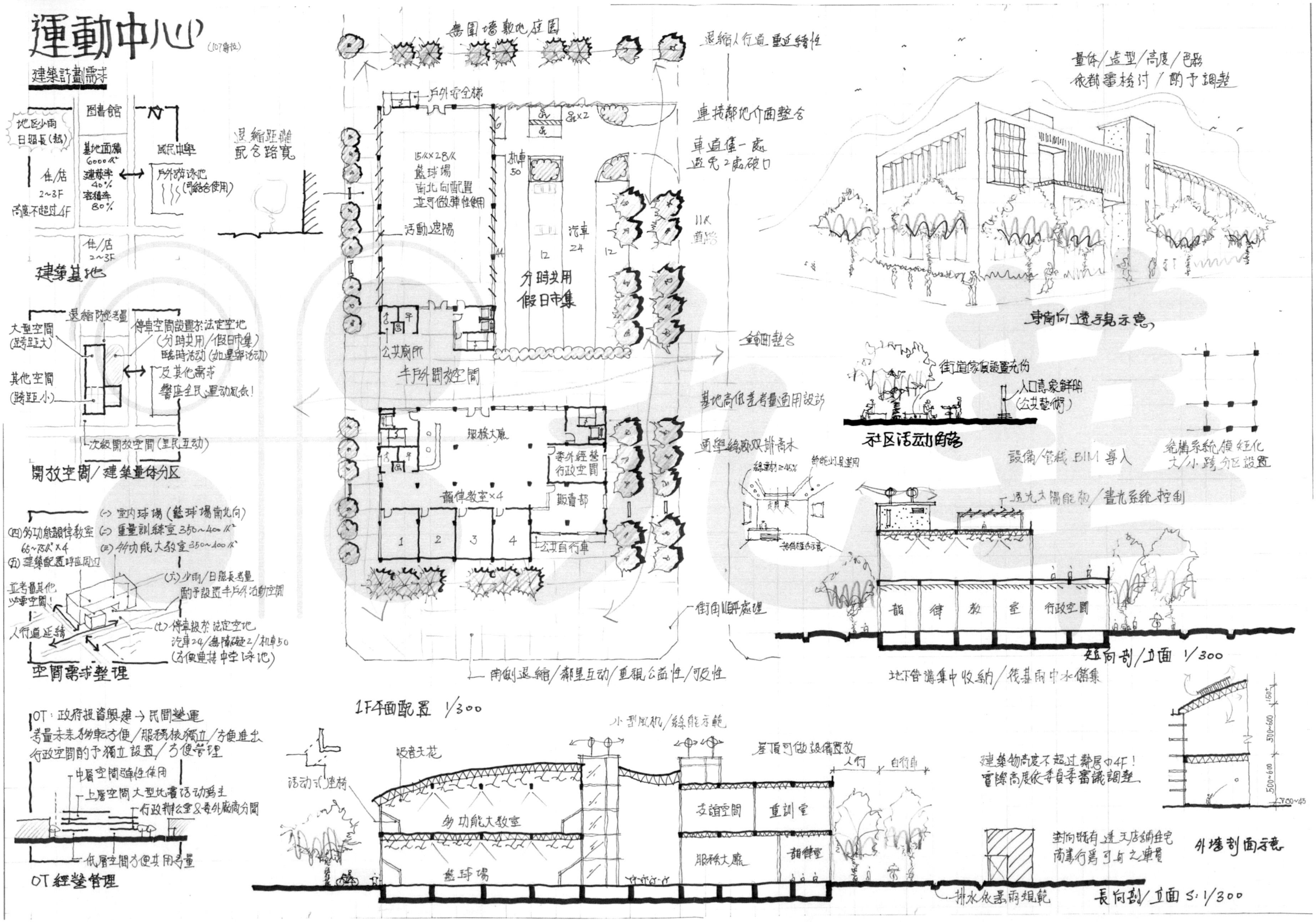
運動中心
(107年考題)
建築計劃需求
圖書館
地區少雨
日照長(熱)
基地面積
6000㎡
建蔽率
40%
容積率
80%
國民中學
戶外游泳池
(可結合使用)
住/店
2~3F
高度不超過4F
建築基地
退縮防災考量
大型空間
(跨距大)
停車空間設置於法定空地
(分時共用/假日市集)
臨時活動(如選舉活動)
及其他需求
營造全民運動氛圍!
其他空間
(跨距小)
次級開放空間(里民互動)
開放空間/建築量体分區
(一)室內球場(籃球場南北向)
(二)重量訓練室 350~400㎡
(三)多功能大教室 350~400㎡
(四)多功能韻律教室
65~75㎡×4
(五)建築配置呼應周邊
並考量其他
必要空間!
(六)少雨/日照長考量
酌予設置半戶外活動空間
人行道延續
(七)停車設於法定空地
汽車24/無障礙2/機車50
(方便連接中學泳池)
空間需求整理
OT:政府投資興建→民間營運
考量未來移轉方便/服務核獨立/方便進出
行政空間酌予獨立設置/方便管理
中層空間彈性使用
上層空間大型挑高活動為主
行政辦公室&委外廠商分間
低層空間方便共用考量
OT經營管理
退縮距離
配合路寬
無圍牆敷地庭園
退縮人行道 連續性
戶外安全梯
籃球場
南北向配置
並可做彈性使用
活動遮陽
機車
30
汽車
24
分時共用
假日市集
公共廁所
半戶外開放空間
服務大廳
委外經營
行政空間
韻律教室×4
販賣部
公共自行車
連接鄰地介面整合
車道集一處
避免2處破口
11M
道路
介面整合
基地高低差考量通用設計
通學綠廊雙排喬木
街角出入口處理
南側退縮/鄰里互動/重視公益性/可及性
1F平面配置 1/300
量体/造型/高度/色彩
依都審檢討/酌予調整
東南向透視示意
街道家具設置充份
入口意象鮮明
(公共藝術)
社區活動節點
結構系統模矩化
大/小跨分區設置
設備/管線 BIM導入
透光太陽能板/畫光系統控制
韻律教室
行政空間
短向剖/立面 1/300
地下管溝集中收納/設基雨中水儲集
小型風機/綠能示範
吸音天花
活動式座椅
屋頂可做設備置放
人行
自行車
多功能大教室
交誼空間
重訓室
服務大廳
韻律室
籃球場
排水依景雨規範
長向剖/立面 S:1/300
建築物高度不超過鄰居4F!
實際高度依委員會審議調整
對向既有透天店鋪住宅
商業行為可與之連貫
外牆剖面示意

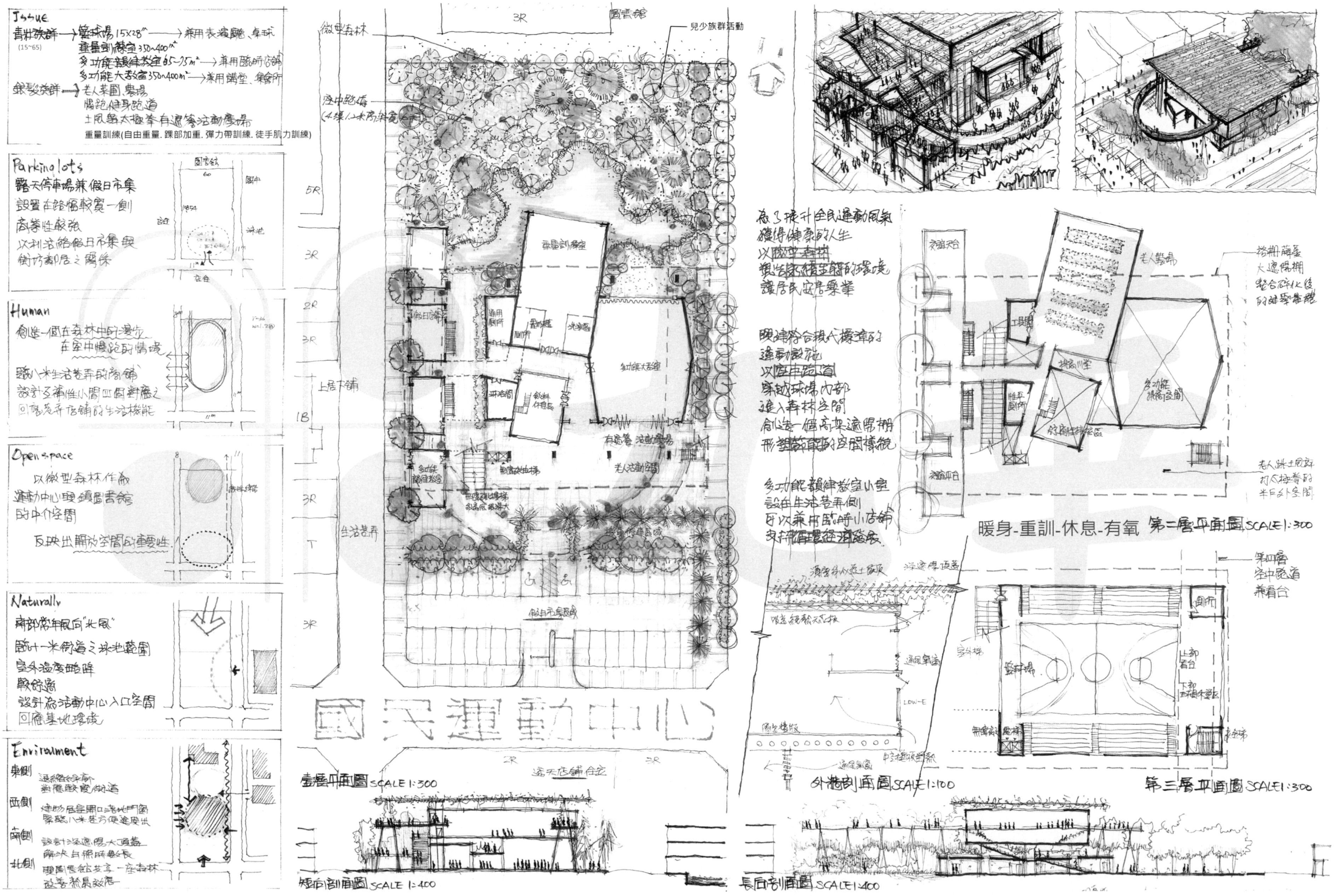
Issue
重量訓練(自由重量、踝部加重、彈力帶訓練、徒手肌力訓練)
Parking lots
露天停車場兼假日市集
Human
Open space
Naturally
Environment
國民運動中心
兒少族群活動
暖身-重訓-休息-有氧 第二層平面圖 SCALE 1:300
第三層平面圖 SCALE 1:300
外牆剖面圖 SCALE 1:100
壹層平面圖 SCALE 1:300
短向剖面圖 SCALE 1:400
長向剖面圖 SCALE 1:400

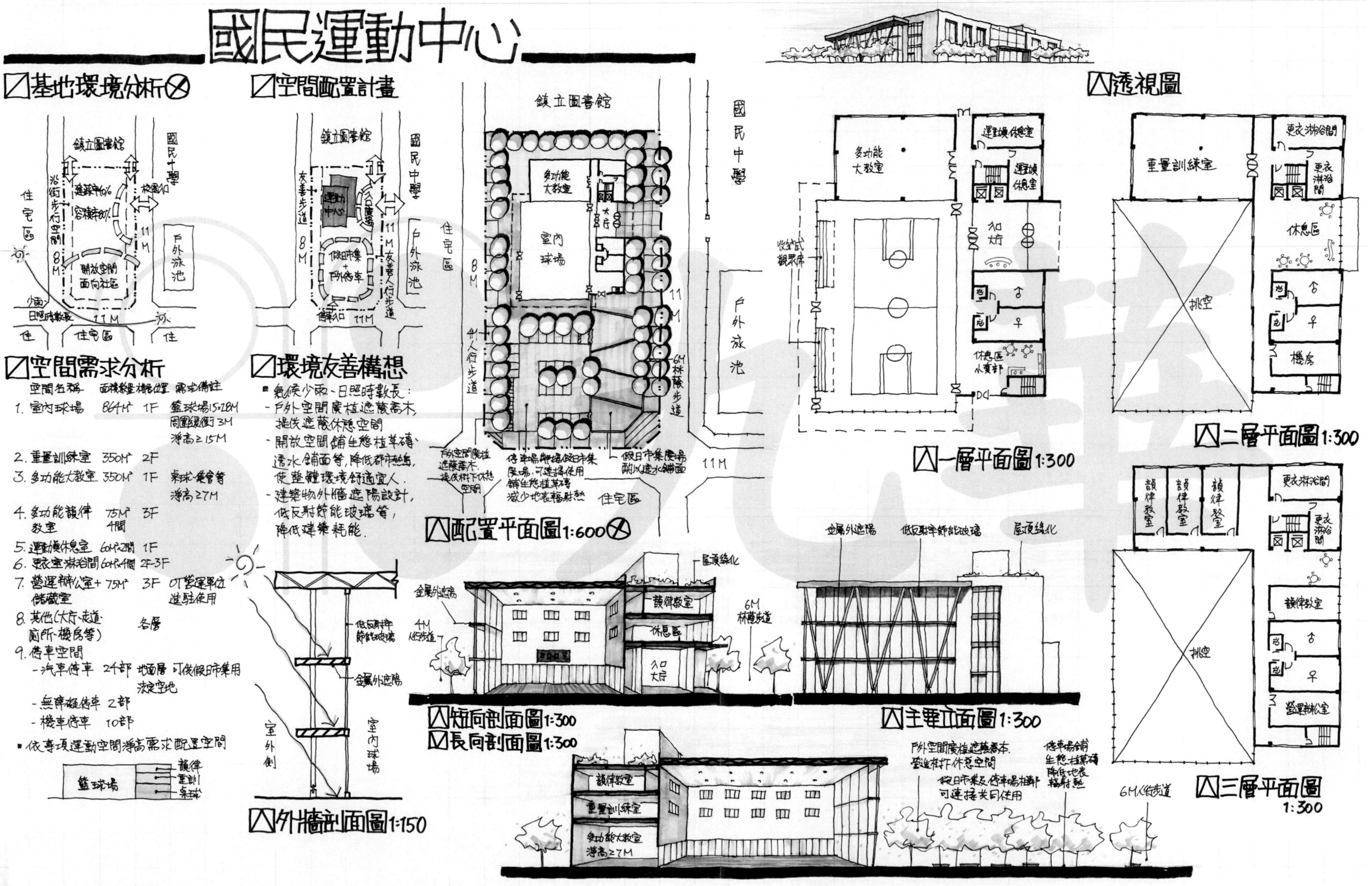
國民運動中心
基地環境分析
空間配置計畫
透視圖
鎮立圖書館
國民中學
住宅區
戶外泳池
空間需求分析
空間名稱 面積數量 樓層位置 需求備註
1. 室內球場 864M² 1F 籃球場15×28M 周圍緩衝3M 淨高≥15M
2. 重量訓練室 350M² 2F
3. 多功能大教室 350M² 1F 桌球、健身等 淨高≥7M
4. 多功能韻律教室 75M² 4間 3F
5. 運動員休息室 60M²×2間 1F
6. 更衣室淋浴間 60M²×4間 2F-3F
7. 營運辦公室+儲藏室 75M² 3F OT營運單位進駐使用
8. 其他(大廳、走道、廁所、機房等) 各層
9. 停車空間
-汽車停車 24部 地面層 可供假日市集用法定空地
-無障礙停車 2部
-機車停車 10部
▪依專項運動空間淨高需求配置空間
籃球場
韻律
重訓
桌球
環境友善構想
▪氣候少雨、日照時數長:
-戶外空間廣植遮蔭喬木,提供遮蔭休憩空間
-開放空間鋪生態植草磚、透水鋪面等,降低都市熱島,使整體環境舒適宜人。
-建築物外牆遮陽設計,低反射節能玻璃等,降低建築耗能。
外牆剖面圖1:150
配置平面圖1:600
一層平面圖1:300
二層平面圖1:300
三層平面圖1:300
短向剖面圖1:300
長向剖面圖1:300
主要立面圖1:300
多功能大教室
室內球場
重量訓練室
韻律教室
休息區
挑空
機房
營運辦公室
更衣淋浴間
金屬外遮陽
低反射率節能玻璃
屋頂綠化
6M林蔭步道
入口大廳

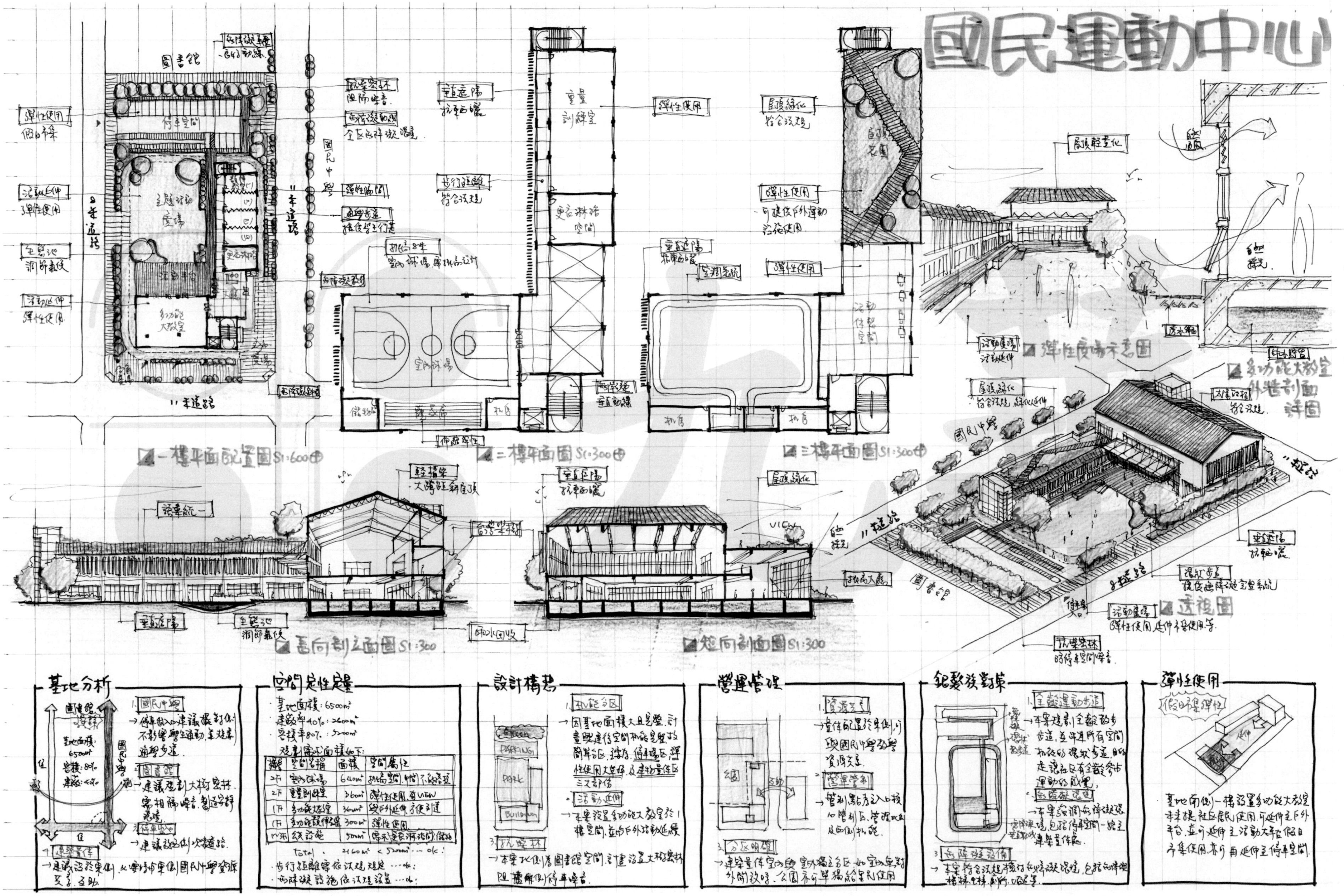
國民運動中心
一樓平面配置圖 S1:600
二樓平面圖 S1:300
三樓平面圖 S1:300
長向剖立面圖 S1:300
短向剖面圖 S1:300
彈性使用示意圖
多功能大教室外牆剖面詳圖
透視圖
圖書館
國民中學
基地分析
空間定性定量
設計構想
營運管理
節能減碳對策
彈性使用

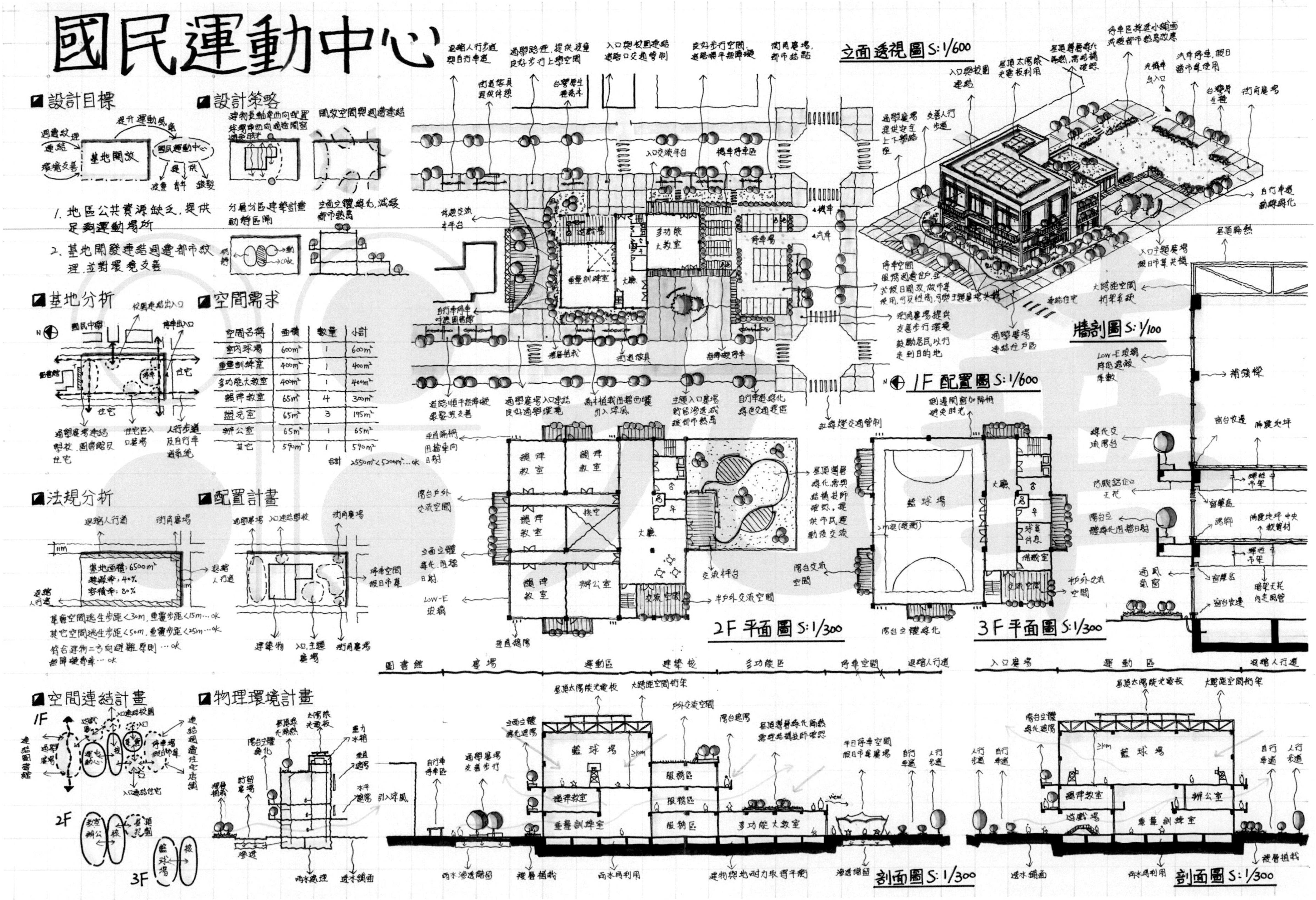
國民運動中心
設計目標
1. 地區公共資源缺乏，提供足夠運動場所
2. 基地開發連結週遭都市紋理，並對環境友善
設計策略
基地分析
空間需求
空間名稱 面積 數量 小計
室內球場 600m² 1 600m²
重量訓練室 400m² 1 400m²
多功能大教室 400m² 1 400m²
韻律教室 65m² 4 300m²
器材室 65m² 3 195m²
辦公室 65m² 1 65m²
其它 590m² 1 590m²
法規分析
基地面積：6500m²
建蔽率：40%
容積率：80%
配置計畫
空間連結計畫
物理環境計畫
立面透視圖 S:1/600
1F 配置圖 S:1/600
牆剖圖 S:1/100
2F 平面圖 S:1/300
3F 平面圖 S:1/300
剖面圖 S:1/300
剖面圖 S:1/300

國民運動中心

四建築計畫

(一)基地分析

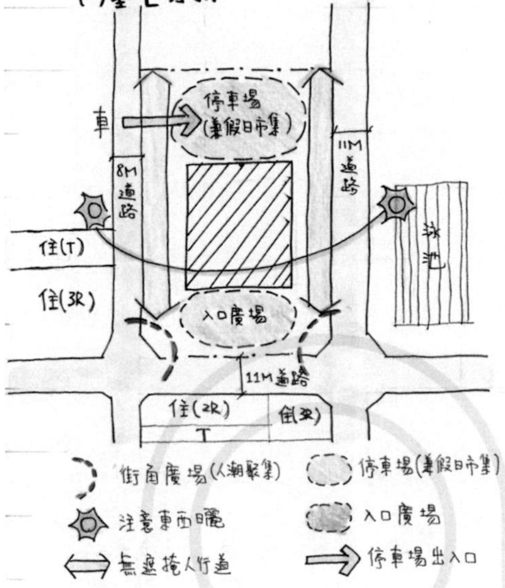

(二)量體計畫(大跨距球場置於最上方)

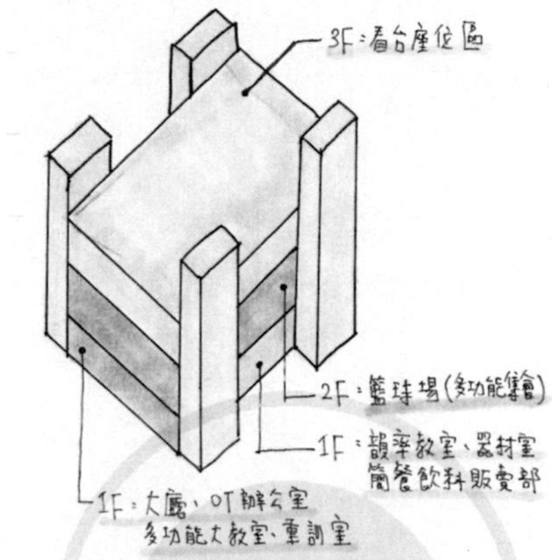

(三)綠建築計畫(因應少雨、日照長)

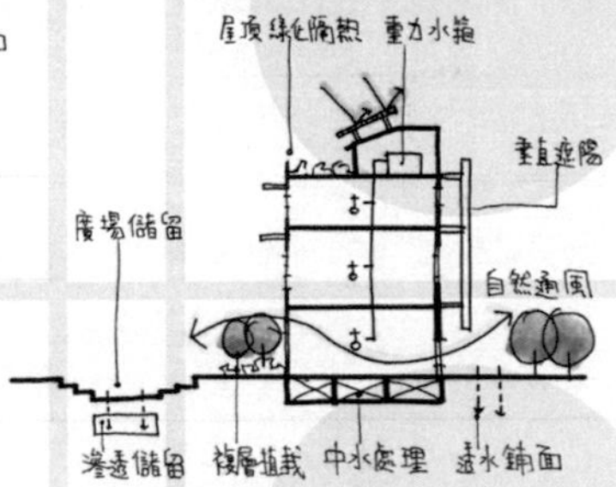

(四)空間定性定量分析

性質	空間名稱	面積	位置
運動	籃球場(兼集會堂	1,600 m²	2-3F
	重量訓練室	350 m²	1F
	多功能大教室	350 m²	1F
	多功能韻率教室	300 m²	1F
餐飲	簡餐飲料販賣部	200 m²	1F
行政	OT廠商辦公室	80 m²	1F
	器材儲藏室	80 m²	1F
服務	其它服務性空間	700 m²	

總樓地板面積：3,660m²

檢討：1. 建蔽率 28%(1600m²) < 40%(2600m²)
2. 容積率 56%(3,660m²) < 80%(5200m²)
3. 面積3,660m²可符合空間需求.

(五)營運管理計畫

① OT廠商經營，收租永續營運.

② 簡餐飲料部獨立營運時間，自行管理.

③ 籃球場(兼多功能集會堂，與中學分時共用)

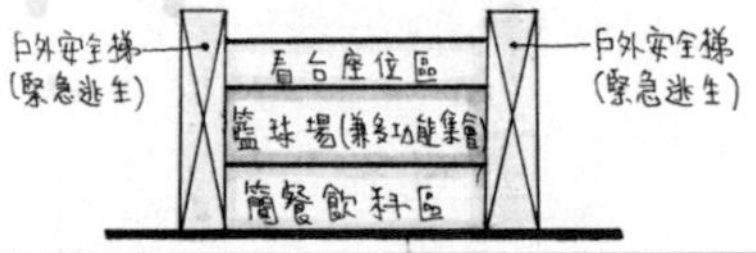

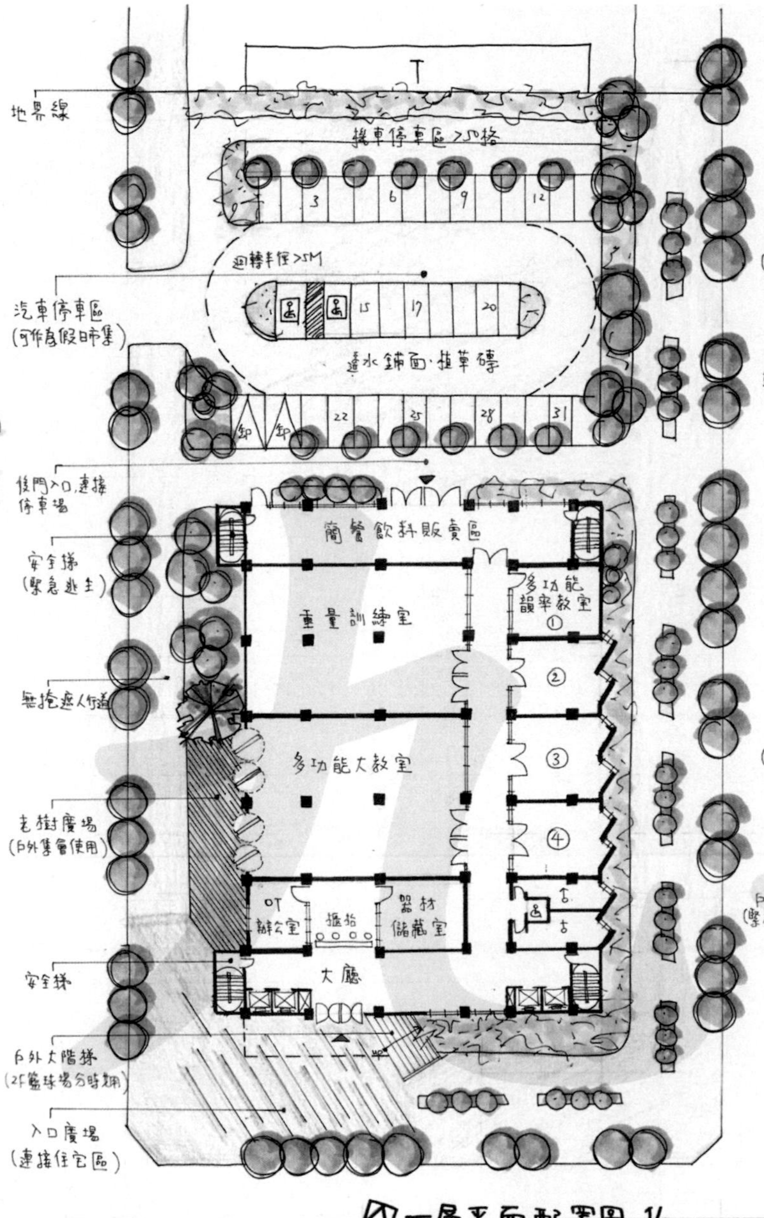

一層平面配置圖 1/300

二層平面圖 1/300

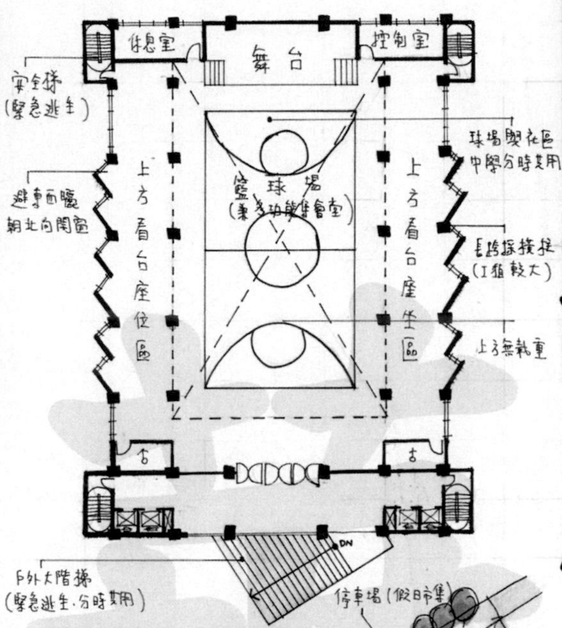

透視及兩向立面圖

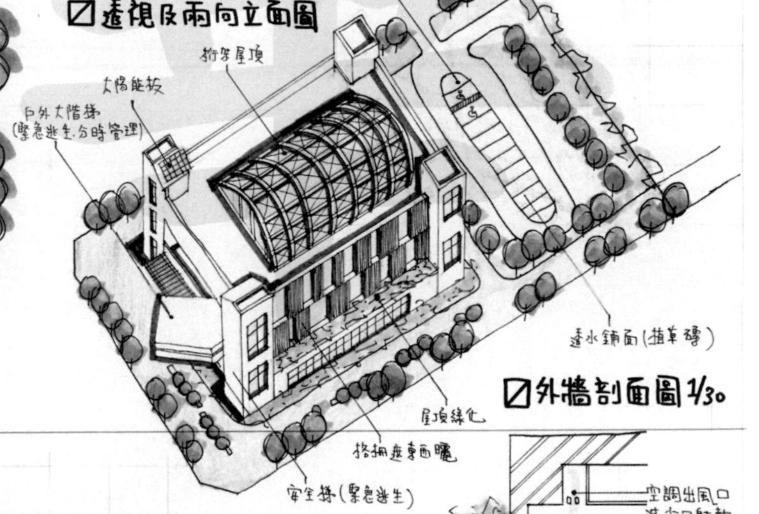

外牆剖面圖 1/30

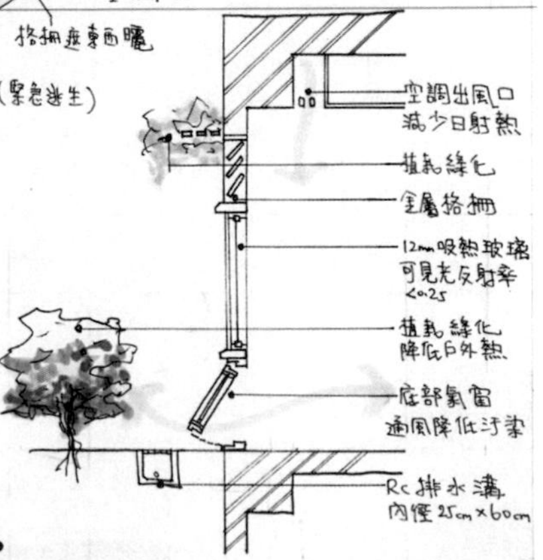

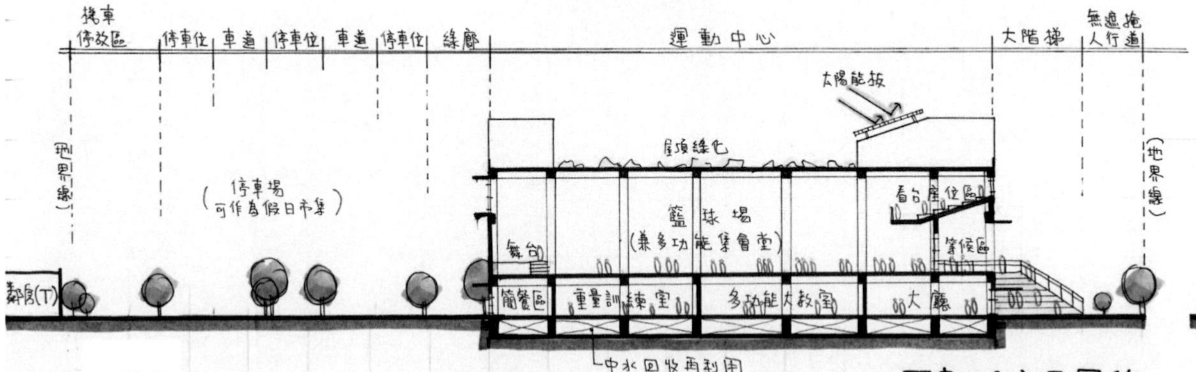

南北向剖面圖 1/300

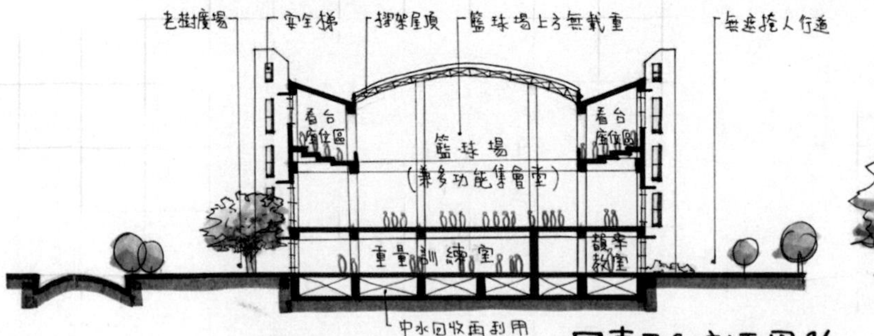

東西向剖面圖 1/300

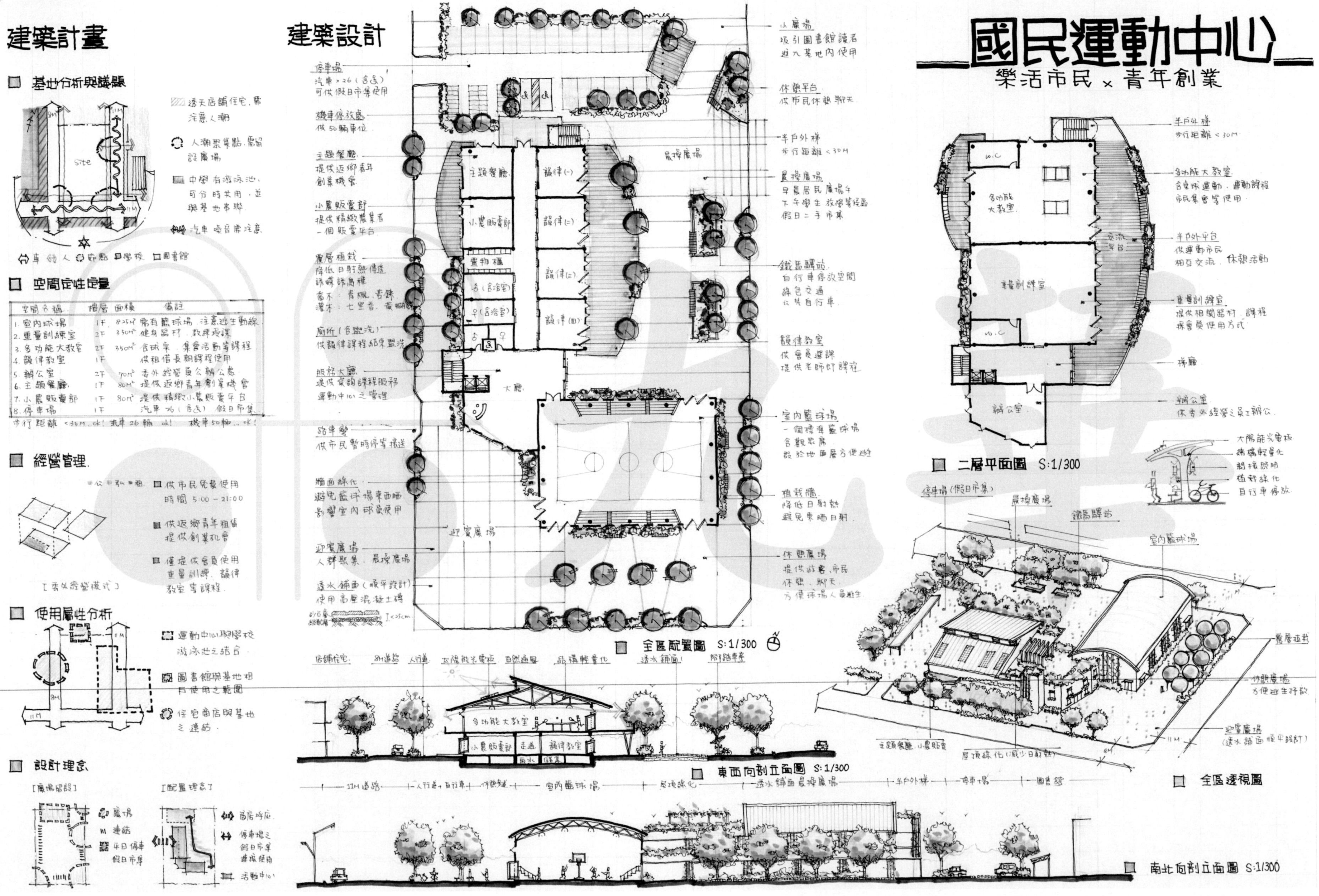

建築計畫
基地分析與議題
透天店鋪住宅，需注意人潮
人潮聚集點，需留設廣場
中學有游泳池，可分時共用，並與基地串聯
汽車噪音需注意
車 人 節點 學校 圖書館
空間定性定量
空間名稱 樓層 面積 備註
1. 室內球場 1F 825M² 需有籃球場，注意逃生動線
2. 重量訓練室 2F 350M² 健身器材，教練授課
3. 多功能大教室 2F 350M² 含球桌，集會活動等課程
4. 韻律教室 1F 供租借長期課程使用
5. 辦公室 2F 70M² 委外經營員公辦公處
6. 主題餐廳 1F 80M² 提供返鄉青年創業機會
7. 小農販賣部 1F 80M² 提供精緻小農販賣平台
8. 停車場 1F 汽車 26（含無） 假日市集
步行距離 <30M...ok! 汽車 26 輛 ok! 機車 50 輛...ok!
經營管理
供市民免費使用 時間 5:00－21:00
供返鄉青年租賃 提供創業機會
僅提供會員使用 重量訓練、韻律教室等課程
［委外經營模式］
使用屬性分析
運動中心與學校游泳池之結合
圖書館與基地相互使用之範圍
住宅商店與基地之連結
設計理念
［廣場留設］ 廣場 連結 平日停車 假日市集
［配置理念］ 商店呼應 停車場之假日市集連接使用 活動中心
建築設計
國民運動中心
樂活市民 × 青年創業
全區配置圖 S:1/300
二層平面圖 S:1/300
東西向剖立面圖 S:1/300
南北向剖立面圖 S:1/300
全區透視圖

國民運動中心

設計構想

考量運動中心使用者逐漸擴展至高齡族群，為推擴國民運動風氣，將運動空間不侷限於室內，增加戶外與半戶外運動區，增進使用者交流與互動，達成將運動融入生活之目的。

藉由戶外的活動空間，串連圖書館與運動中心，靜與動不同的使用模式，連接住宅與學校的通學步道。

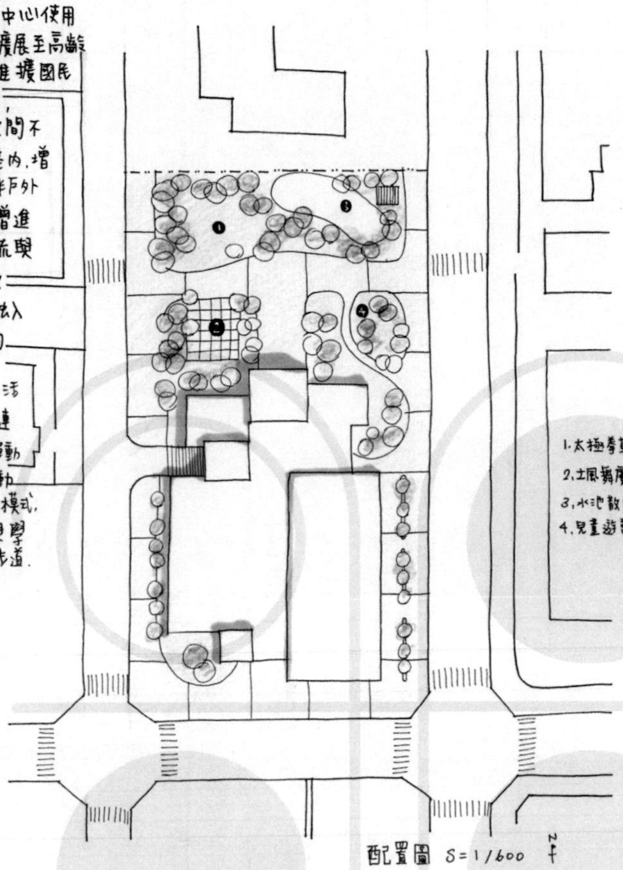

建築計劃

空間名稱	數量	面積	樓層位置
室內球場	1	620	1F
重量訓練室	1	360	2F
多功能大教室	1	360	1F
多功能韻律教室	4	90	1-2F
行政辦公室	1	60	1F
儲藏室	2	40	1-2F
汽車停車位	24		B1
無障礙車位	2		B1
機車停車位	50		B1

法規檢討　建蔽率 < 40%　容積率 < 80%

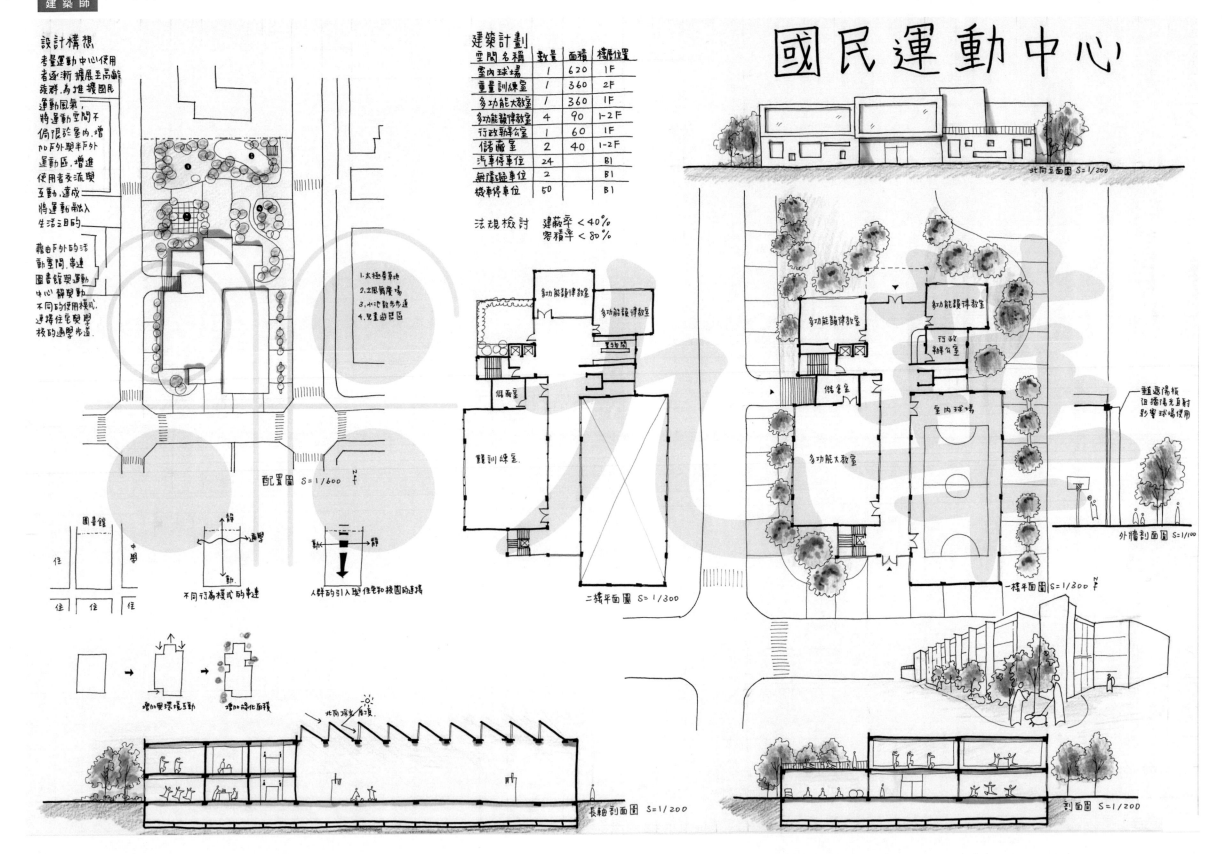

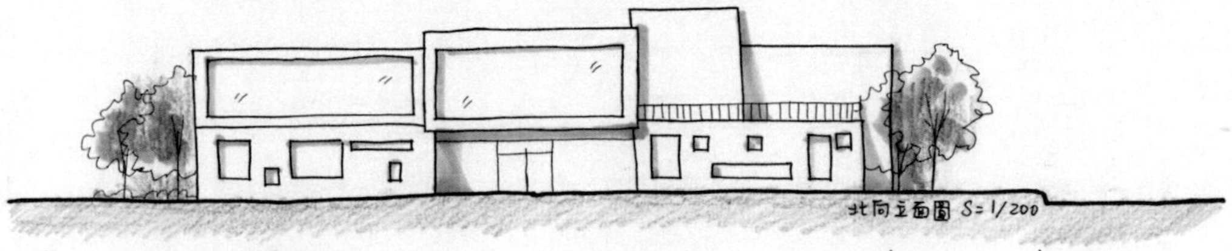

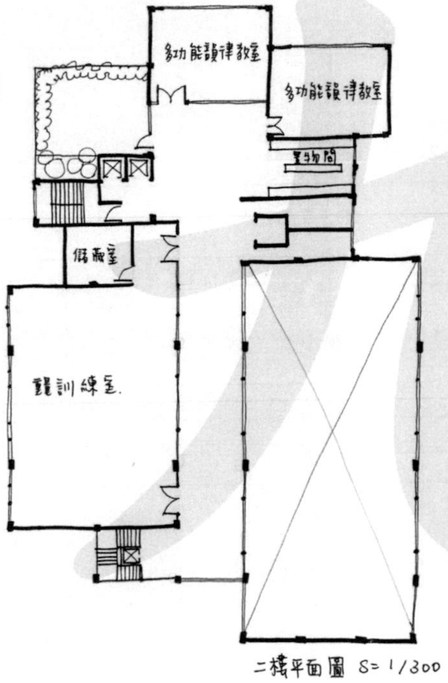

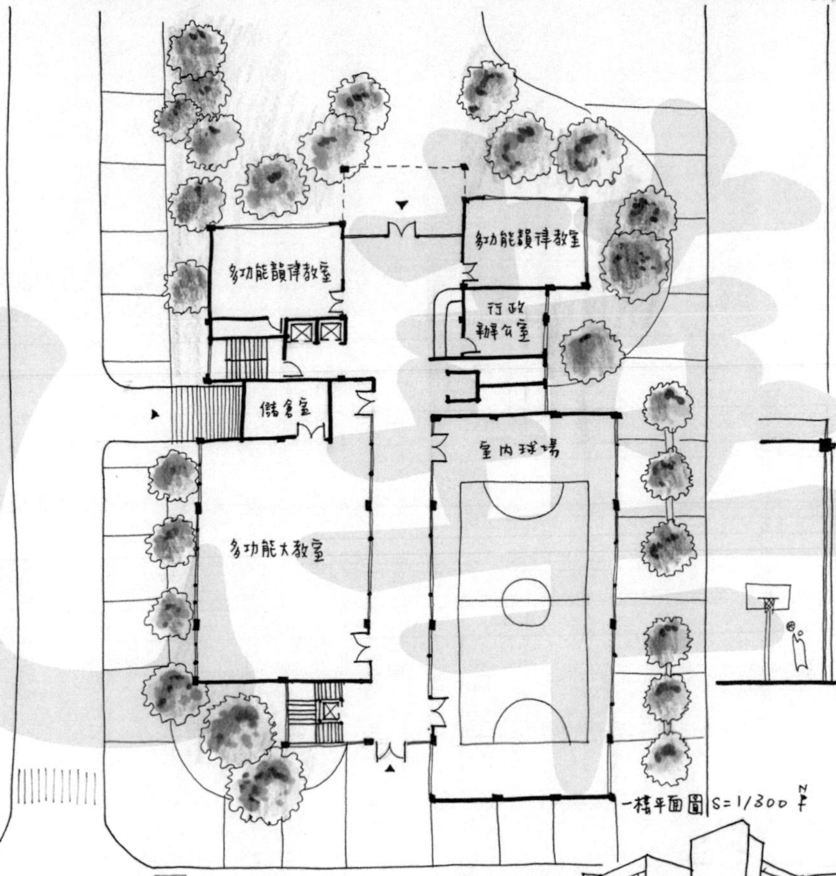

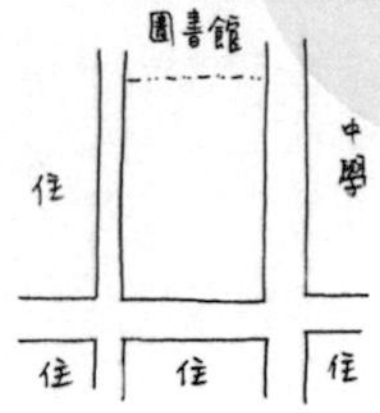

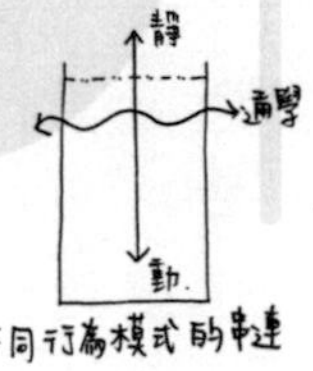

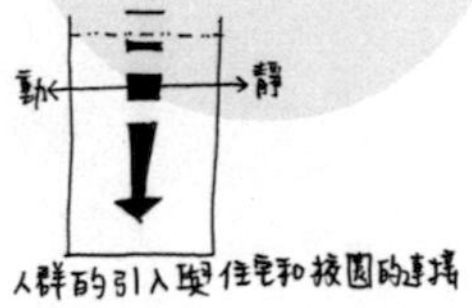

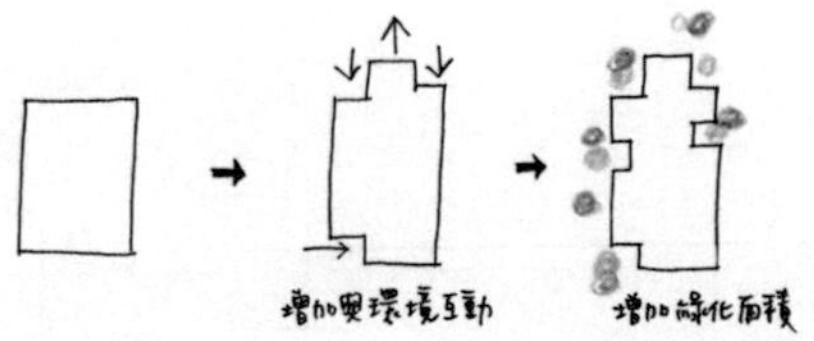

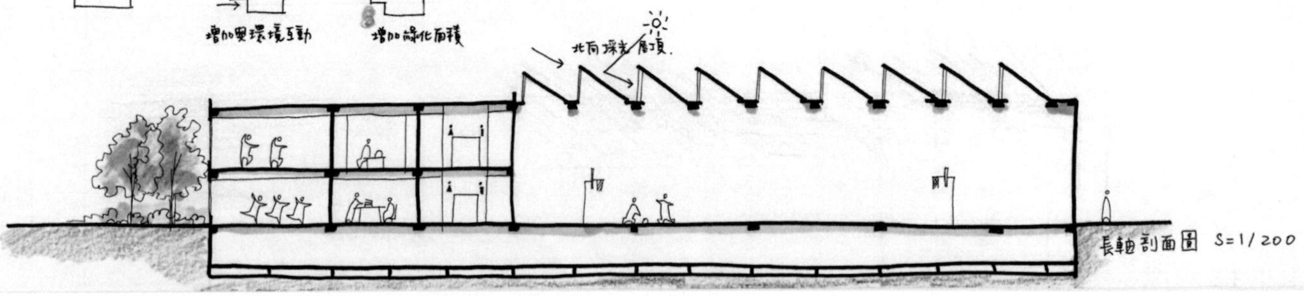

108年專技設計　國小閒置教室「老小共學」校舍增改建設計

■建築計畫1-環境規劃及設計構想

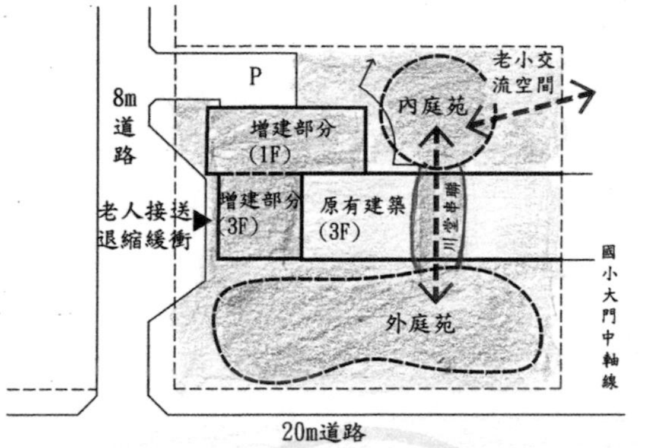

■建築計畫2-空間定性定量表

空間名稱	間數	每間面積㎡核算	面積合計㎡	空間特質	所需環境對應條件
銀髮學習中心教室	2	90 ㎡	180	提供各式語言、歌謠、圖畫、書法、養生運動可兼為行政人員的講座訓練用空間	■ 半公共空間屬性 ■ 置於中間樓層
50 位老人共同用餐空間	1	50 人*2.5 ㎡/人=125 ㎡	125	用餐時段外並可作為日間照顧的多功能空間，提供全體老人文康娛　樂活動、圖書閱覽及社交　聯誼所需。	■ 公共空間屬性 ■ 置於一樓可與戶外景觀庭苑相互融合
共餐廚房	1	餐廳的1/3=125/3=40　㎡	40	靠近廚房並有儲物備品室	■ 私密空間屬性 ■ 要有後勤卸貨空間
福利與醫療諮詢室	1	60 ㎡	60	接受民眾間康諮詢	■ 半公共屬性 ■ 置於梯廳周邊位置
工作人員辦公與志工空間	1	90 ㎡	90	主任 1 位；日間照顧中心：護　理人員 2 位、社會工作人員　1 位、照顧服務員約 6 位；銀髮學習中心：社會工作人員 4 位、廚師 2 位；志工 6 位	■ 公共空間屬性 ■ 置於一樓層，兼管中心
會議室（20 座席）	1	20 人*4.5 ㎡/人=80 ㎡	80	內外會議	■ 半公共空間屬性 ■ 離辦公室 不要太遠
日間照顧中心午休寢室	1	20 人*5 ㎡/人=100 ㎡	100	供日間照顧老人午睡寢室	■ 私密空間屬性 ■ 置於頂樓不受打擾
日間照顧設施應設多功能活動室	2	20 人*5 ㎡/人=100 ㎡	200	供日間照顧老人活動交誼	■ 半公共半私密空間屬性置於頂樓便於統一看顧

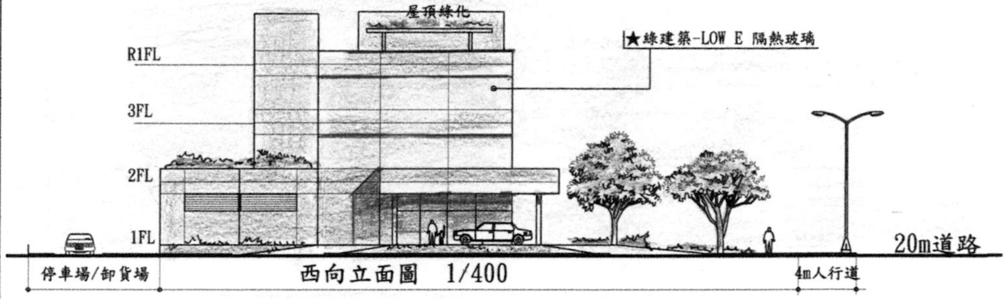

西向立面圖　1/400

南向立面圖　1/400

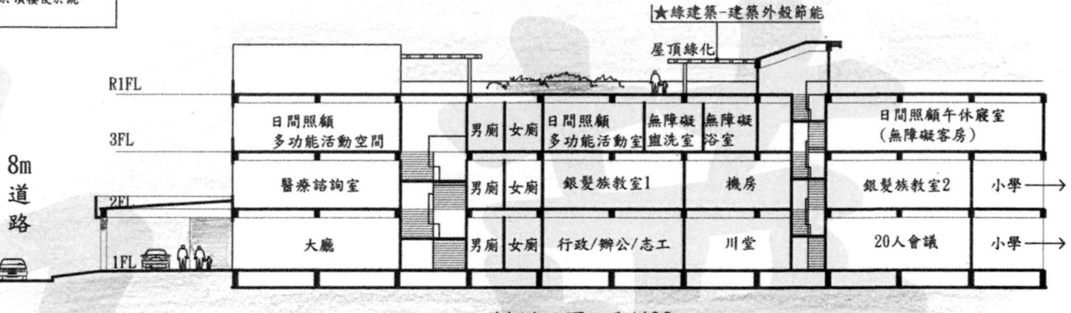

AA剖面圖　1/400

■建築計畫3-無障礙環境系統性檢討

無障礙設施	本案是否設置 是	否
無障礙通路	○	
無障礙樓梯	○	
無障礙昇降梯	○	
無障礙廁所	○	
無障礙盥洗室	○	
無障礙浴室	○	
無障礙停車空間	○	
無障礙客房	○	

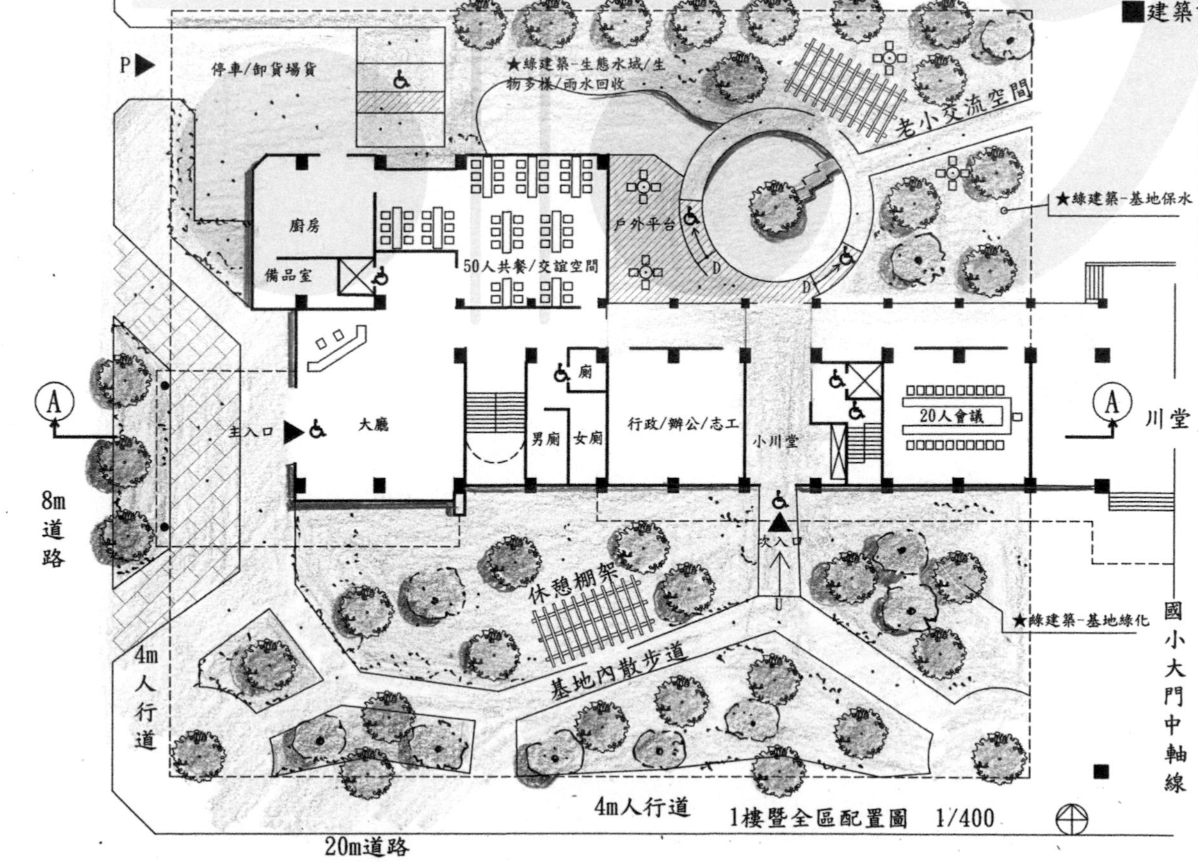

1樓暨全區配置圖　1/400

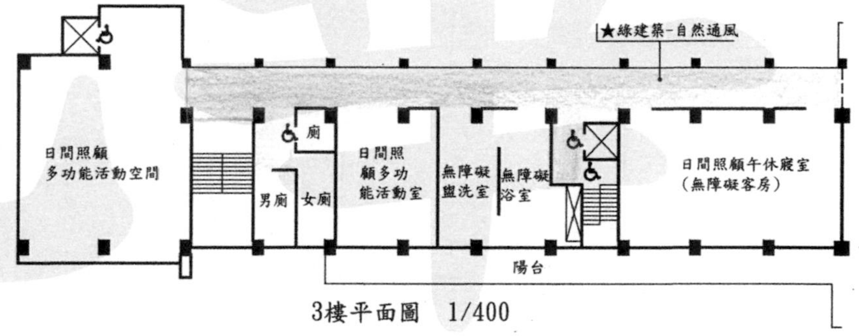

3樓平面圖　1/400

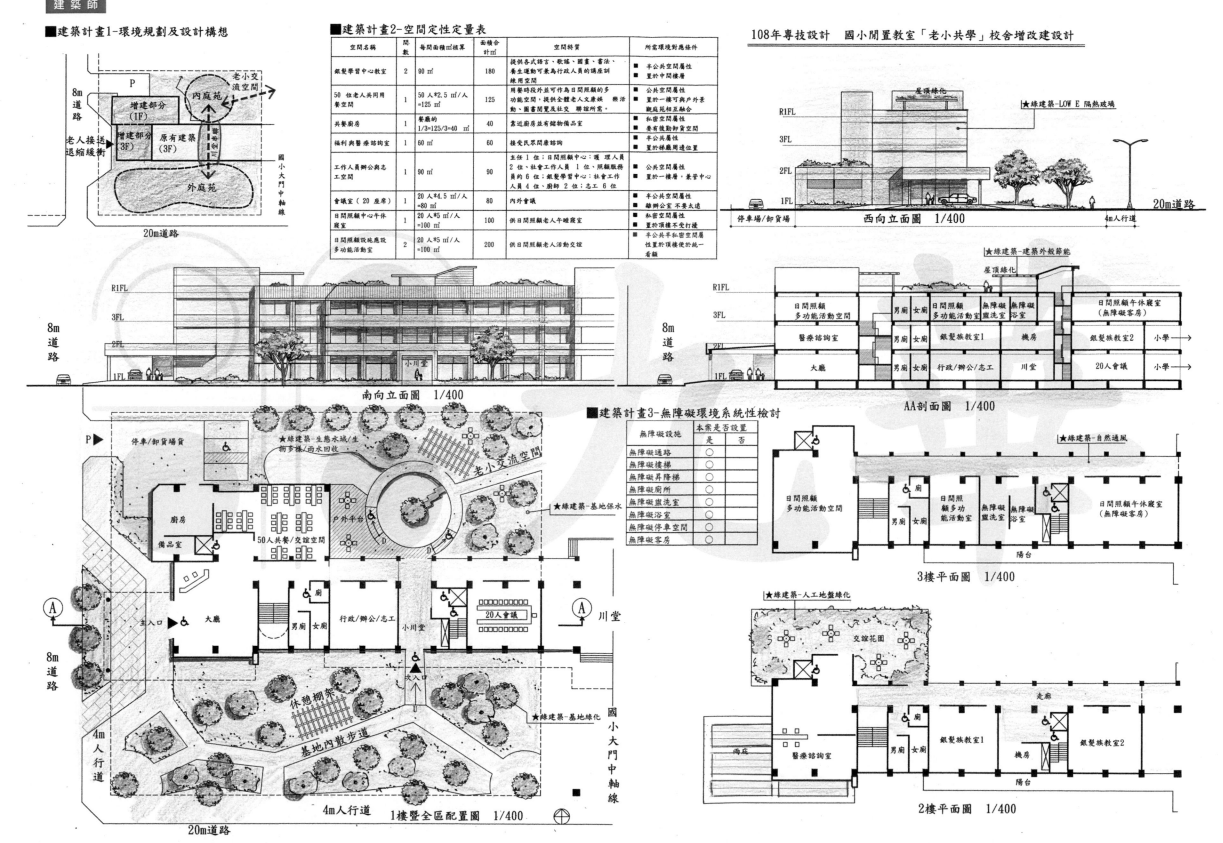

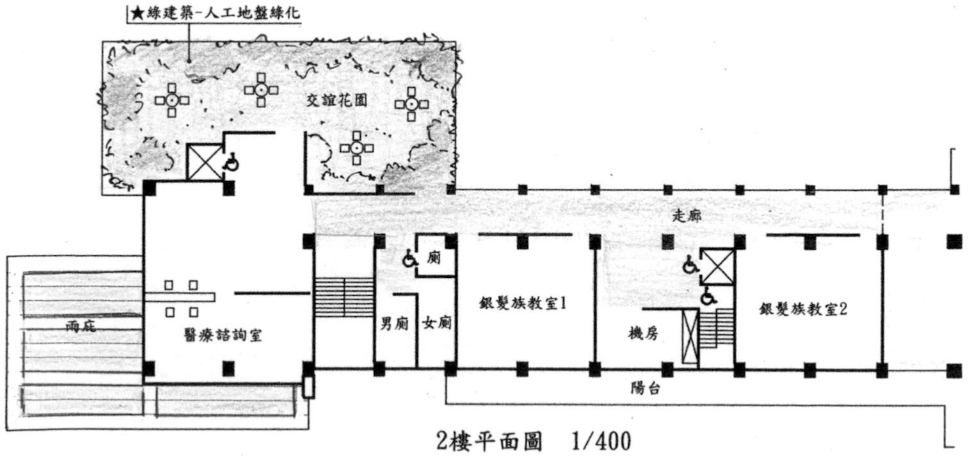

2樓平面圖　1/400

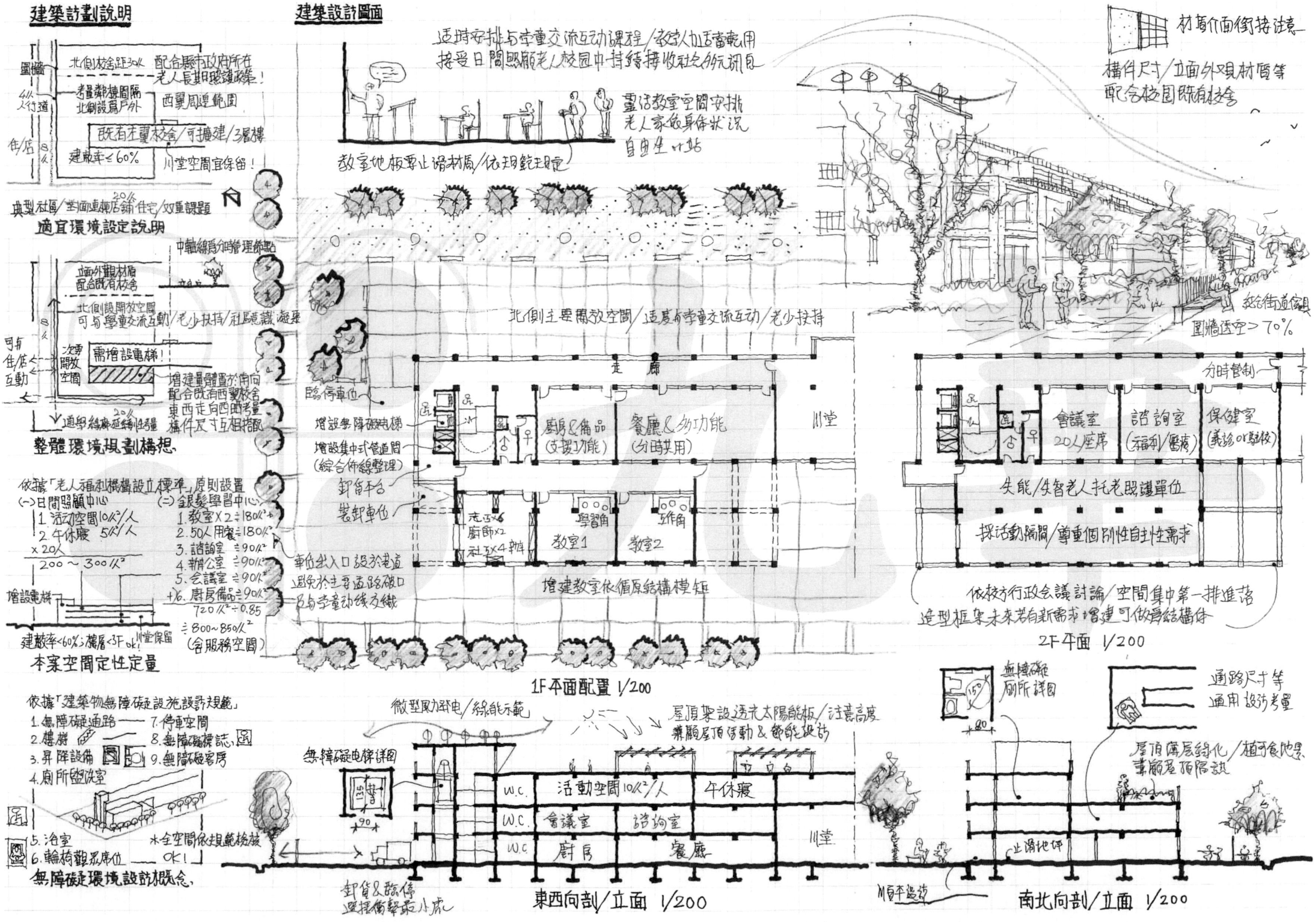
建築計劃說明
建築設計圖面
適宜環境設定說明
整體環境規劃構想
本案空間定性定量
無障礙環境設計概念
1F平面配置 1/200
2F平面 1/200
東西向剖/立面 1/200
南北向剖/立面 1/200
走廊
廚房&備品
餐廳&多功能
川堂
教室1
教室2
會議室
諮詢室
保健室
失能/失智老人托老照護單位
北側主要開放空間/適度和學童交流互動/老少扶持
增建教室依循原結構模矩
活動空間
午休寢
廚房
餐廳
W.C.

樂齡百老滙

環境分析與設計課題

課題一：全區無障礙設計
- 全區無障礙通路
- 設置無障礙停車位
- 增設無障礙電梯

課題二：樂齡之周圍設計規劃
配設符合老人日常所需之活動空間，提供戶外休閒的景觀花園

課題三：改造方式
- 拆除既有校園圍牆
- 保留既有校舍，改造再利用
- 增建多功能活動空間及廚房

課題四：
提供接送老人上下車、小巴餐車裝載與停車之空間

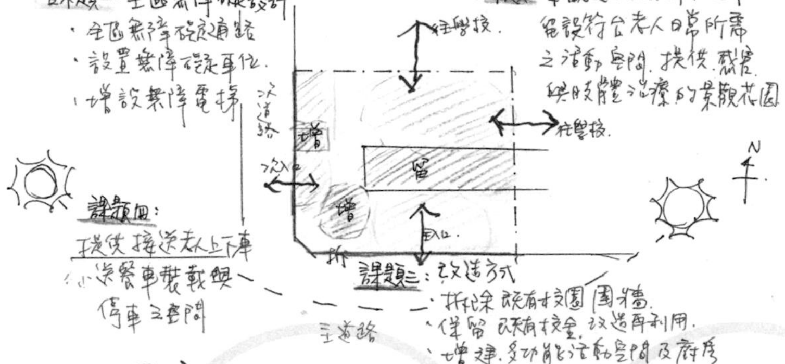

環境規劃構想與設計準則

停車場：停車空間設於西北側次要動線，避免交通衝擊，增加行人安全，並設置無障礙車位。

次入口廣場：設於次要道路側，提供老人上下車接送，增加安全性。

療育花園：利用廊道環狀串聯日照中心及陽光廣場，提供園藝花園、回憶花園，增加多元性。

保留、高樓層：銀髮學習中心
保留、低樓層：日間照顧中心

陽光廣場：容納人潮，提供日常活動、展演，居民生活休閒使用之空間。

街角廣場：退縮街角人行道，提供停留等候的行人舒適都市空間

多功能大型活動禮堂：提供多人用餐、娛樂活動，配合樹下空間

主入口廣場：退縮減緩交通衝擊，提供舒適人行道及廣場

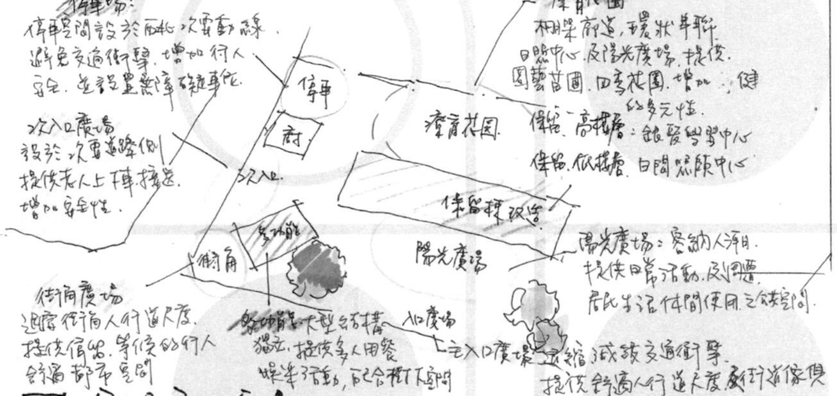

空間定性定量

空間名稱	面積	活動	樓層
銀髮			
日間			
其他			

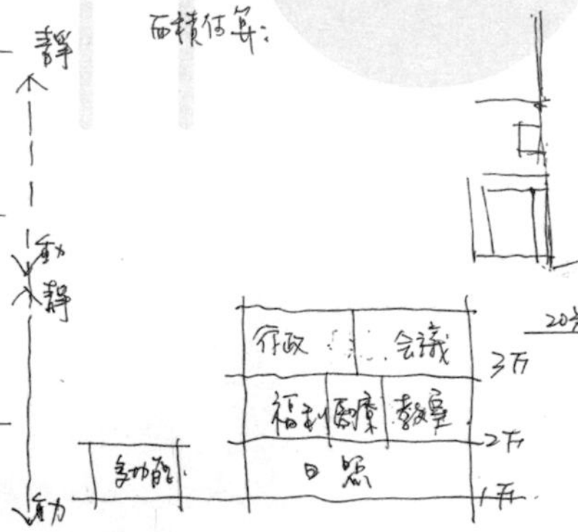

無障礙環境與法規檢討

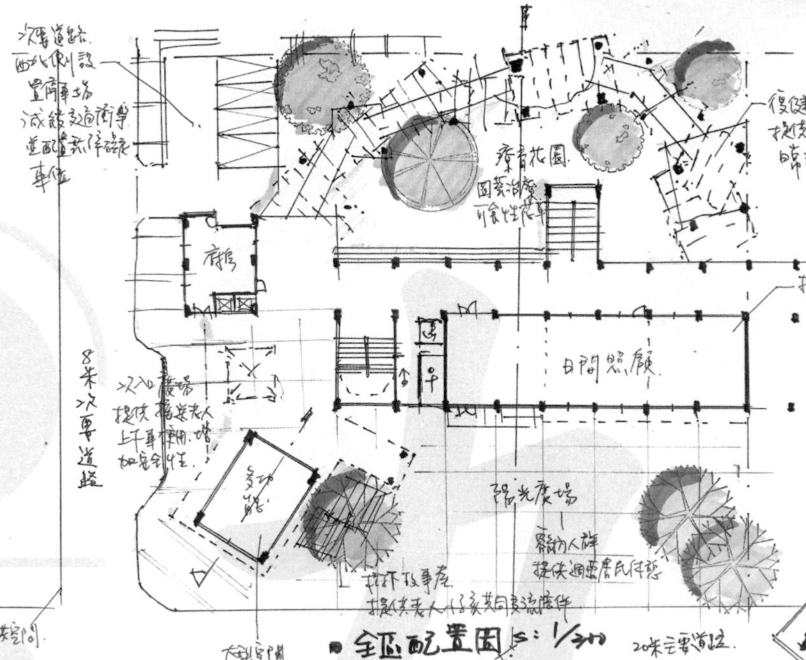

全區配置圖 S:1/300

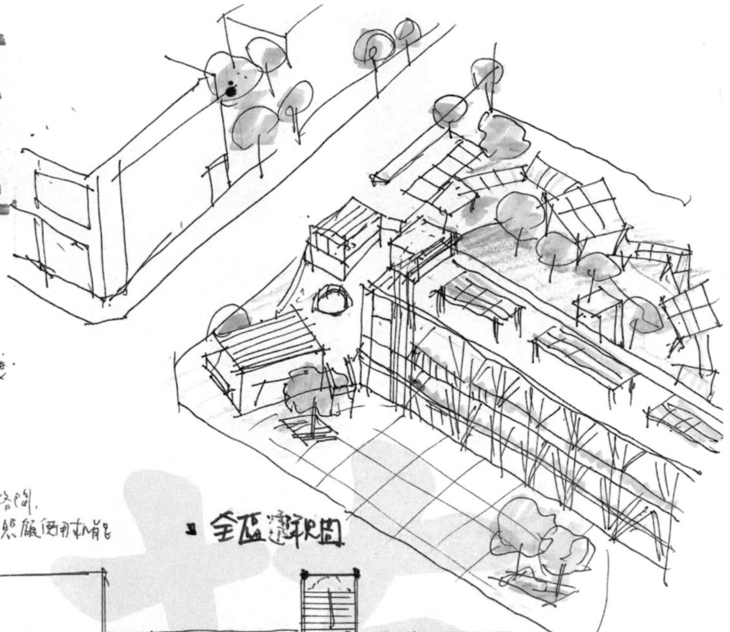

全區透視圖

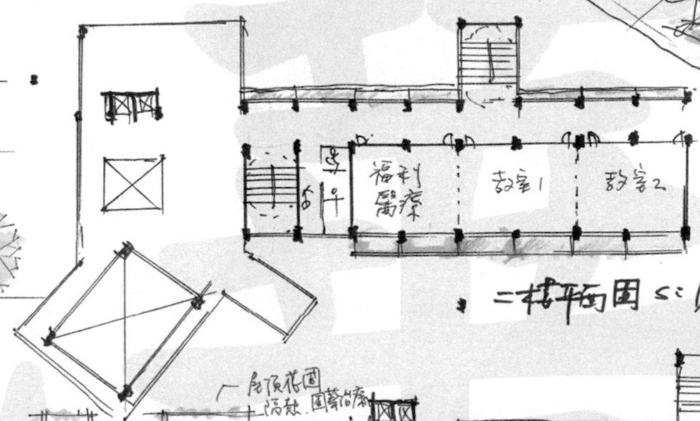

二樓平面圖 S:1/300

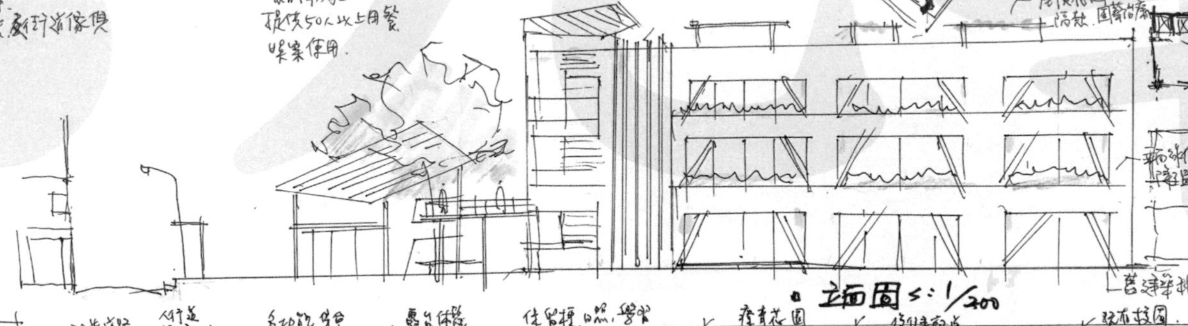

立面圖 S:1/200

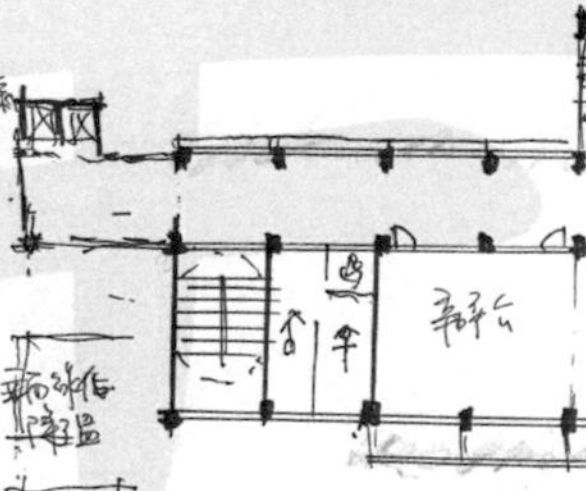

三樓平面圖 S:1/300

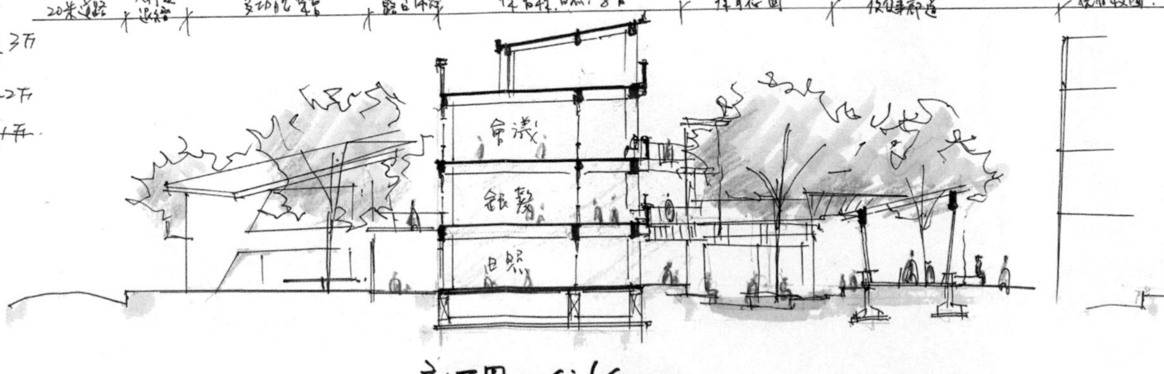

剖面圖一 S:1/200

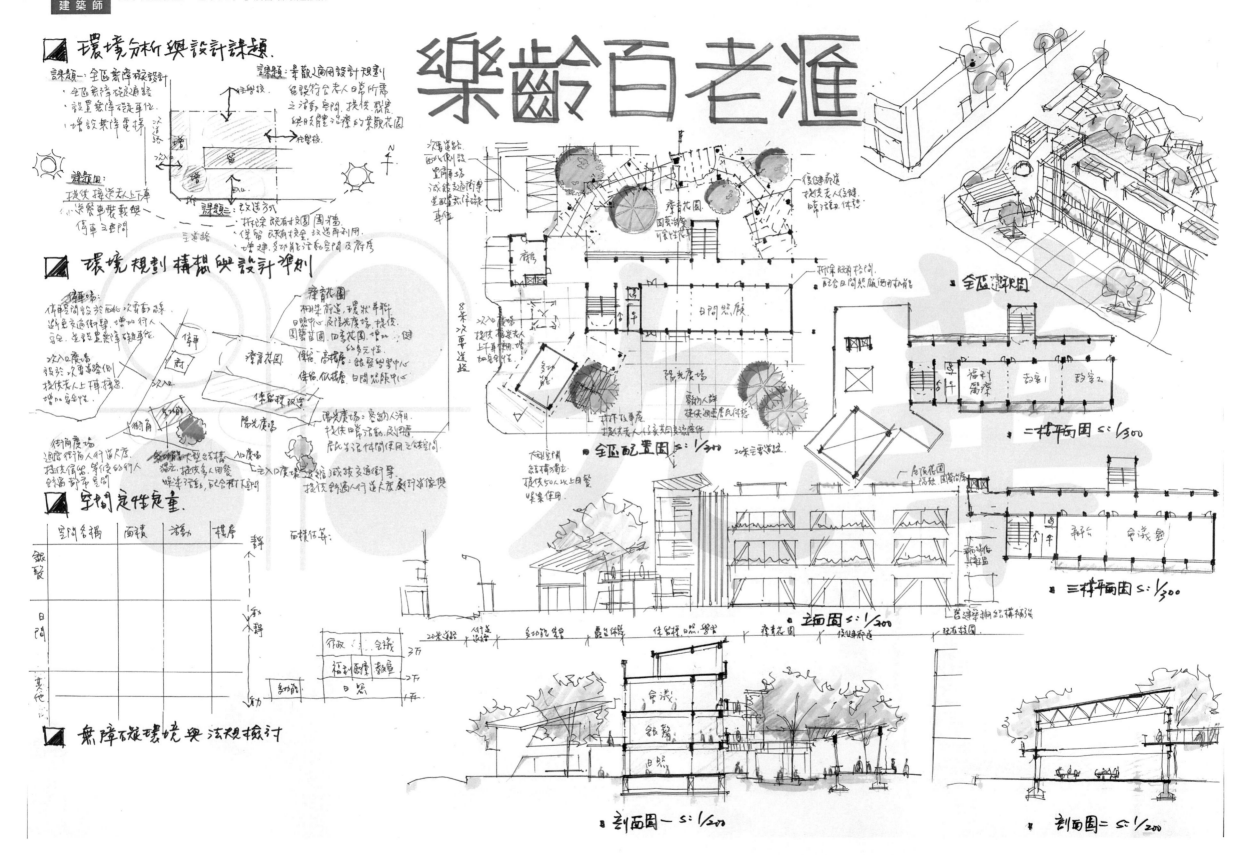

剖面圖二 S:1/200

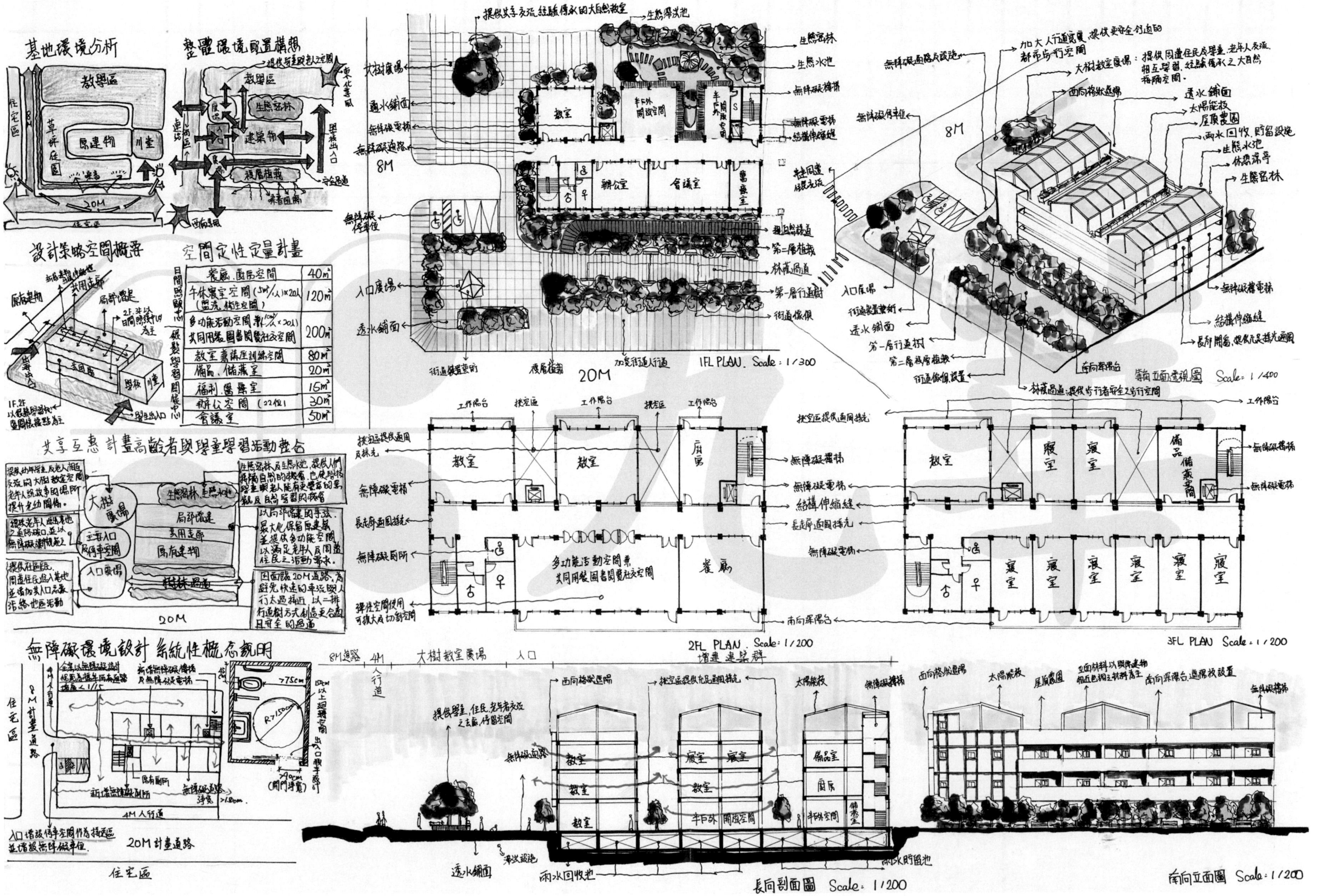
基地環境分析
教學區
住宅區
草坪庭園
原建物
川堂
20M
住宅區
整體環境配置構想
東北季風
教學區
生態綠林
建築物
西南季風
設計策略空間概念
空間定性定量計畫
餐廳、廚房空間 40㎡
午休寢室空間 120㎡
多功能活動空間兼共同用餐、圖書閱覽社交空間 200㎡
教室兼講座訓練空間 80㎡
備品、儲藏室 20㎡
福利、醫療室 15㎡
辦公空間 30㎡
會議室 50㎡
共享互惠 計畫高齡者與學童學習活動整合
大樹廣場
局部當走
共用走廊
原有建物
入口廣場
20M
無障礙環境設計 系統性概念說明
住宅區
8M計畫道路
4M人行道
20M計畫道路
住宅區
提供共享交流、經驗傳承的大自然教室
生態滯洪池
生態綠林
生態水池
大樹廣場
透水鋪面
無障礙電梯
無障礙通路
8M
教室
午休閒教室間
辦公室
會議室
醫療室
無障礙車位
入口廣場
透水鋪面
第二層植栽
林蔭步道
第一層行道樹
街道傢俱
20M
1FL PLAN. Scale: 1/300
加大人行道寬度，提供更安全舒適的新市步行空間
大樹教室廣場：提供周邊住民及學童、老年人交流、相互學習、經驗傳承之大自然格局空間。
西向格柵遮陽
透水鋪面
太陽能板
屋頂農園
雨水回收、貯留設施
生態水池
休憩涼亭
生態綠林
8M
無障礙電梯
結構伸縮縫
入口廣場
第一層行道樹
第二層灌木植栽
南向遮陽台
街道傢俱設置
東南立面透視圖 Scale: 1/400
教室
廁所
無障礙樓梯
無障礙電梯
結構伸縮縫
長走廊通風採光
無障礙廁所
多功能活動空間兼共同用餐、圖書閱覽社交空間
餐廳
南向遮陽台
2FL PLAN. Scale: 1/200
寢室
備品儲藏室
工作陽台
3FL PLAN Scale: 1/200
8M道路
4M人行道
大樹教室廣場
入口
增建建築群
西向格柵遮陽
太陽能板
教室
寢室
備品室
廚房
午休閒教室間
透水鋪面
雨水回收池
雨水貯留池
長向剖面圖 Scale: 1/200
屋頂農園
南向立面圖 Scale: 1/200

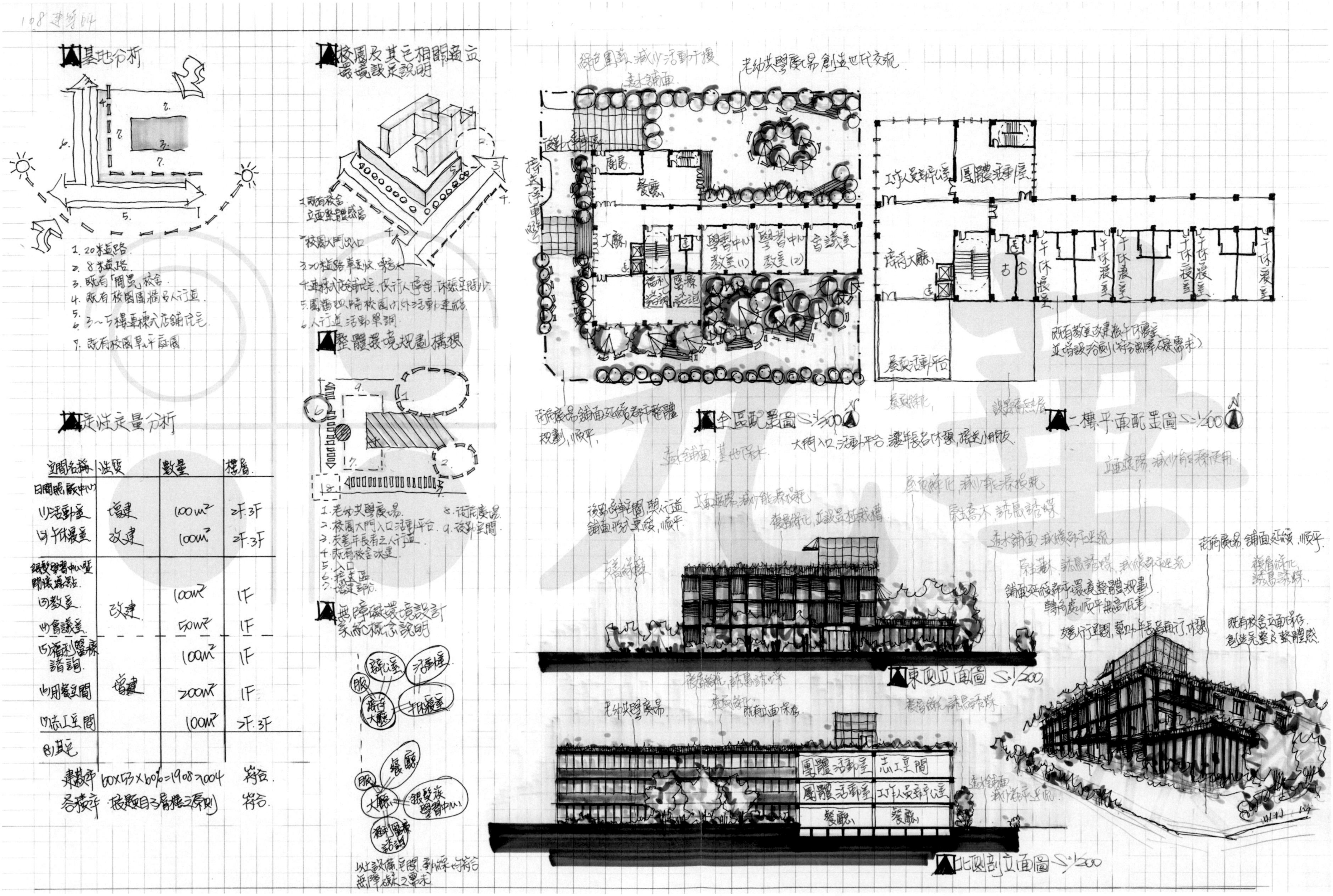
基地分析
1. 20米道路
2. 8米道路
3. 既有「閒置」校舍
4. 既有校園圍牆與人行道
6. 3~5樓連棟式店鋪住宅
7. 既有校園草坪庭園
定性定量分析
空間名稱 性質 數量 樓層
(1)活動室 增建 100m² 2F.3F
(2)午休寢室 改建 100m² 2F.3F
(3)教室 改建 100m² 1F
(4)會議室 50m² 1F
(5)福利醫療諮詢 100m² 1F
(6)用餐空間 增建 200m² 1F
(7)志工空間 100m² 2F.3F
(8)其他
整體環境規劃構想
無障礙環境設計系統概念說明
老幼共學廣場創造世代交流
餐廳
大廳
學習中心教室(1)
學習中心教室(2)
會議室
福利諮詢
醫療諮詢
全區配置圖 S:1/300
工作人員辦公室
團體活動室
接待大廳
午休寢室
二樓平面配置圖 S:1/200
東側立面圖 S:1/200
團體活動室 志工空間
團體活動室 工作人員辦公室
餐廳 餐廳
北側剖立面圖 S:1/200

109年專門職業技術人員高等考試 建築設計

大學校園之學生宿舍

現有宿舍3R
6m宿舍區通路
12m 校園道路
聯踏車停放區
主入口
聯踏車停放區
綠帶
綠帶
與學院大樓連結
綠帶
新建學生宿舍
次入口
學院大樓4R
次入口
與便利商店連結
北
便利商店2R
醫務室1B
9m校園道路

設計說明 1/800

400
200
曬衣陽台
上下舖床
上下舖床
800
衣櫥間

4人套房單元
平面圖 1/200

400
480
200
曬衣陽台

單人套房單元
平面圖 1/200

180
110
235

電梯尺寸 1/100

辦公室
440
多功能集會空間
5F
65
285
住宿單元
交誼室
住宿單元
350
350
350
350
住宿單元
交誼室
住宿單元
1~4F 住宿樓層區
住宿單元
交誼室
住宿單元
住宿單元
交誼室
住宿單元
FL GL
筏式基礎

A剖面圖 1/400

主入口
A區聯踏車停車空間100部
A區聯踏車停車空間100部
機房
陽台
4人套房
洗衣間
梯廳
單人套房
交誼室
與學院大樓連結
休憩棚架
北
與便利商店連結

全區配置暨一樓平面圖 1/400

350
20階*17.5cm=350cm
30
17.5
小樑30*50cm
主樑40*60cm

樓梯剖面圖 1/100

5320
260
800
800
800
800
800
800
260
機房
陽台
4人套房
洗衣間
梯廳
800
300
1980
800
單人套房
交誼室
A

2~4樓住宿層標準平面圖 1/400

桌椅收納空間
講台
男廁
女廁
休憩棚架
梯廳
多功能集會空間
屋頂綠化
辦公室
機房
陽台
A

5樓平面圖 1/400

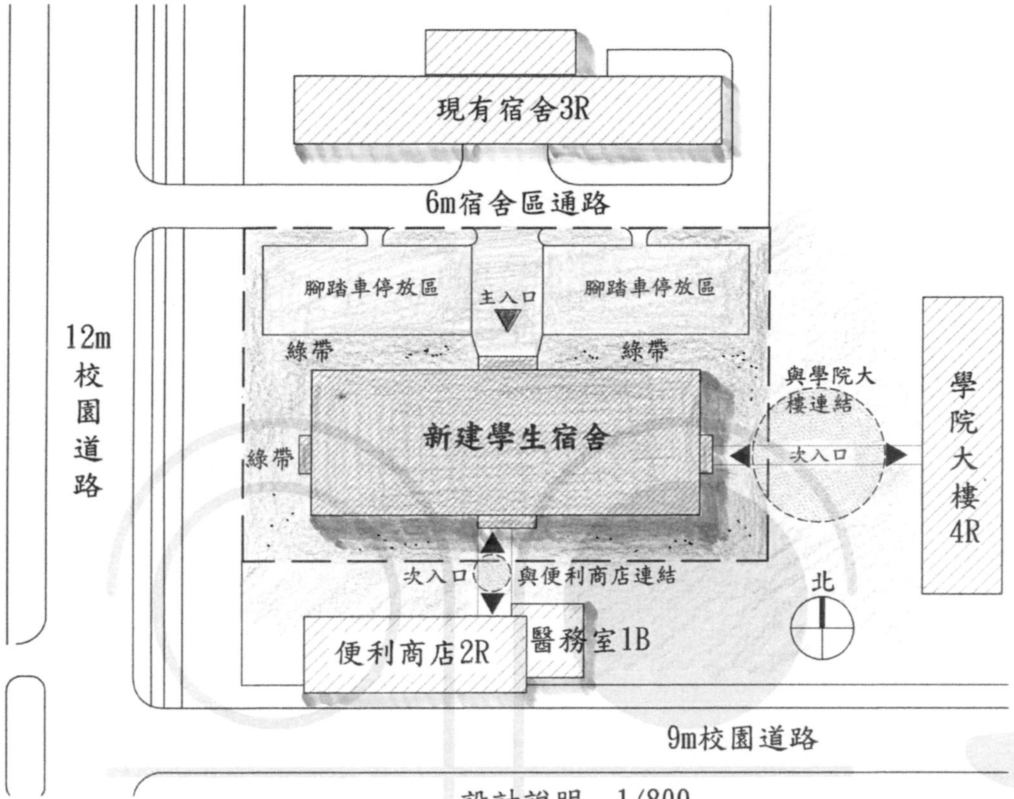

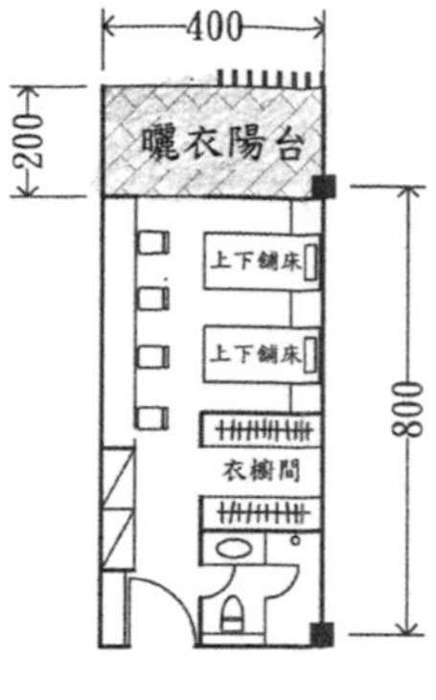

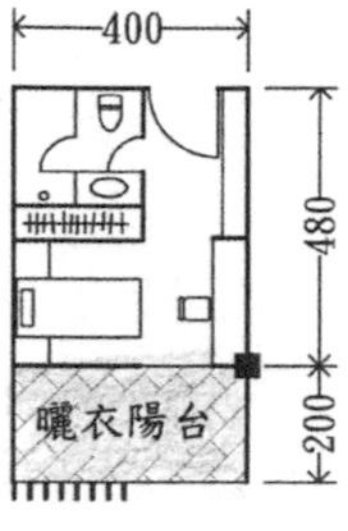

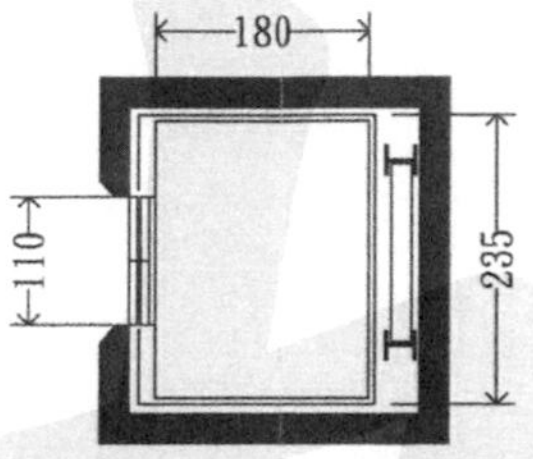

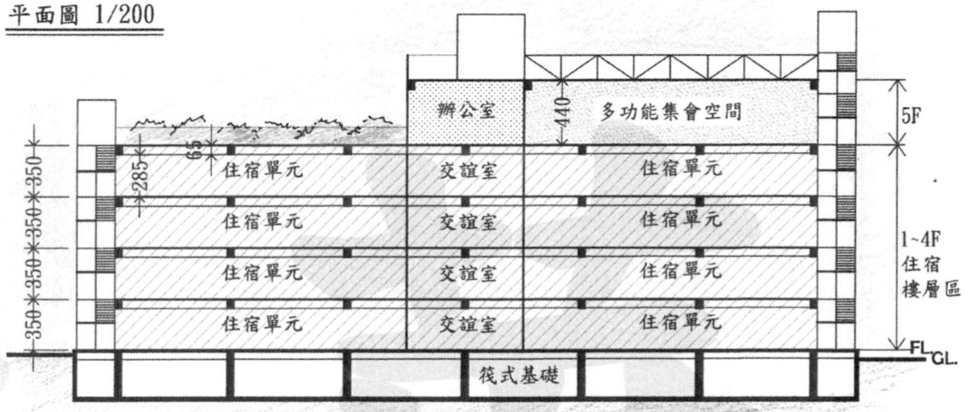

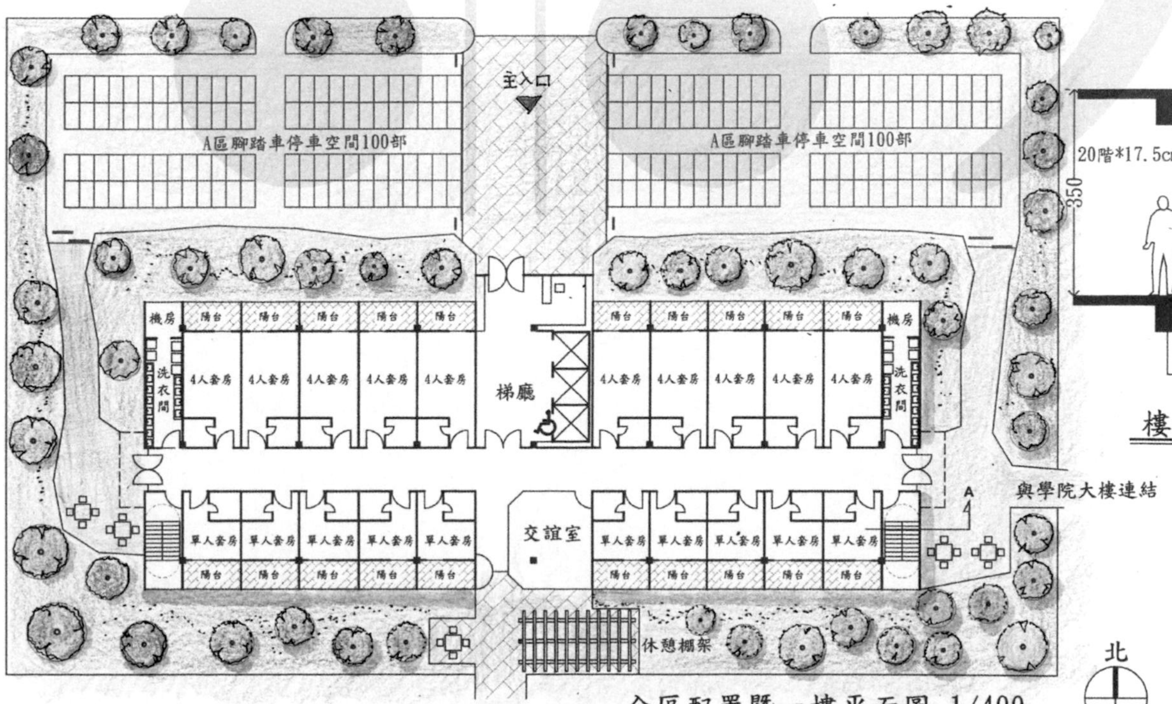

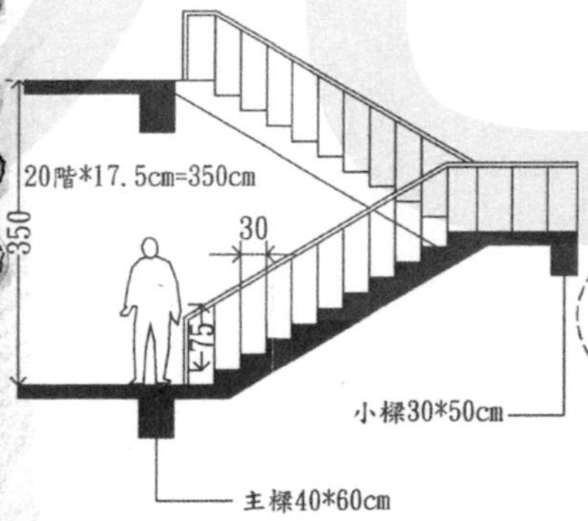

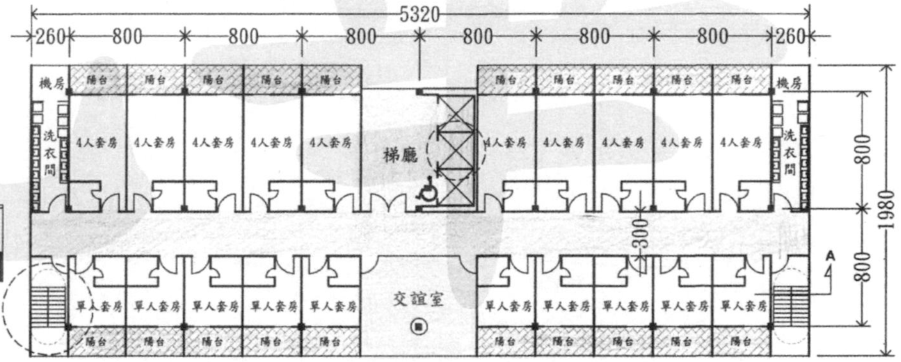

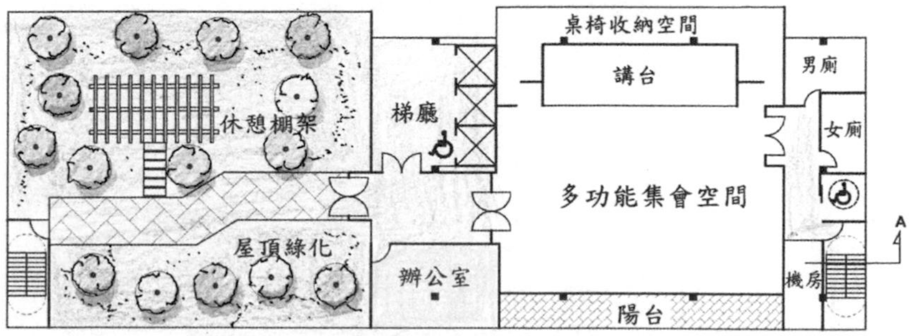

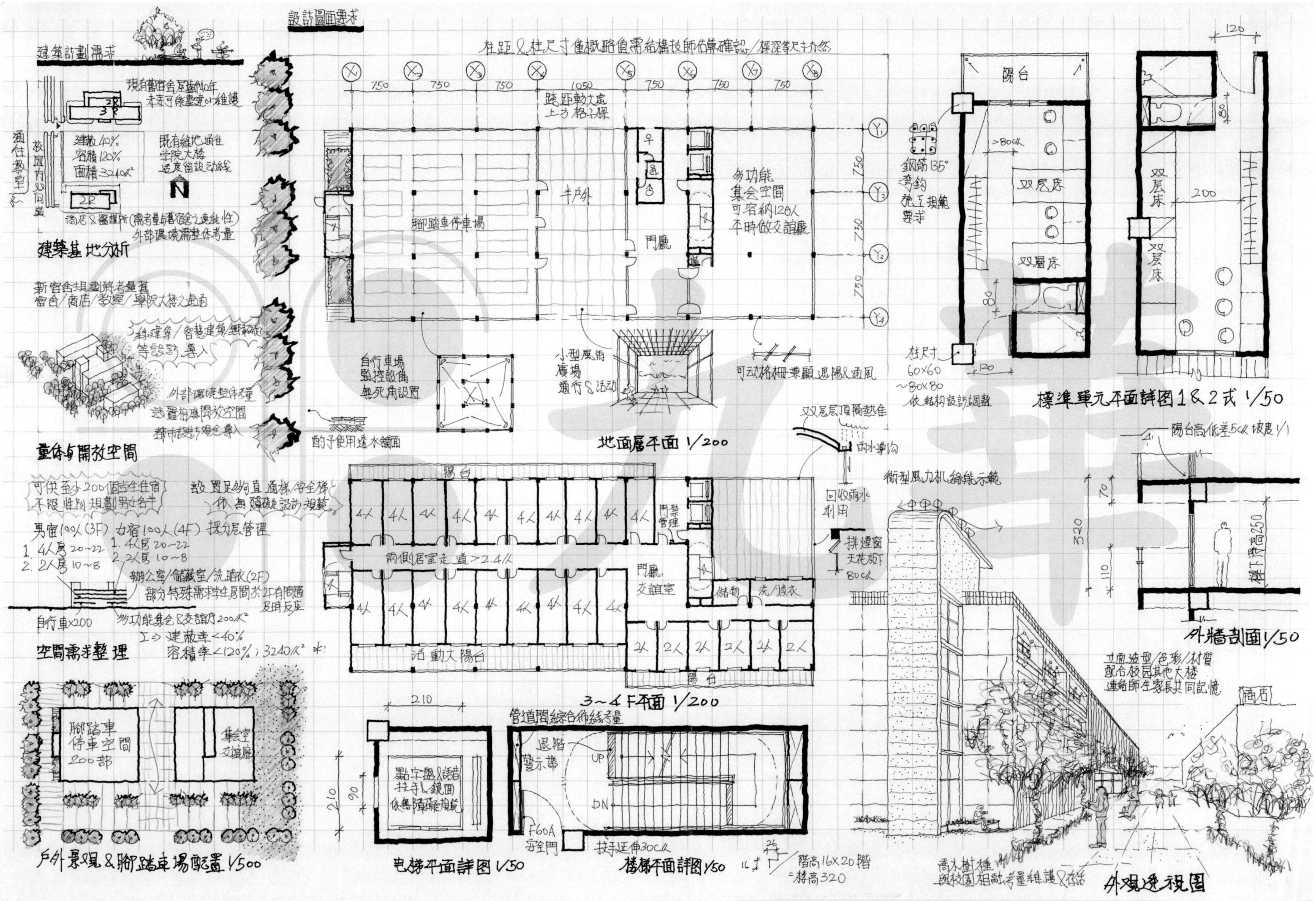

設計圖面要求

建築計劃需求

建築基地分析

現有宿舍已建造40年，本來可重新整建以維護

建築40%
容積120%
面積3240㎡

既有綠地&喬植，尊院大樓，近友留設動線

新宿舍規劃需考量置宿舍/商店/教室/學院大樓之串向

商店&醫務所(需考量與宿舍之連結性)，外部環境需整体考量

斜建築/智慧建築/綠建築 等設計 導入

量体与開放空間

外部環境整体考量，設置相應開放空間，都市設計考量導入

空間需求整理

可供至少200個學生住宿，不限性別，規劃男女合体

男宿100人(3F)女宿100人(4F) 採分層管理
1. 4人房 20~22
2. 2人房 10~8

辦公室/儲藏室/洗晾衣(2F)，部分特殊需求生房間於2F有問題及照顧

多功能集会&交誼廳200㎡
自行車x200

工→建蔽率<40%，容積率<120%；3240㎡ 可!

戶外景觀&腳踏車場配置 1/500

腳踏車停車空間 200部

集会交誼廳

柱距&柱尺寸僅概略值需給構技師估算確認/探深等尺寸方愈

750 750 750 1050 750 750 750

跨距較大處 上3格2課

腳踏車停車場

半戶外

多功能集会空間 可容納128人 平時做交誼廳

門廳

自行車場監控設備無死角設置

小型風雨廣場 通行&活動

可式格柵兼顧遮陽&通風

酌予使用透水鋪面

地面層平面 1/200

雙層床頂隔熱佳

雨水導溝

衡型風力机 綠能示範

回收雨水利用

排煙窗天花板下 80ck

陽台

場台

4人 4人 4人 4人 4人 4人 4人 4人

兩側居室走道>2.4人

4人 4人 4人 4人 4人

門廳 交誼室

儲物 洗/晾衣

2人 2人 2人 2人 2人 2人

活動大陽台

陽台

3~4 F平面 1/200

210

210 90

點字盤&語楷 扶手&鏡面 依無障礙規範

電梯平面詳图 1/50

管道間綜合作線考量

退踏 警示带

UP

DN

F60A 避難門 扶手延伸30ck

樓梯平面詳图 1/50

26
階高16X20階
=樓高320

陽台

鋼筋135°彎鈎 施工現場要求

>80ck

雙層床 雙層床 雙層床

雙層床 雙層床

200

柱尺寸 60X60 ~80X80 依結構設計調整

標準單元平面詳图1&2式 1/50

陽台高低差5ck坡度1/

陽台高低差5ck坡度1/

320

70 110

外牆剖面 1/50

立面造型/色彩/材質 配合校園其他大樓 連結師生家長共同記憶

高木樹種 與校園相融考量維護&安全

外觀透視图

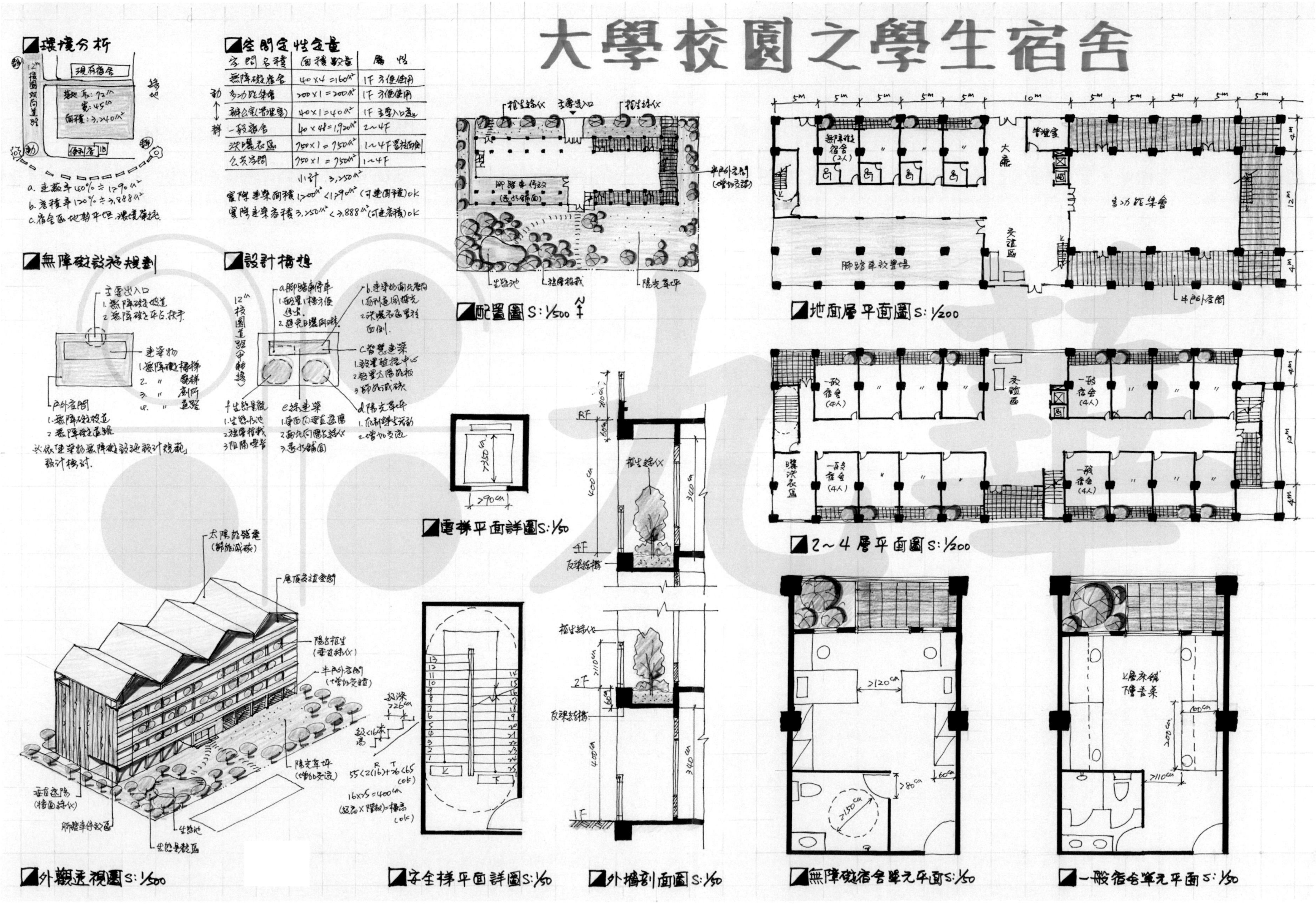
大學校園之學生宿舍
環境分析
現有宿舍
12m 校園雙向道路
基地 長：72M 寬：45M 面積：3,240M²
綠地
便利店
a. 建蔽率60% ≒ 1,790M²
b. 容積率120% ≒ 3,888M²
c. 宿舍區地勢平坦，環境單純.
空間定性定量
空間名稱 面積數量 屬性
無障礙宿舍 40×4＝160M² 1F 方便使用
多功能集會 200×1＝200M² 1F 方便使用
辦公室(管理室) 40×1＝40M² 1F 主要入口處
一般宿舍 40×48＝1,920M² 2～4F
洗曬衣區 250×1＝250M² 1～4F
公共空間 250×1＝250M² 1～4F
小計 3,250M²
實際建築面積 1,200M² < 1,790M²(可建面積)OK
實際建築容積 3,250M² < 3,888M²(可建容積)OK
無障礙設施規劃
設計構想
配置圖 S:1/500
地面層平面圖 S:1/200
2～4層平面圖 S:1/200
電梯平面詳圖 S:1/50
外觀透視圖 S:1/500
安全梯平面詳圖 S:1/50
外牆剖面圖 S:1/50
無障礙宿舍單元平面 S:1/50
一般宿舍單元平面 S:1/50

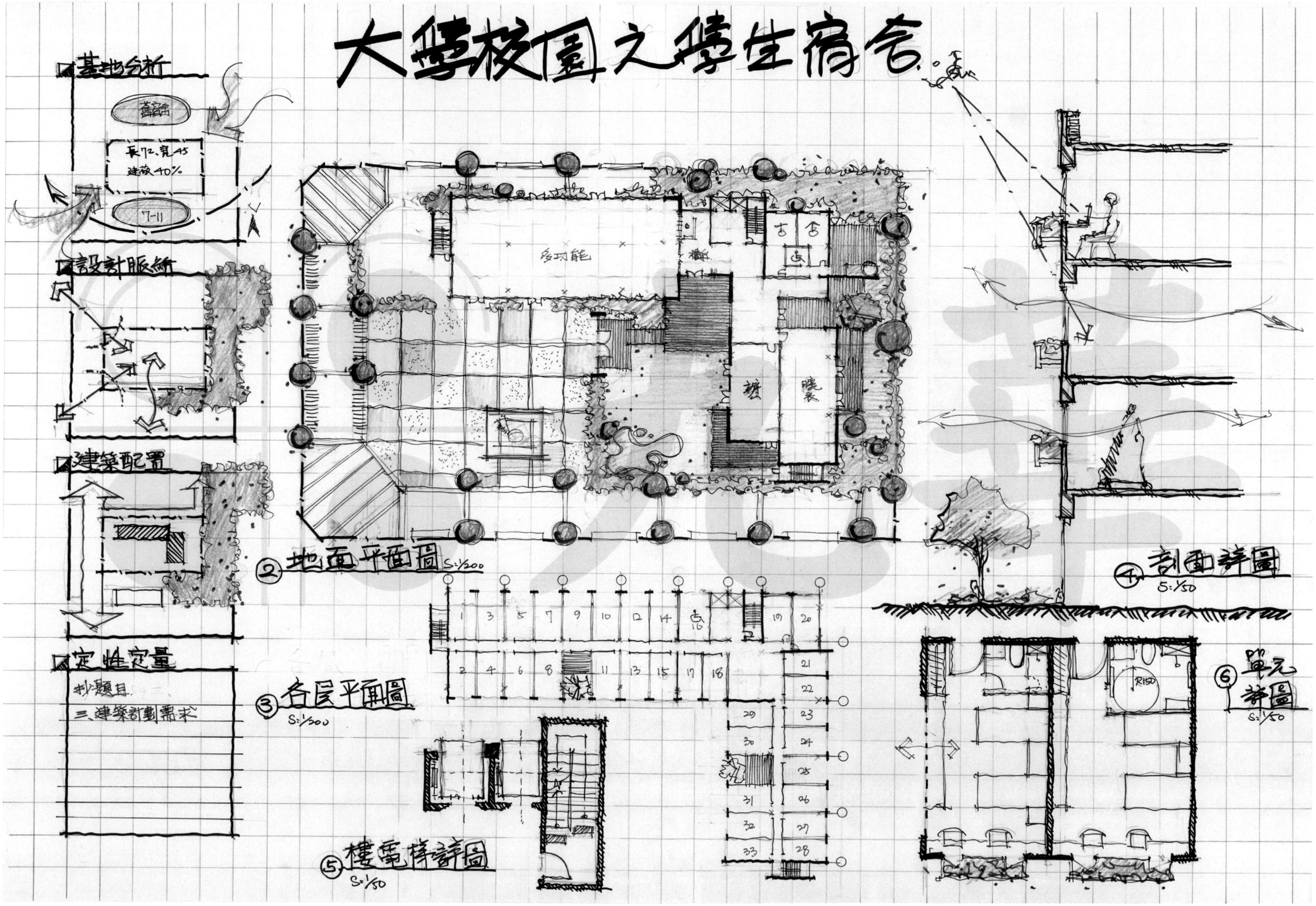
大學校園之學生宿舍
基地分析
舊宿舍
長72、寬45
建蔽40%
7-11
設計脈絡
建築配置
定性定量
抄題目
三、建築計劃需求
多功能
讀
曉泉
② 地面平面圖 S:1/200
③ 各层平面圖 S:1/300
④ 剖面詳圖 S:1/50
⑤ 樓電梯詳圖 S:1/50
⑥ 單元詳圖 S:1/50
R150

110年建築師專技高考建築設計 【住辦複合型社區活動中心】 1/2
18M道路
騎樓
活動中心入口
社區客廳
鄰房
咖啡
咖啡機
飲水機
男廁
女廁
老榕樹下泡茶下棋
活動中心入口
社區客廳
活動中心入口
出租套房入口
地下停車場入口
10M道路
減速鋪面/斑馬線申請都審
國中校門
全區配置暨一樓平面圖 1/400
設計說明
商業區
18M道路
開放空間串聯商業區、住宅區、國中
咖啡平台節點
老榕樹為建築開放空間作為社區居民休憩停留點
10M道路 住宅區/國中
地下停車場入口
單人套房單元
陽台
冰箱/電磁爐/洗槽簡易廚房
機房
四~九樓單人套房平面圖 1/400
小會議室
中會議室
飲料
茶水
Disabled toilet
男廁
女廁
機房
儲藏室
里辦公室
二樓里辦公室平面圖 1/400
大會議室
討論室
討論室
休息室
教室
教室
教室
三樓教室平面圖 1/400

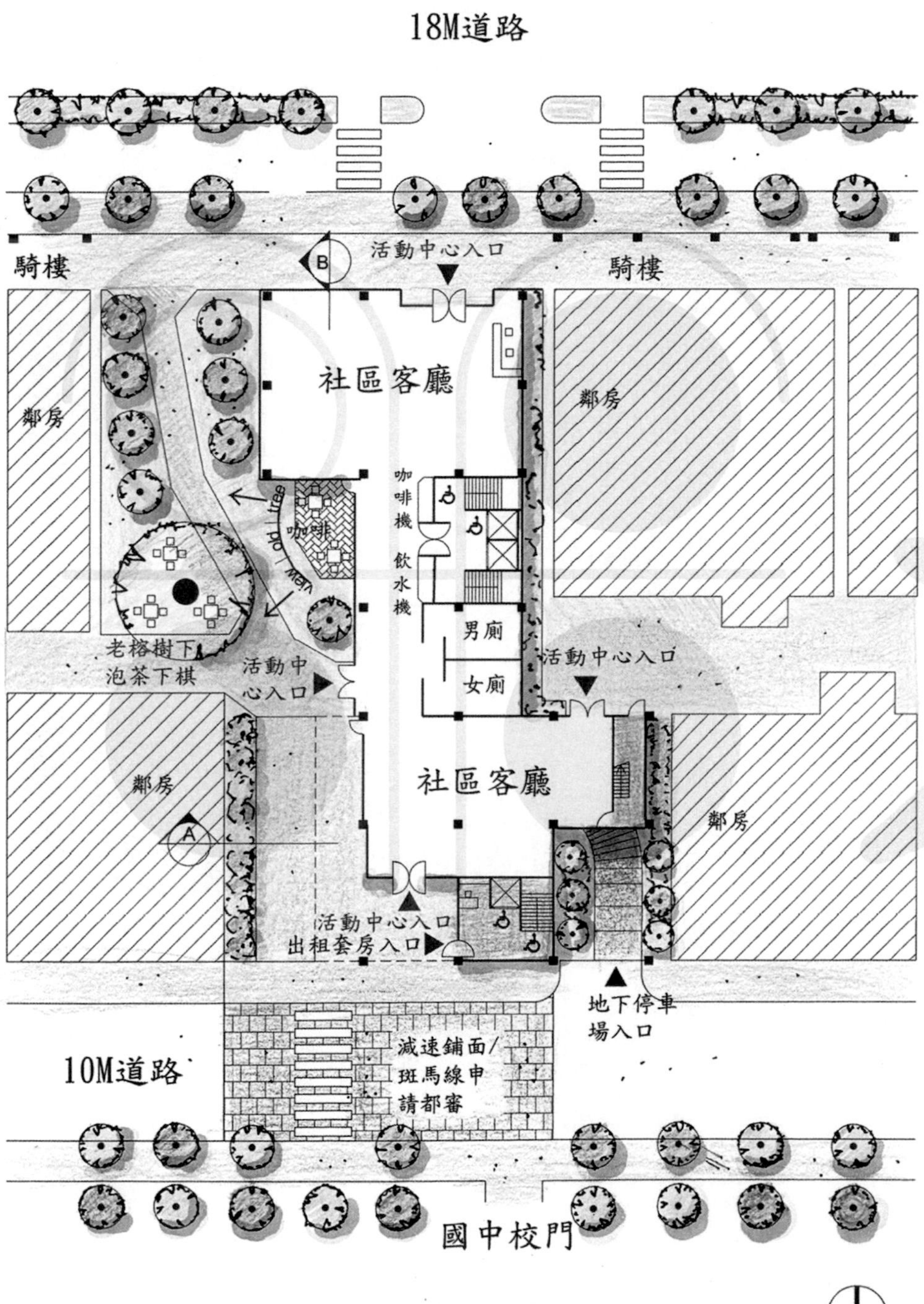

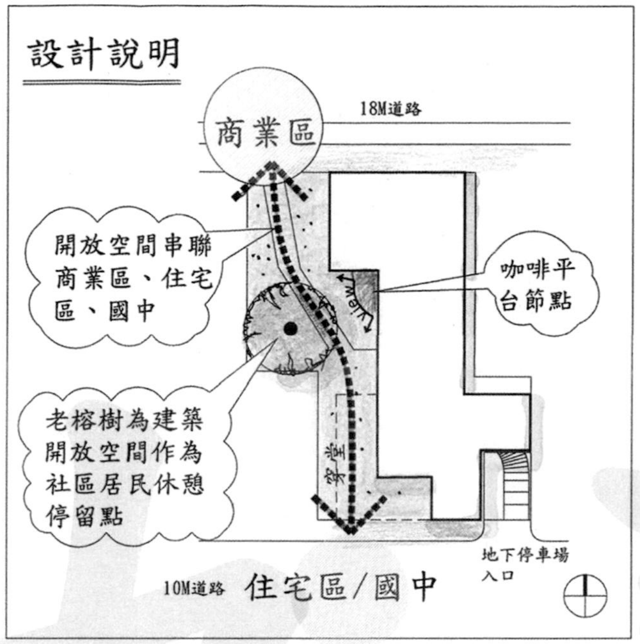

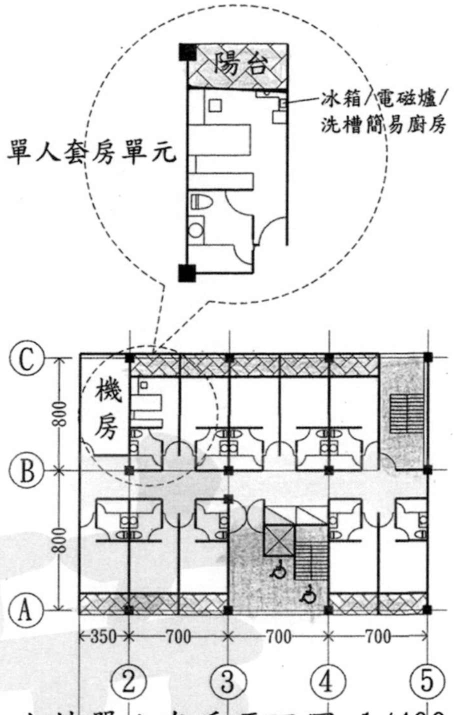

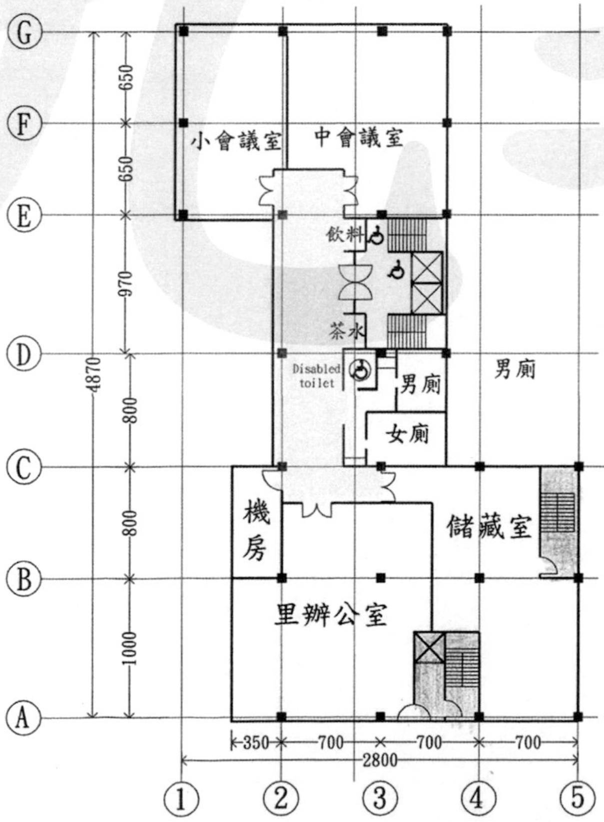

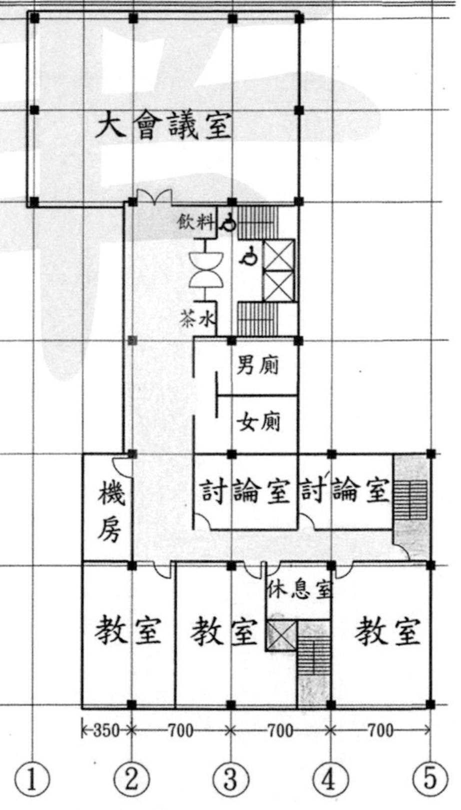

110年建築師專技高考建築設計　【複合型社區活動中心】　2/2

法規檢討：

樓層別	樓層用途	容積樓地板面積
1F	社區活動中心	760.00
2F	社區活動中心	800.00
3F	社區活動中心	800.00
4F	出租套房	374.00
5F	出租套房	374.00
6F	出租套房	374.00
7F	出租套房	374.00
8F	出租套房	374.00
9F	出租套房	374.00
合計		4,604.00

最大容積樓地板面積：1,744㎡*2.75=4,796㎡
實設容積樓地板面積：4,604㎡＜4796㎡ OK
最大建築面積：1,744㎡*0.55=959㎡
實設建築面積：915㎡/1,744㎡=52.4%＜55% OK

透視圖

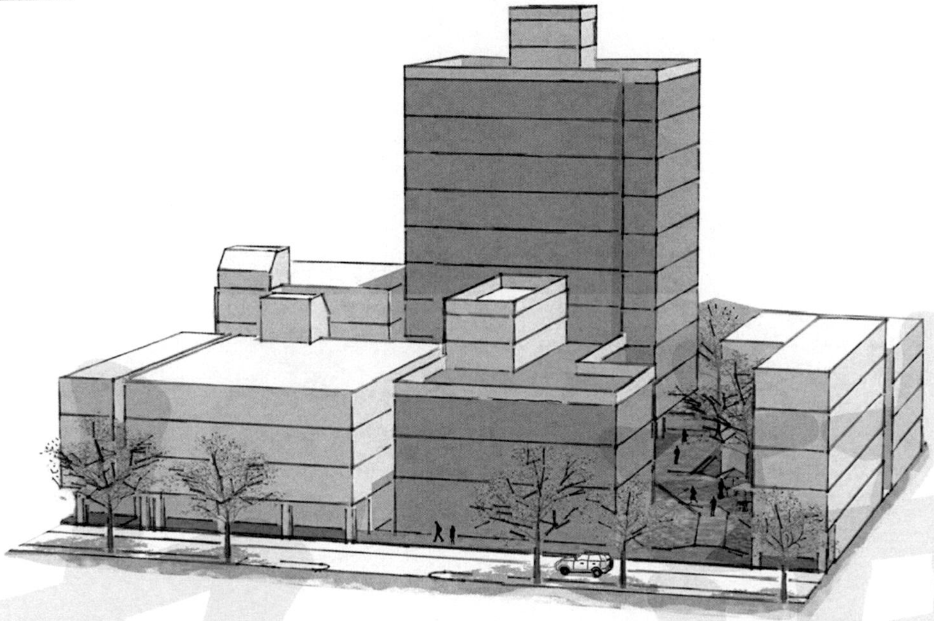

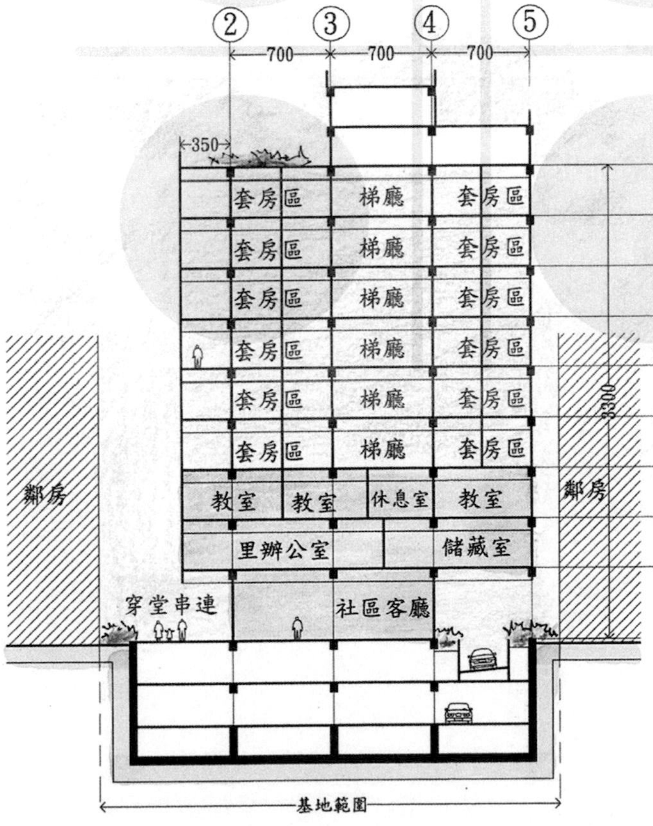

A剖面圖 1/400

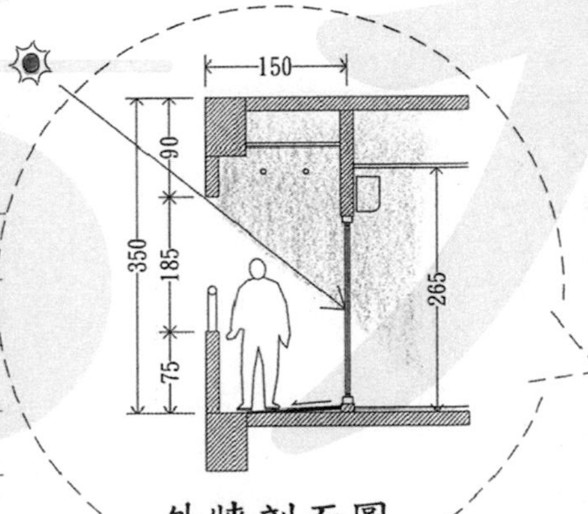

外牆剖面圖

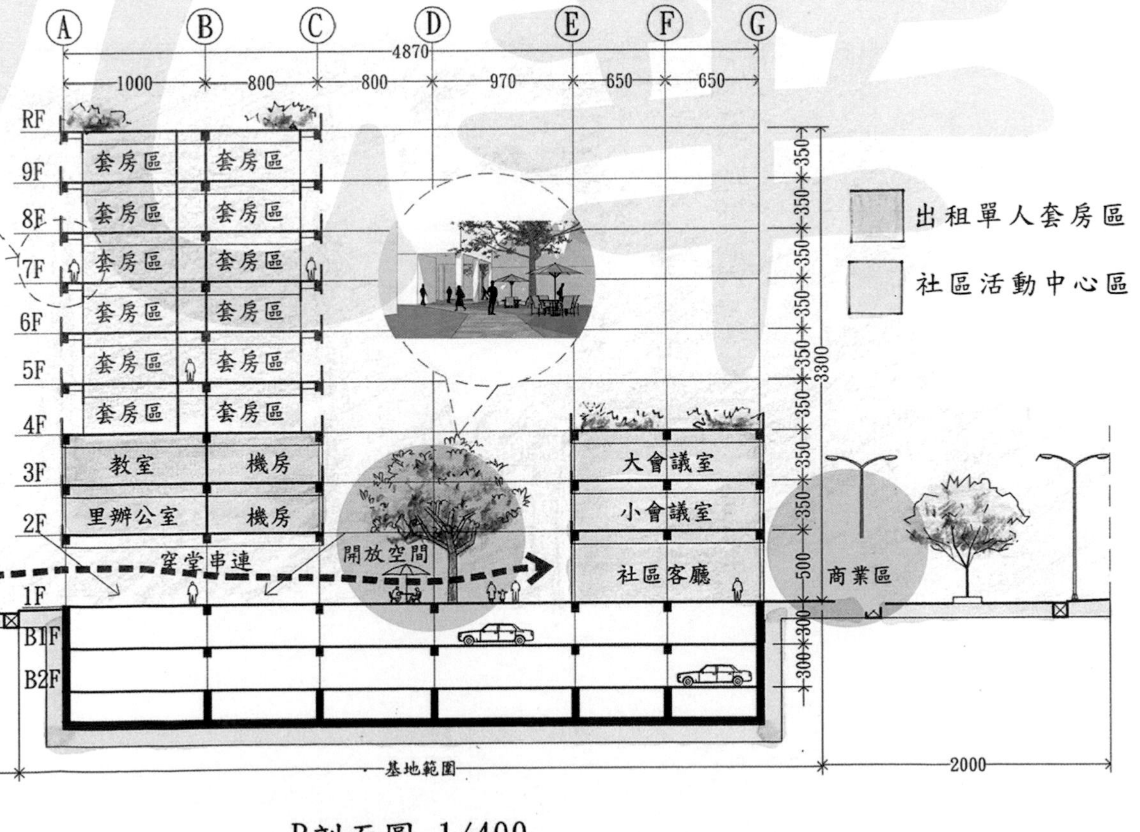

B剖面圖 1/400

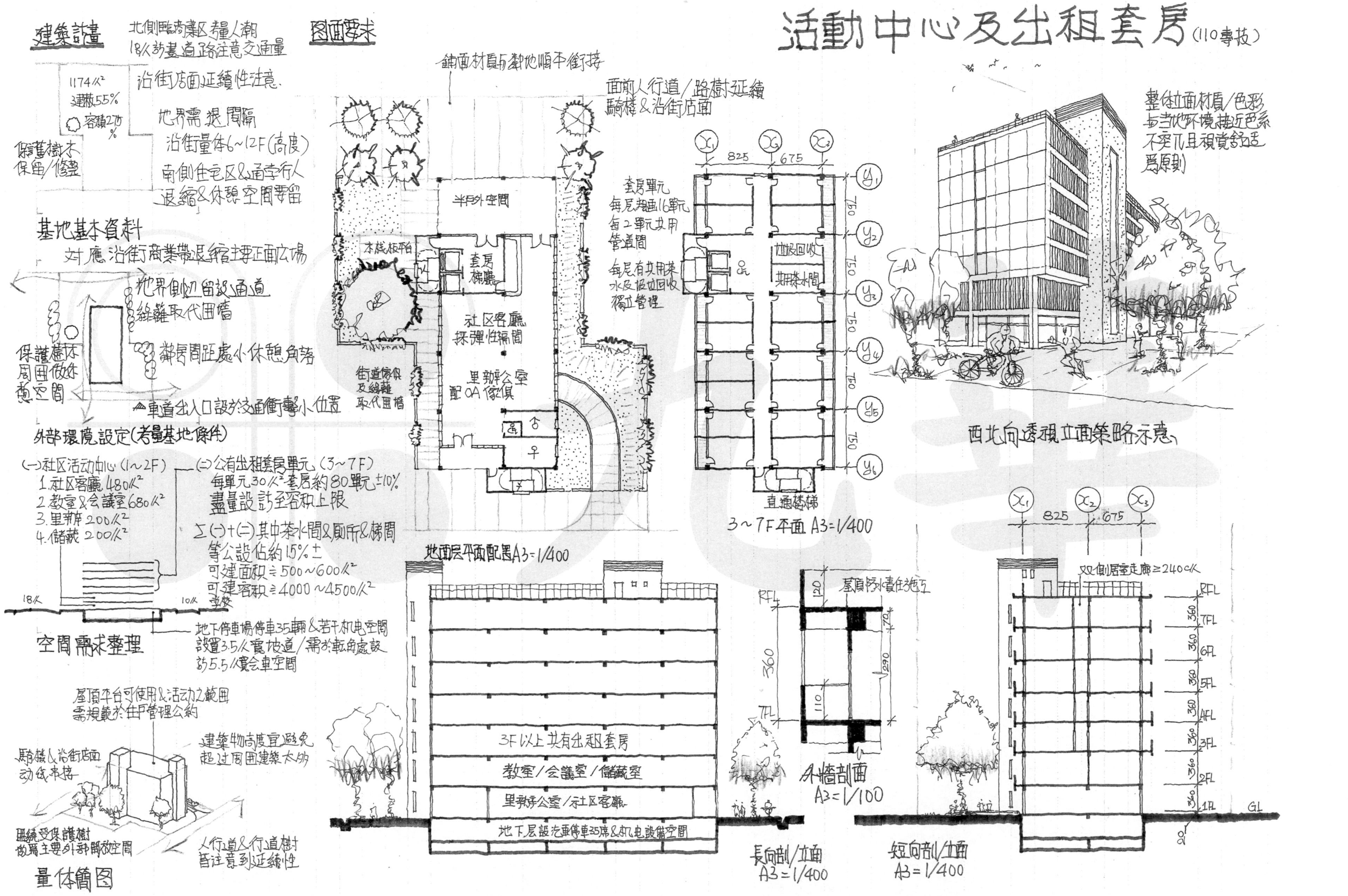
活動中心及出租套房（110專技）
建築計畫
北側臨商業區考量人潮
18M計畫道路注意交通量
1174M²
建蔽55%
容積270%
沿街店面延續性注意
地界需退間隔
沿街量体6~12F（高度）
南側住宅区&通学行人
退縮&休憩空間要留
保護樹木
保留/修整
基地基本資料
對應沿街商業帶退縮主要正面広場
地界側邊留設通道
綠籬取代圍牆
保護樹木
周圍做休憩空間
鄰居間距處小休憩角落
車道出入口設於交通衝擊小位置
外部環境設定（考量基地條件）
圖面要求
鋪面材質与執地順平銜接
面前人行道/路樹延續
騎樓&沿街店面
半戶外空間
木棧板平台
套房梯廳
社区客廳
採彈性隔間
里辦公室
配OA傢俱
街道傢俱
及綠籬
取代圍牆
地面層平面配置A3=1/400
套房單元
每层規劃16單元
每2單元共用
管道間
每层有共用茶
水及垃圾回收
獨立管理
垃圾回收
共用茶水間
直通樓梯
825
675
750
3~7F平面 A3=1/400
整体立面材質/色彩
与当地环境接近色系
不突兀且視覺舒適
為原則
西北向透視立面策略示意
(一)社区活動中心（1~2F）
1.社区客廳 480M²
2.教室&会議室 680M²
3.里辦 200M²
4.儲藏 200M²
(二)公有出租套房單元（3~7F）
每單元30M²套房約80單元±10%
盡量設計至容積上限
Σ(一)+(二)其中茶水間&廁所&梯間
等公設佔約15%±
可建面積≒500~600M²
可建容積≒4000~4500M²
18M
10M
地下停車場停車35輛&若干机电空間
設置3.5M寬坡道/需於轉角處設
計5.5M寬会車空間
空間需求整理
屋頂平台可使用&活動之範围
需規範於住戶管理公約
騎樓&沿街店面
动线串接
建築物高度宜避免
超过周围建築太多
圍繞受保護樹
做為主要外部開放空間
人行道&行道樹
皆注意到延續性
量体簡图
3F以上共有出租套房
教室/会議室/儲藏室
里辦公室/社区客廳
地下层設汽車停車35席&机电設備空間
長向剖/立面
A3=1/400
屋頂防水隔熱措施
RFL
7FL
120
70
360
290
110
外牆剖面
A3=1/100
双側居室走廊≥240cM
6FL
5FL
4FL
3FL
2FL
1FL
GL
短向剖/立面
A3=1/400

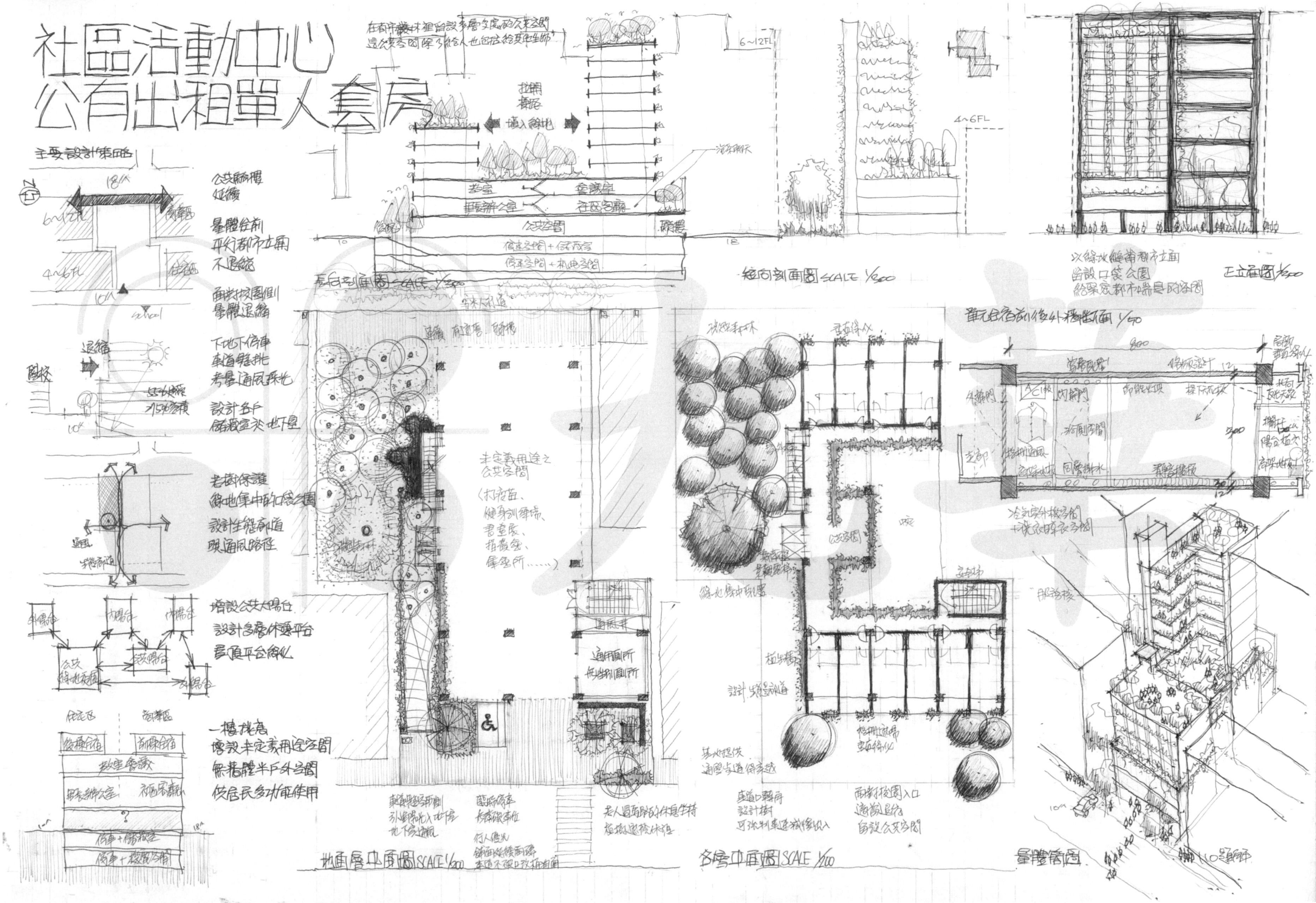
社區活動中心
公有出租單人套房
主要設計策略
公共脈絡延續
量體分割
平行都市立面
不退縮
面對校園側
量體退縮
下地下停車
車道集挑
考量通風採光
設計各戶
儲藏室於地下室
老樹保護
綠地集中的口袋公園
設計生態廊道
明通風路徑
增設公共大陽台
設計多層休憩平台
屋頂平台綠化
一樓挑高
增設未定義用途空間
無構體半戶外空間
供居民多功能使用
短向剖面圖 SCALE 1/300
正立面圖
地面層平面圖 SCALE 1/200
各層平面圖 SCALE 1/200
量體配置
6~12FL
4~6FL
未定義用途之公共空間

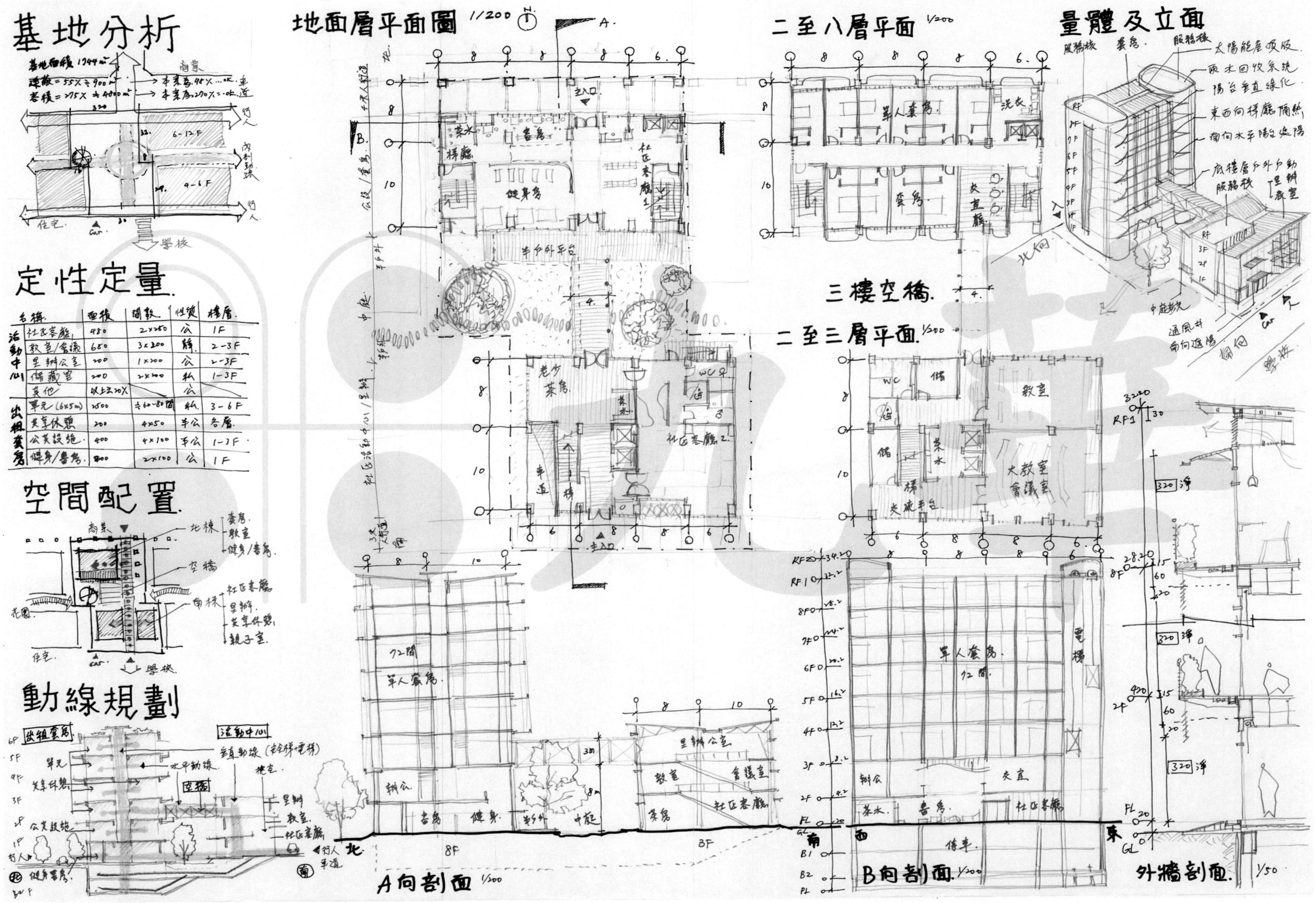
基地分析
定性定量
空間配置
動線規劃
地面層平面圖 1/200
二至八層平面 1/200
三樓空橋
二至三層平面 1/200
量體及立面
A向剖面 1/300
B向剖面 1/200
外牆剖面 1/50
單人套房
健身房
書房
教室
大教室 會議室
社區客廳
停車
中庭
主入口
太陽能屋頂板
雨水回收系統
陽台垂直綠化
東西向樓廳隔熱
南向水平陽台遮陽

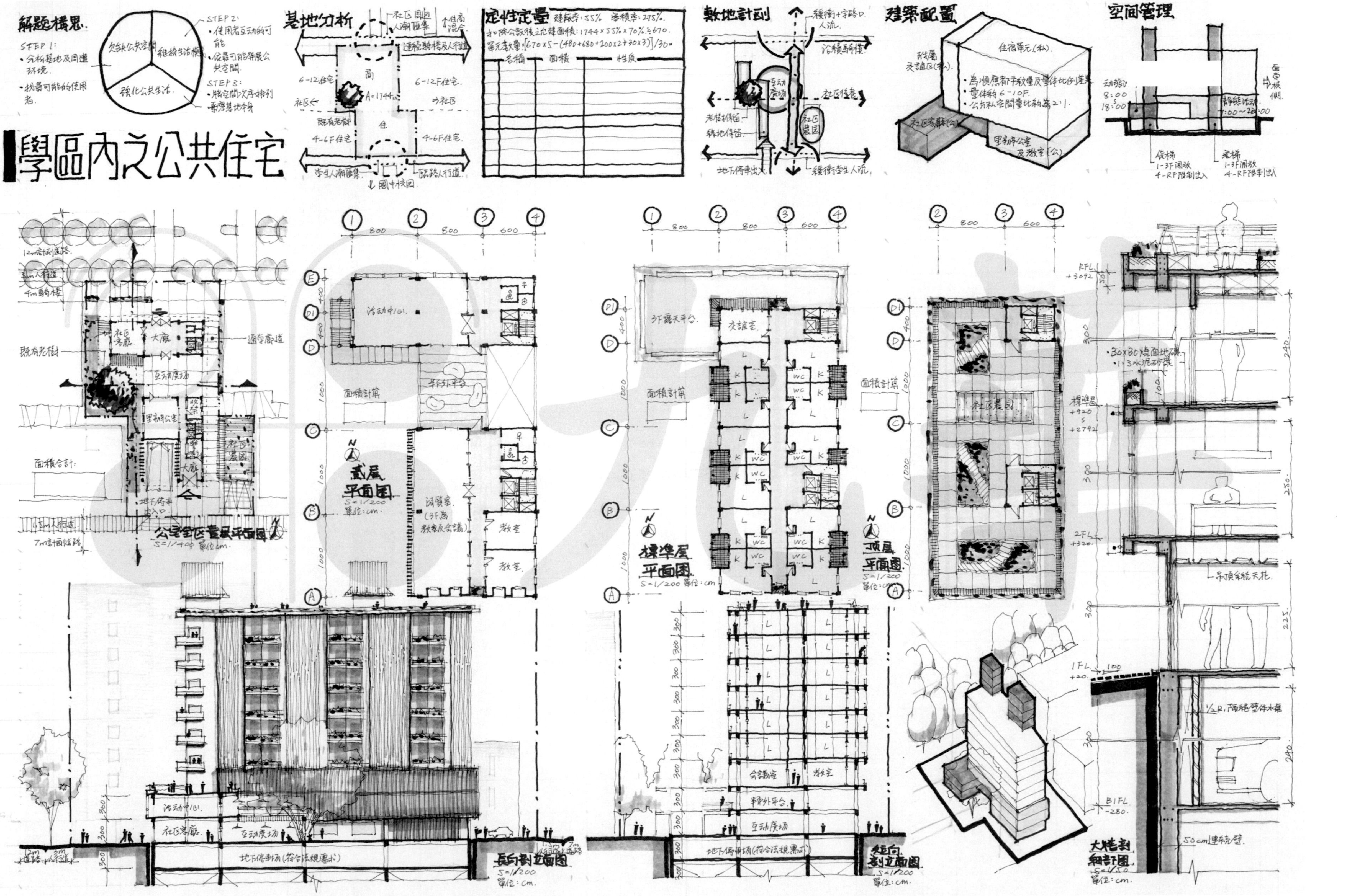
解題構思
學區內之公共住宅
基地分析
定性定量
數地計劃
建築配置
空間管理
社區農園
互動廣場
教室
標準層平面圖
頂層平面圖
長向剖立面圖
短向剖立面圖
大樓剖細計圖
地下停車場(符合法規需求)
單位:cm

建築計畫

議題環境分析與對策

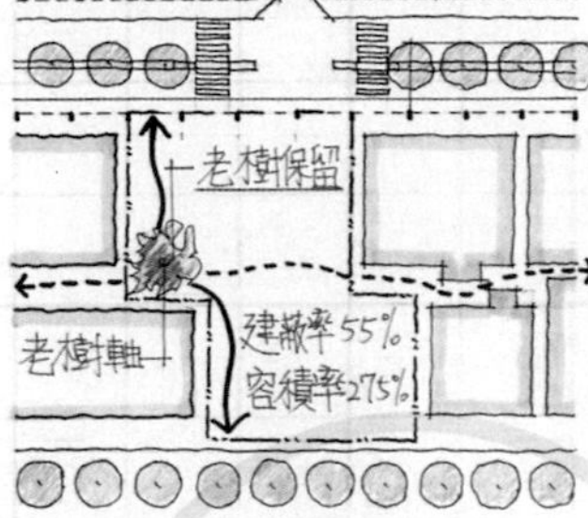

既有騎樓空間語彙保留銜接維持和延續既有空間和生活模式

老樹保留 建物圍塑休憩空間維持延續和強化公共空間/生活

空間量體計算

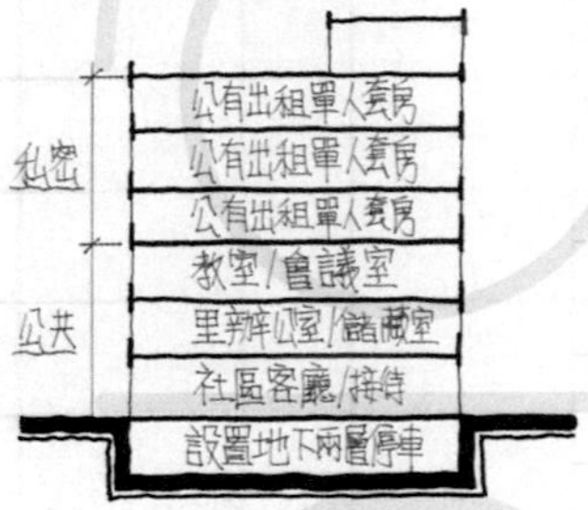

最大可建樓地板面積
1744㎡×2.75 =4796㎡

最大可建築面積
1744㎡×0.55≒960㎡

地下停車空間一台車40㎡
換算⇒35×40㎡=1400㎡

空間定性定量表

空間名稱	面積(㎡)	數量	樓層
大廳	180㎡	1	1F
社區客廳	70㎡	8	1F~3F
教室/會議室	70㎡	10	1F~3F
里辦公室	200㎡	1	2F
儲藏室	200㎡	1	2F
公有出租單人套房	30㎡	30	3F~6F
其他	2040㎡	1	1F~7F

總計4780㎡已設計至容積上限……ok
地下停車滿足35輛……ok

社區客廳 分開配置留設戶外、半戶外、室內等多層次社區客廳

教室/會議室 出租供教學和開會使用，族群年齡跨世代

出租套房 盡量多規劃出租單元

社區共享互惠計畫

強化公共空間和公共生活

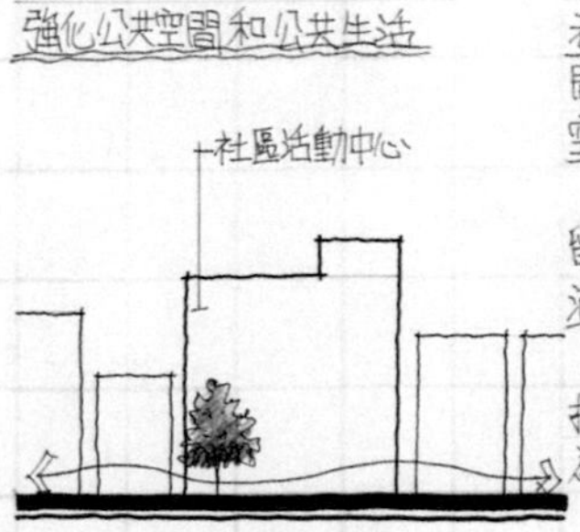

老樹保留，圍塑休憩空間，留設創意並強化公共空間和公共生活

留設多層次社區客廳滿足社區休憩使用需求

提供共享空間使用，成為當地居民生活重心

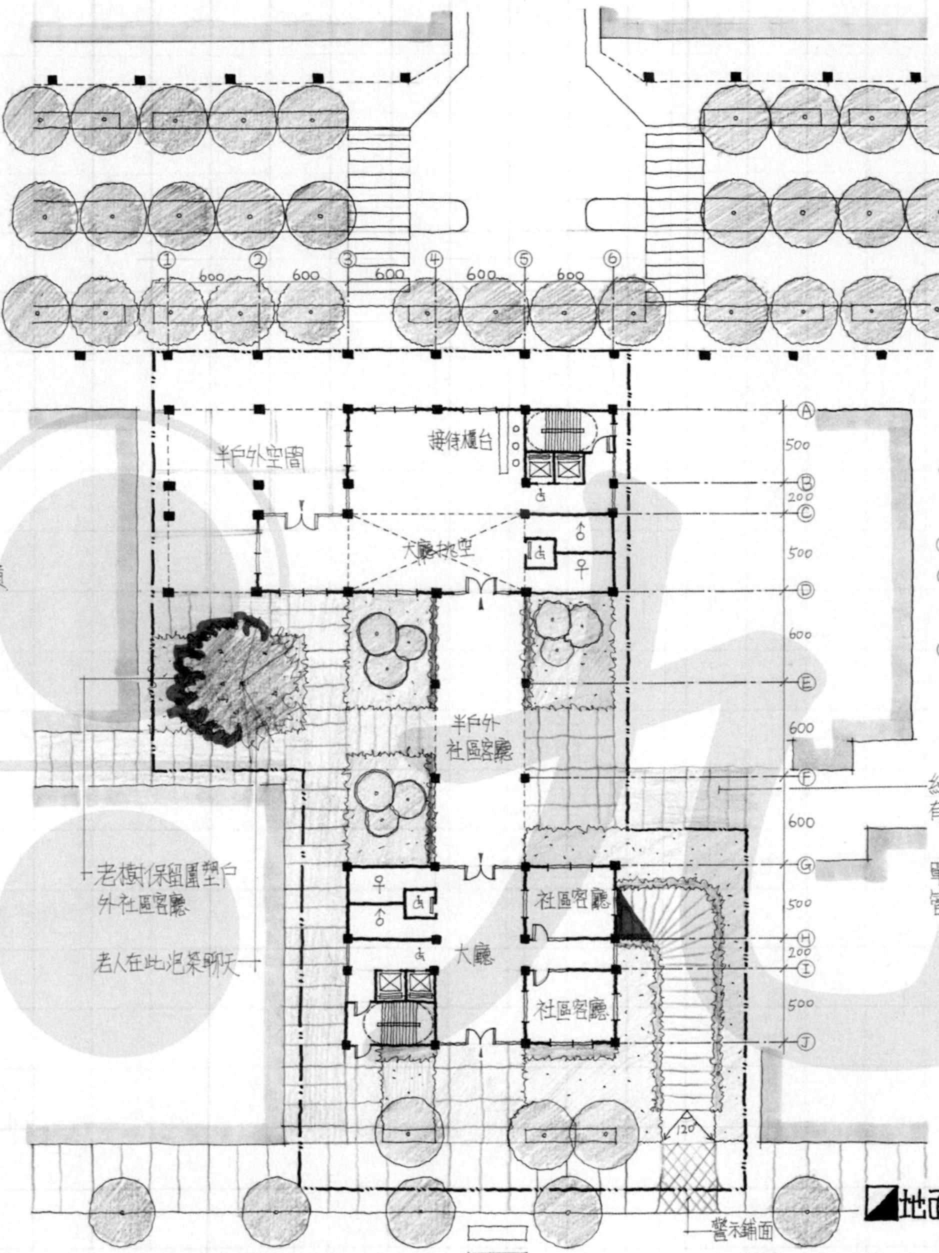

地面層平面圖 S:1/200

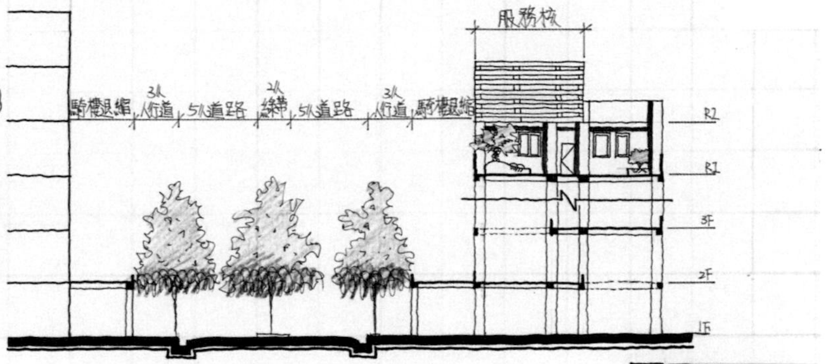

量體簡圖 S:1/200

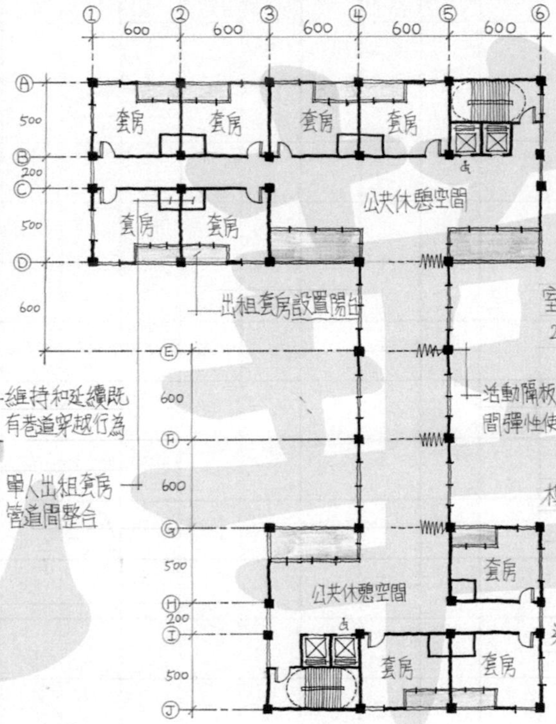

住宿層平面 S:1/200

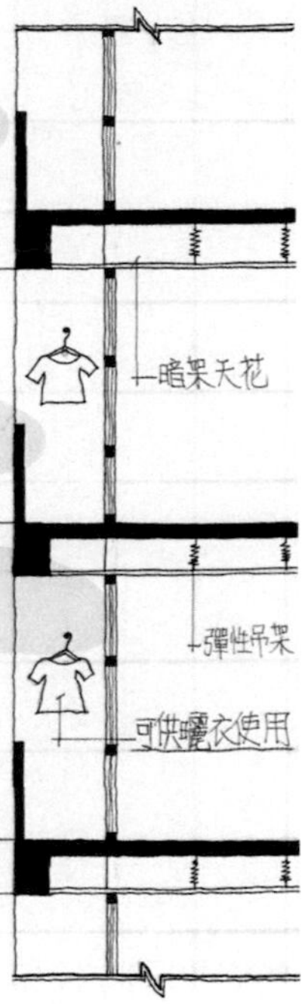

外牆剖面圖 S:1/50

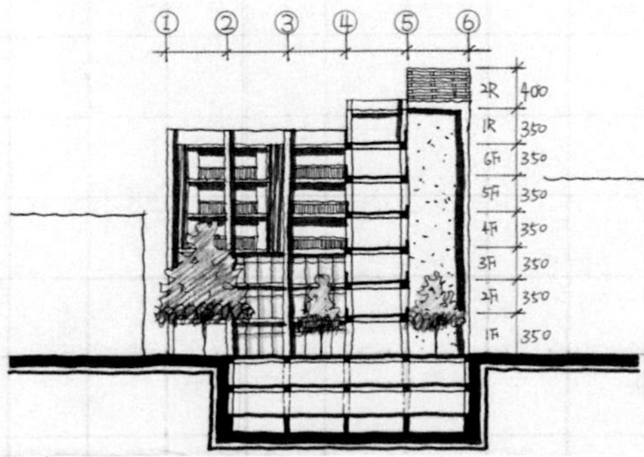

AA剖立面圖 S:1/400

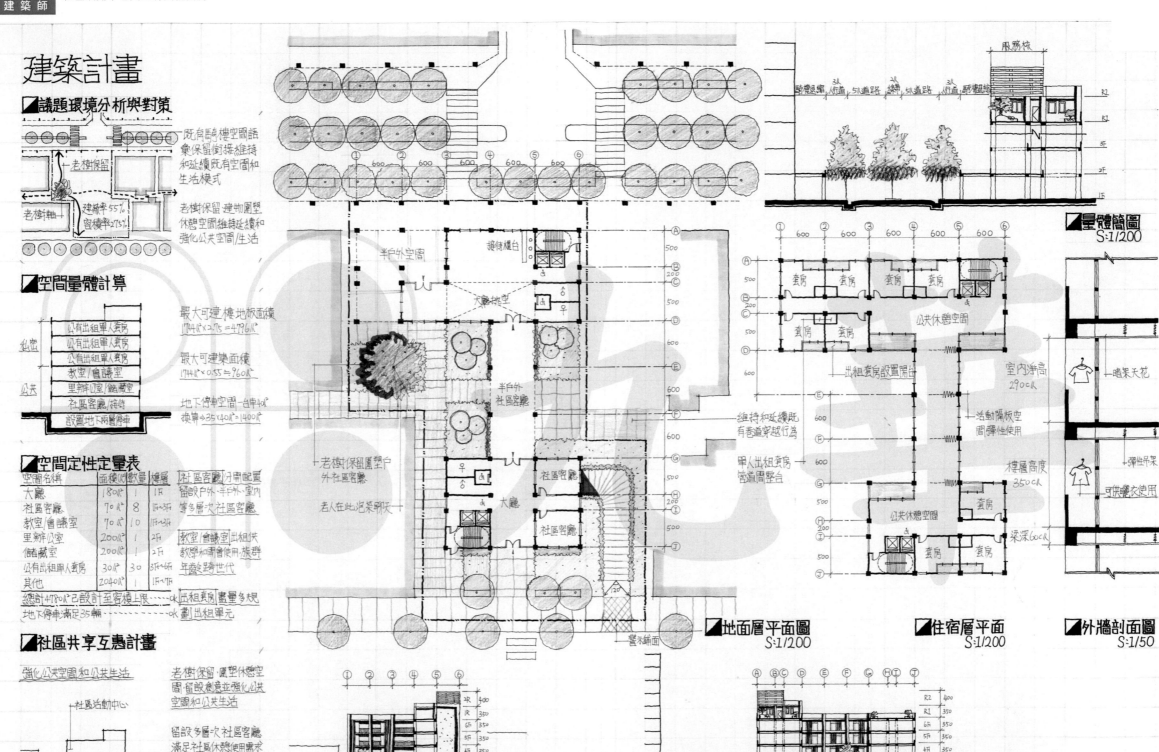

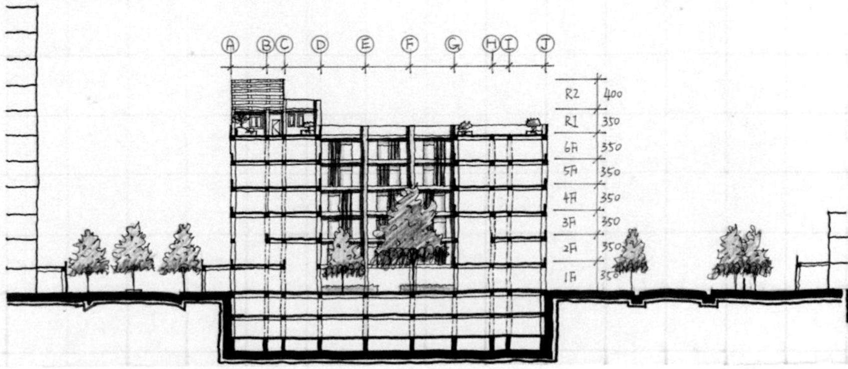

BB剖立面圖 S:1/400

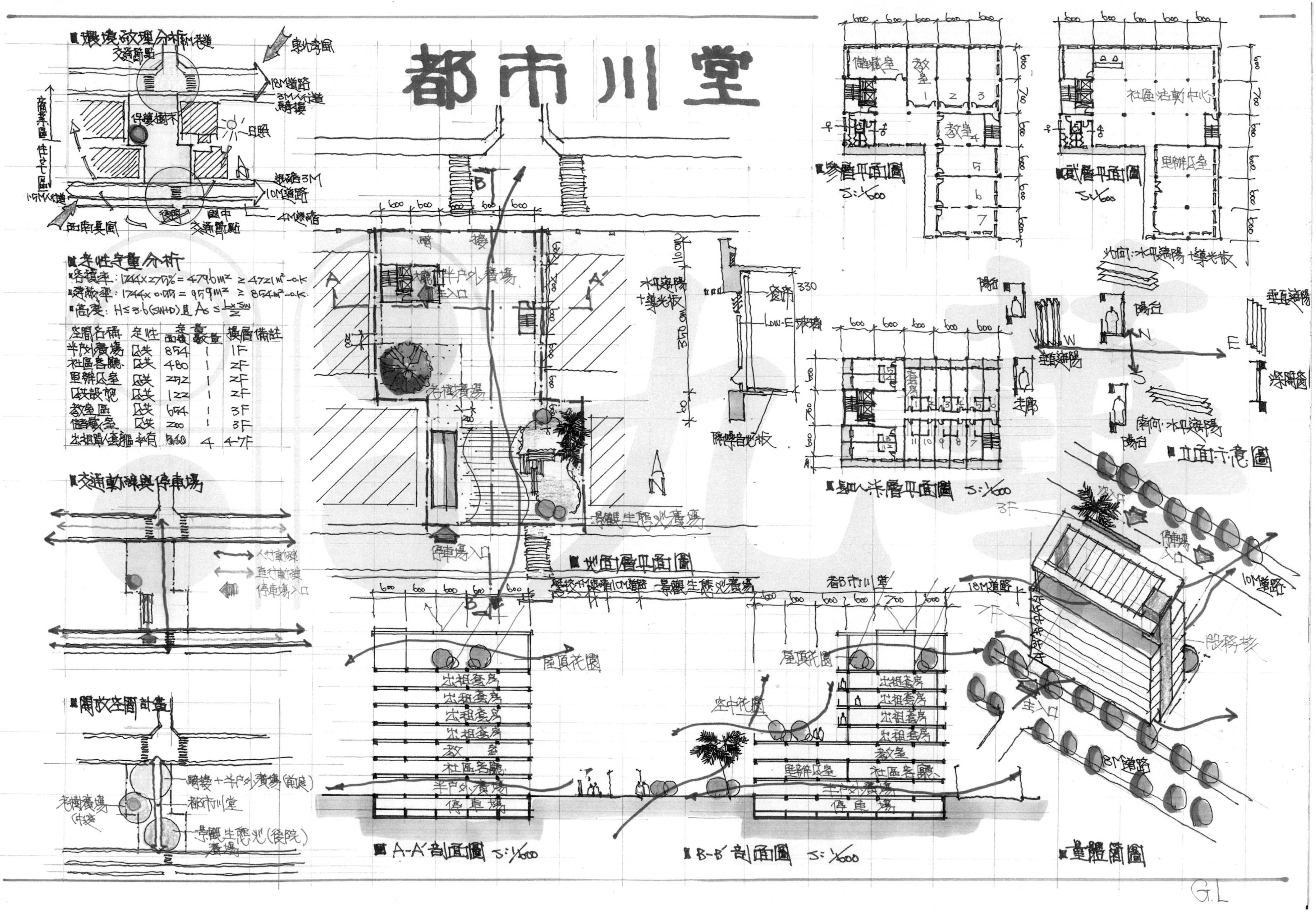
都市川堂
環境紋理分析
東北季風
18M道路
3M人行道
保護樹木
日照
10M道路
西南季風
4M巷道
交通節點
容量分析
容積率：1744x275%=4796m²≥4721m²-o.k
建蔽率：1744x0.55=959m²≥854m²-o.k.
高度：H≤3.6(SW+D)且As≤(LxSW)/2
空間名稱 性質 面積 數量 樓層 備註
半戶外廣場 公共 854 1 1F
社區客廳 公共 480 1 2F
里辦公室 公共 252 1 2F
公共設施 公共 122 1 2F
教室區 公共 654 1 3F
儲藏室 公共 200 1 3F
出租單人套房 私有 540 4 4-7F
交通動線與停車場
人行動線
車行動線
停車場入口
開放空間計畫
廣場+半戶外廣場(前庭)
老樹廣場(中庭)
都市川堂
景觀生態池(後院)廣場
參層平面圖 S:1/600
貳層平面圖 S:1/600
社區活動中心
里辦公室
儲藏室
教室
水平遮陽+導光板
窗戶
Low-E玻璃
隔熱百葉板
肆~柒層平面圖 S:1/600
立面示意圖
北向：水平遮陽+導光板
南向：水平遮陽
垂直遮陽
陽台
走廊
地面層平面圖
半戶外廣場
老樹廣場
景觀生態池廣場
停車場入口
都市川堂
屋頂花園
出租套房
教室
社區客廳
半戶外廣場
停車場
空中花園
里辦公室
A-A' 剖面圖 S:1/600
B-B' 剖面圖 S:1/600
量體簡圖
18M道路
10M道路
8M道路
服務核
主入口
停車場入口
7F
3F
G.L

文化共享聚落

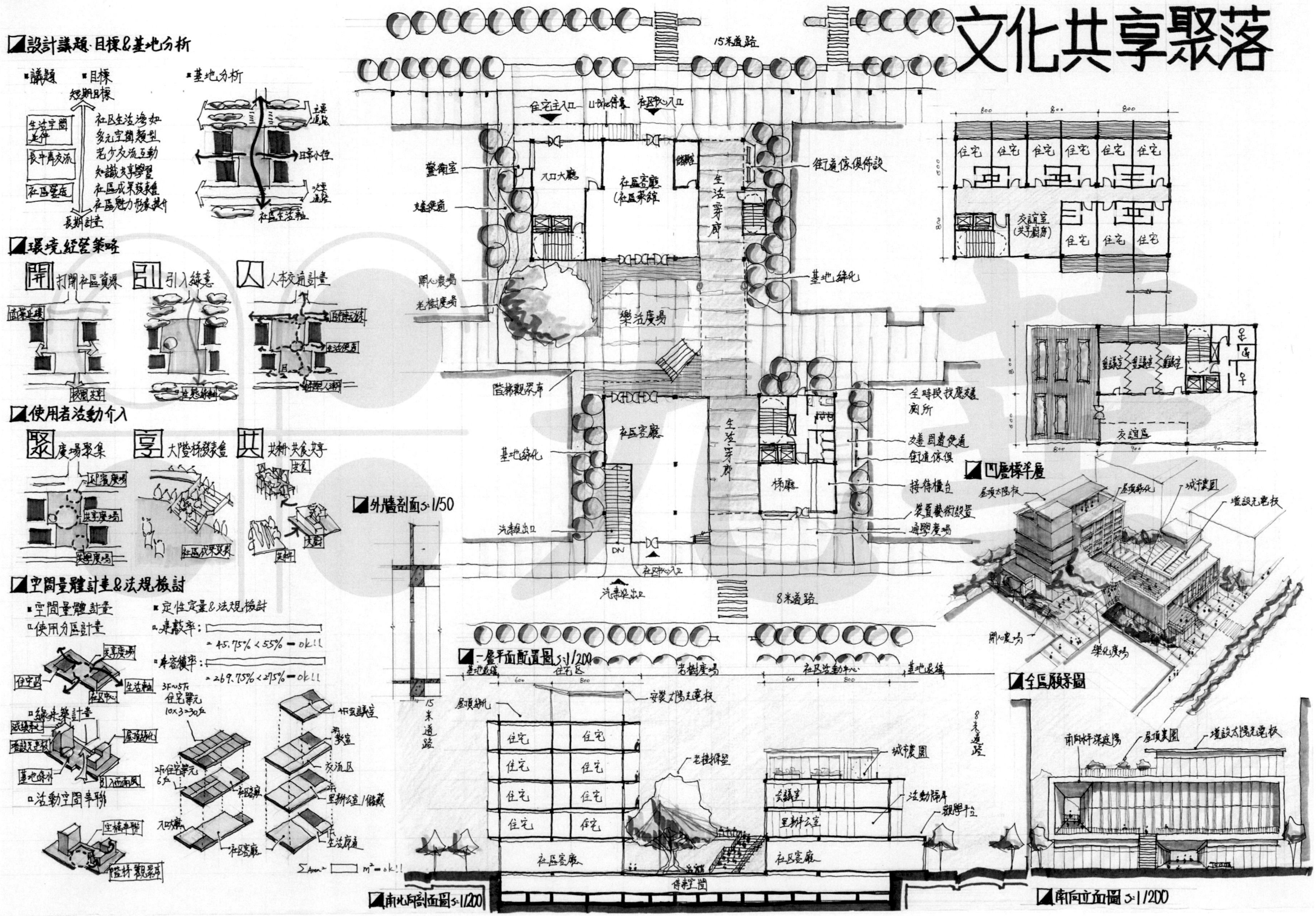
設計議題.目標&基地分析
環境經營策略
使用者活動介入
空間量體計畫&法規檢討
外牆剖面 S:1/50
一層平面配置圖 S:1/200
四層標準層
全區鳥瞰圖
南北向剖面圖 S:1/200
南向立面圖 S:1/200
15米道路
8米道路
社區客廳
樂活廣場
住宅
交誼室
= 45.75% < 55% = ok!!
= 269.75% < 275% = ok!!

設計理念

國小附設非營利幼兒園設計

■基地既有大樹再利用構想

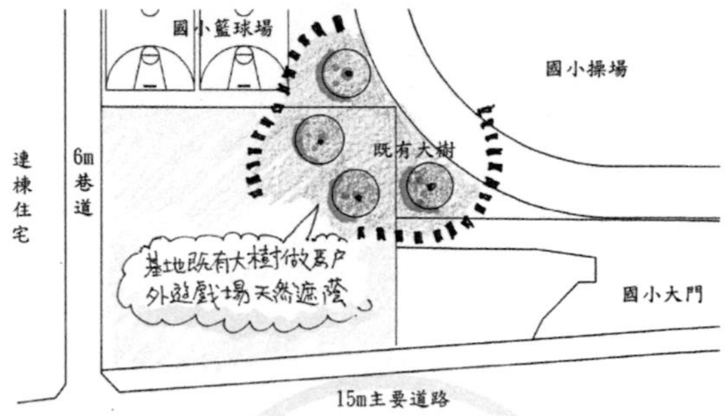

■6m巷道及15m道路處理原則

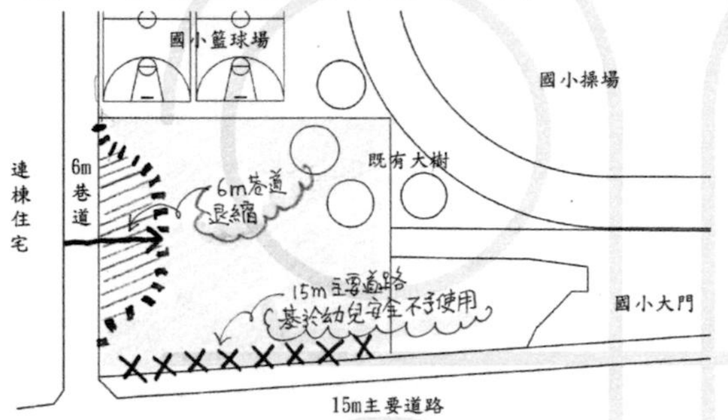

■基地內通路設置方案

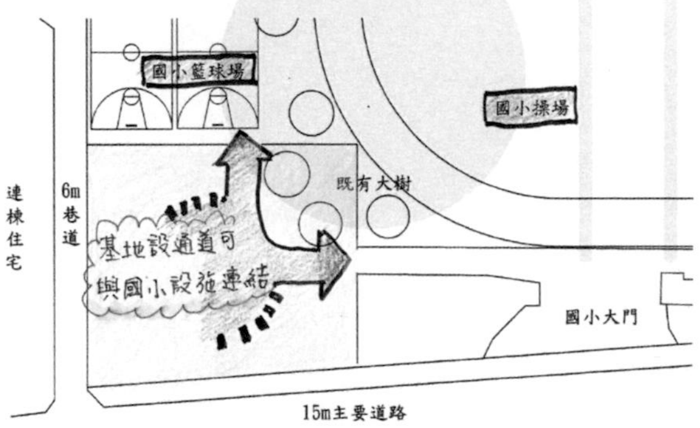

■基地土地分區及建築量體配置

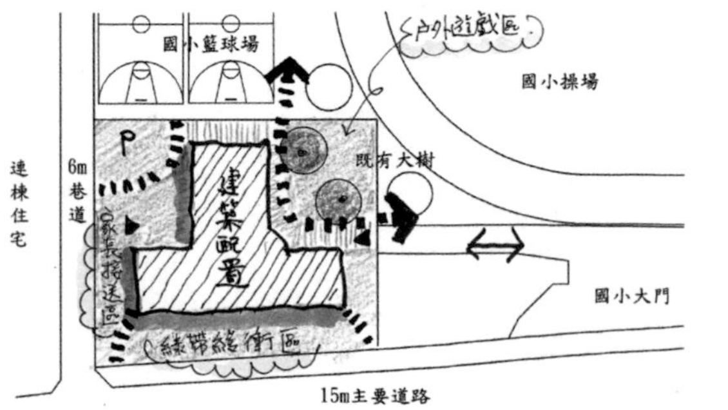

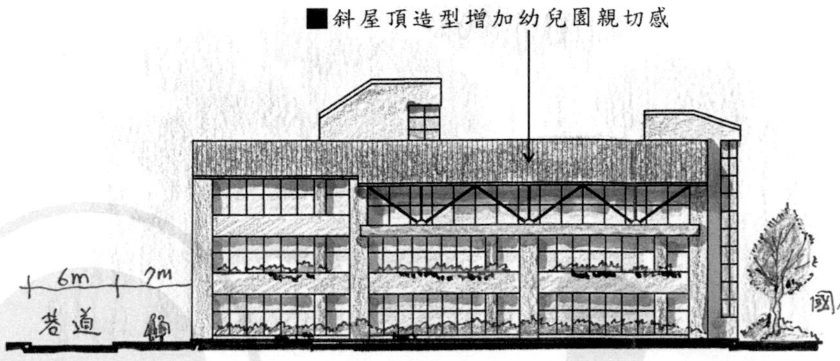

南向立面圖 1/400

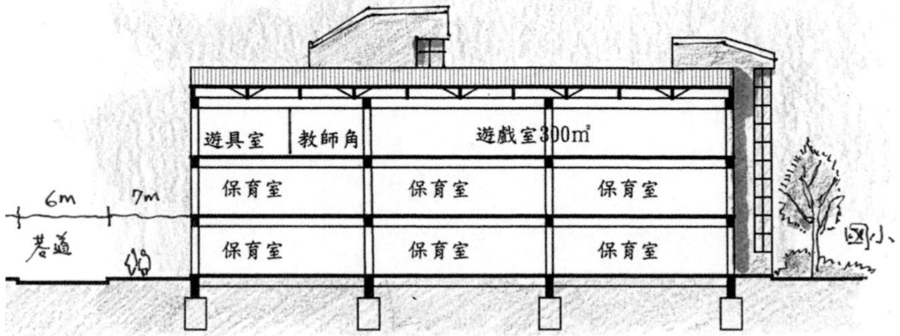

A剖面圖 1/400

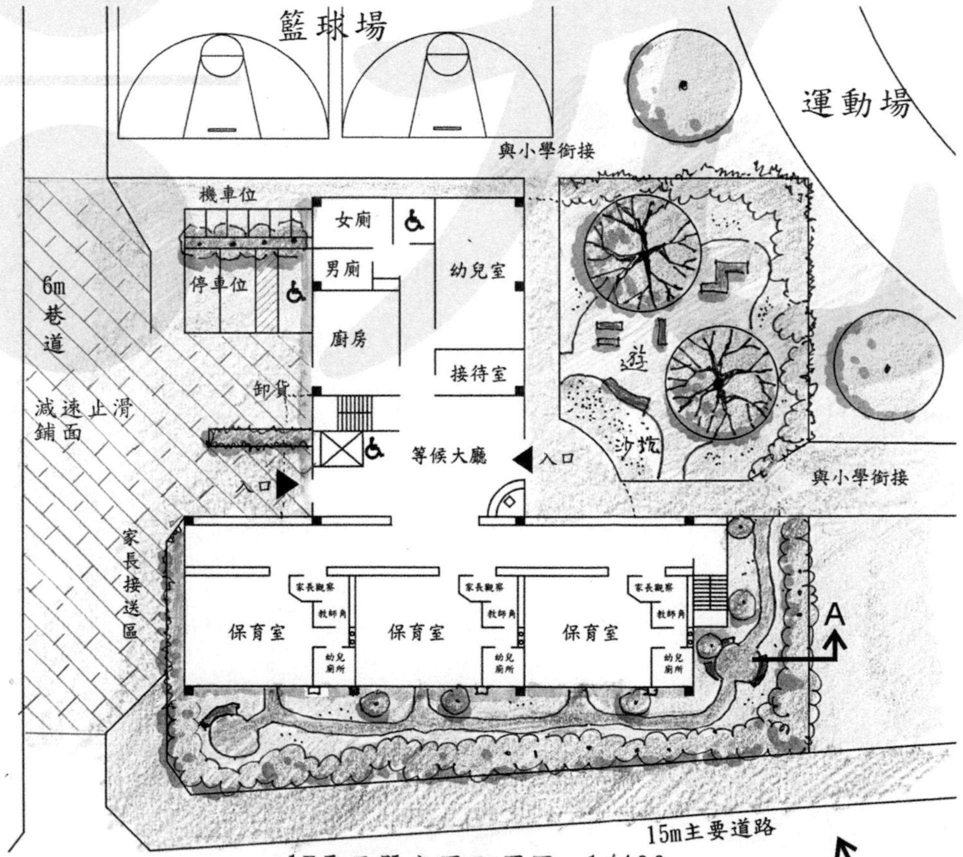

1F平面暨全區配置圖 1/400

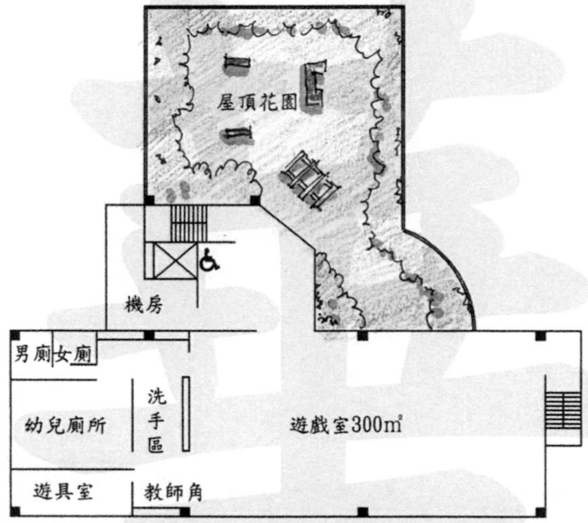

3F平面圖 1/400

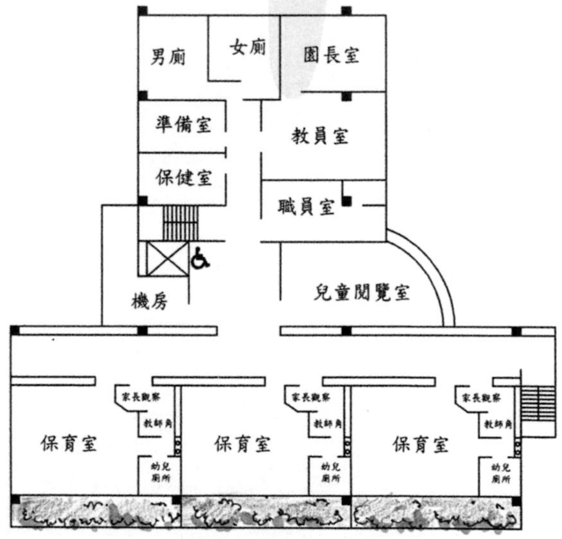

2F平面圖 1/400

108年地方政府公務人員考試　地方創生(經濟部創意生活產業發展計畫)體驗館設計

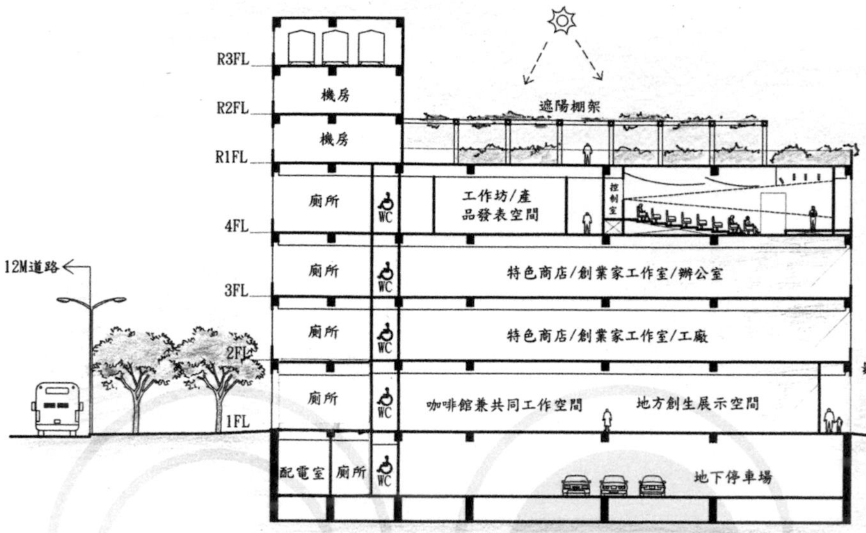

A剖面圖 1/400

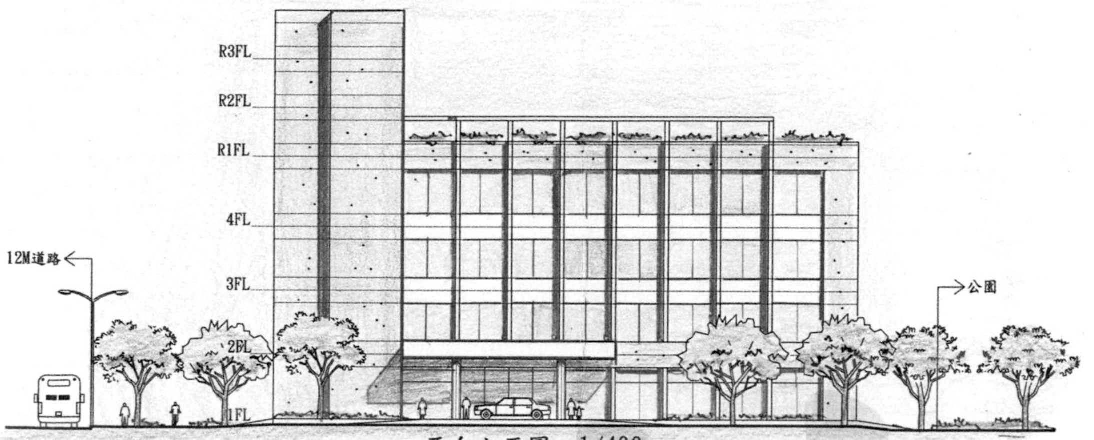

西向立面圖 1/400

設計構想

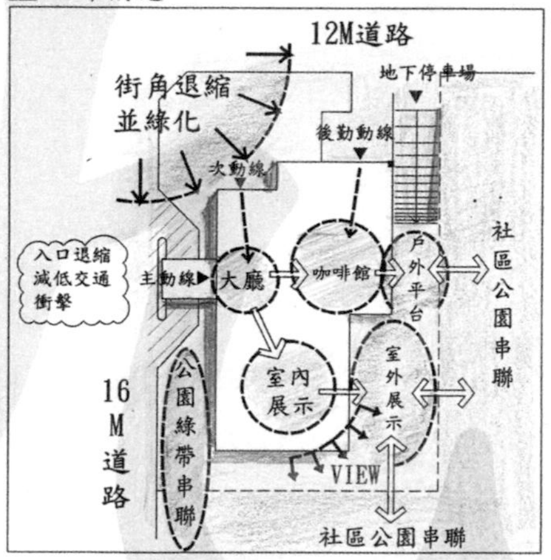

建築計畫--空間定性定量分析表

空間名稱	間數	每間面積㎡核算	面積合計㎡	空間特質	所需環境對應條件
地方創生展示空間	1	展區 150 ㎡ 儲藏室 50 ㎡	200	滿足不同類型的地方創生展覽需求（如食農、織品、工藝），並提供實驗性原型之展示	■ 公共空間 ■ 置於一樓大廳處 展現成果 ■ 展品延伸至綠地戶外展示 區
咖啡館兼共同工作空間	1	20 人*7.5 ㎡/人=150 ㎡	625	提供無線上網平台及座位區網路交流	■ 公共空間 ■ 置於一樓可與戶外景觀 及公園 相互融合
		吧檯 50 ㎡	100		
共餐 廚房 兼交誼 空間	1		40	開放式廚房，內部工作人員午晚餐搭伙交誼，不對外營業	■ 半公共半 私密空間 ■ 後勤卸貨 動線
製造工廠	1	木工廠 50 ㎡ 數位製造 50 ㎡ 材料倉庫 30 ㎡	130	包含木工廠、數位製造工廠（CNC、Laser Cutter 、3D Printer ）及材料倉庫。	■ 半公共空間 ■ 有粉塵噪音需有前室隔離 ■ 當層要有貨梯
工作坊空間（40-60 人共同使用 ）	1	40 人*2.5 ㎡/人=100 ㎡	100	舉辦地方創生共識營及利害關係人集會、動態表演與發表	■ 公共空間 ■ 彈性空間
演講空間	1	座位區 120 人*1 ㎡/人=120 ㎡ 舞台後台 120 ㎡	240	中型講座聚會 貴賓休息室及後台廁所	■ 半公共 空間 ■ 大跨距，至於頂樓 ■ 階梯式座位區
青年創業家工作室 ＋特色商店	10	工作室 20 ㎡ 特色商店 20 ㎡	40	二者結合成「前店後廠」模式	■ 公共＋半公共 空間 ■ 動線明確 方便顧客參觀 選購 ■ 要有貨梯
多功能教室	2	15 人*4 ㎡/人=60 ㎡	120	提供地方民眾與產業參與、學習地方創生相關議題	■ 半公共半私密空間

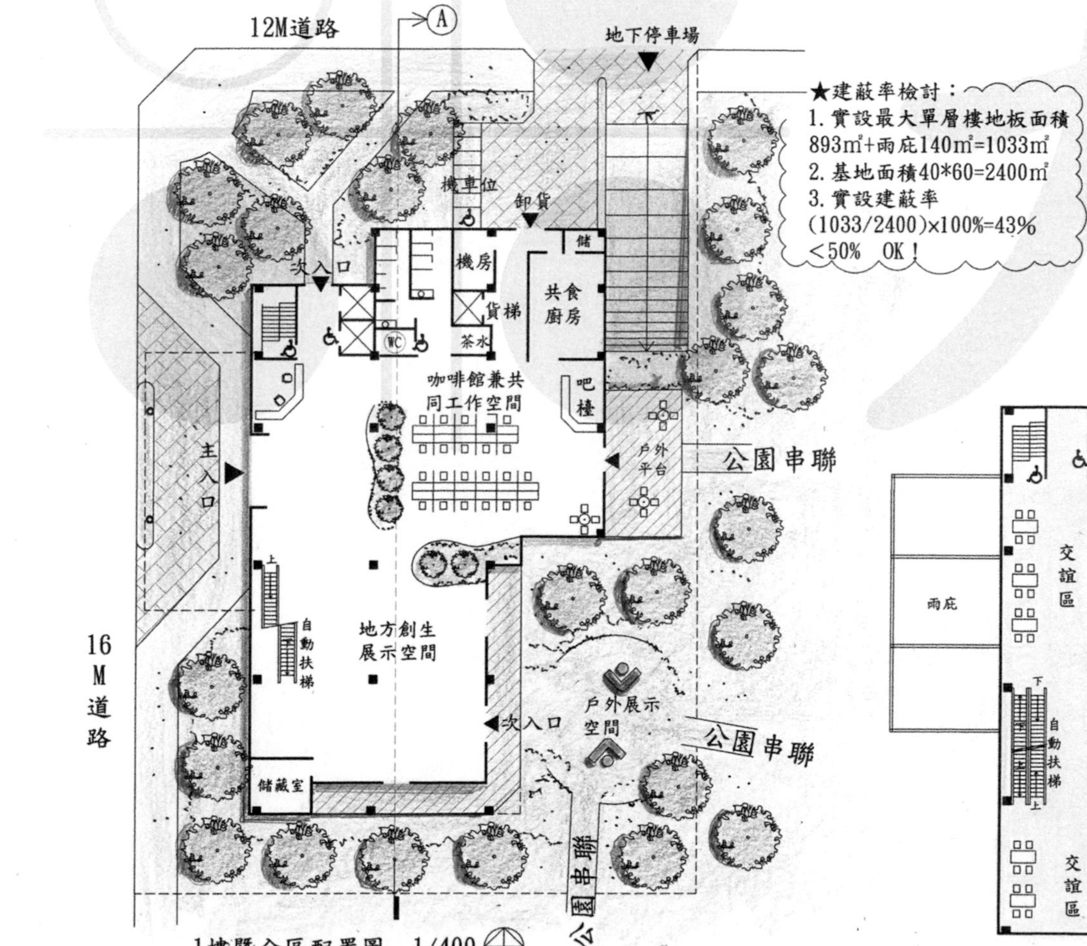

1樓暨全區配置圖 1/400

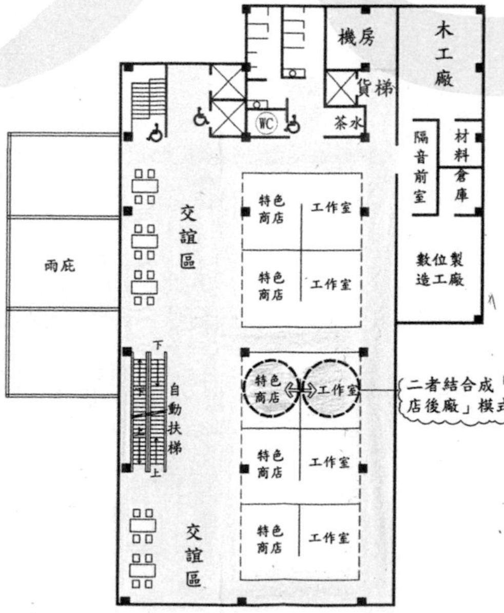

2樓平面圖 1/400

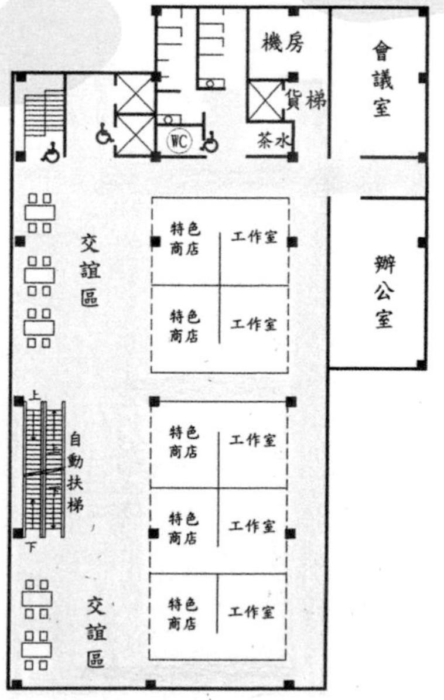

3樓平面圖 1/400

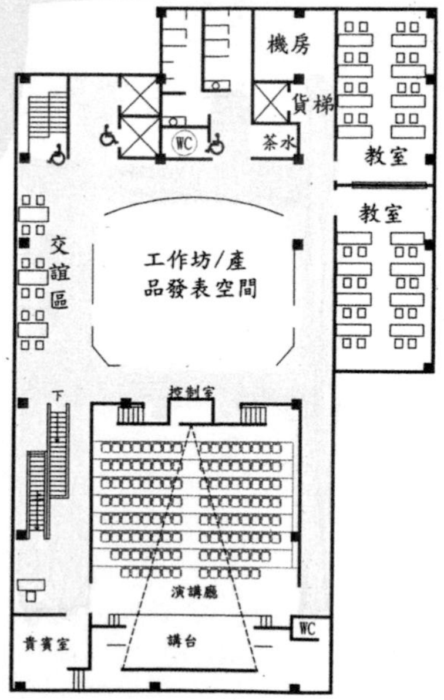

4樓平面圖 1/400

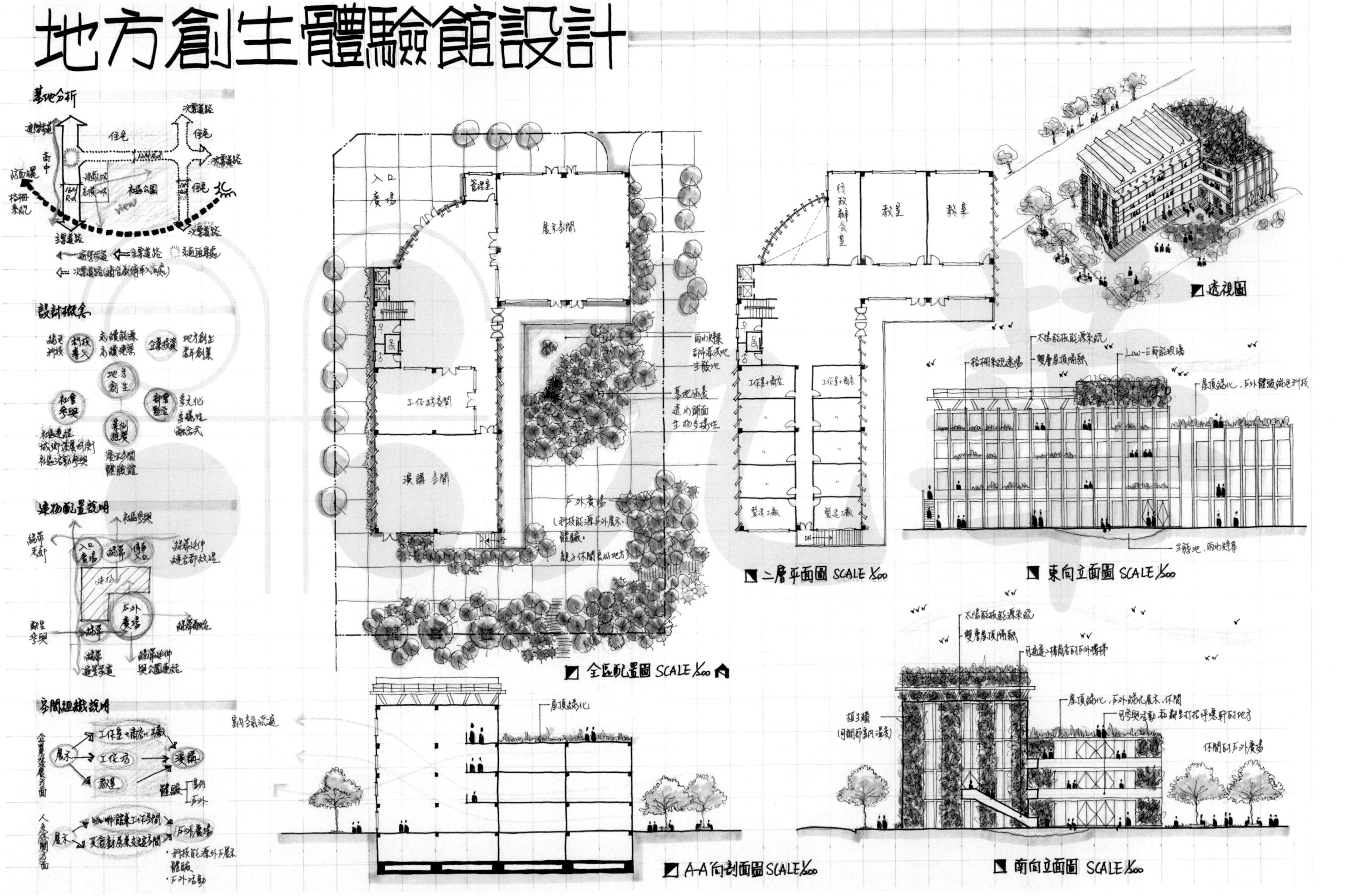
地方創生體驗館設計
基地分析
設計概念
建物配置說明
空間組織說明
入口廣場
管理室
展示空間
工作坊空間
演講空間
戶外廣場
教室
全區配置圖
二層平面圖
透視圖
東向立面圖
A-A'向剖面圖
南向立面圖
屋頂綠化

109年特種考試地方政府公務人員考試
建築設計
複合式商店設計

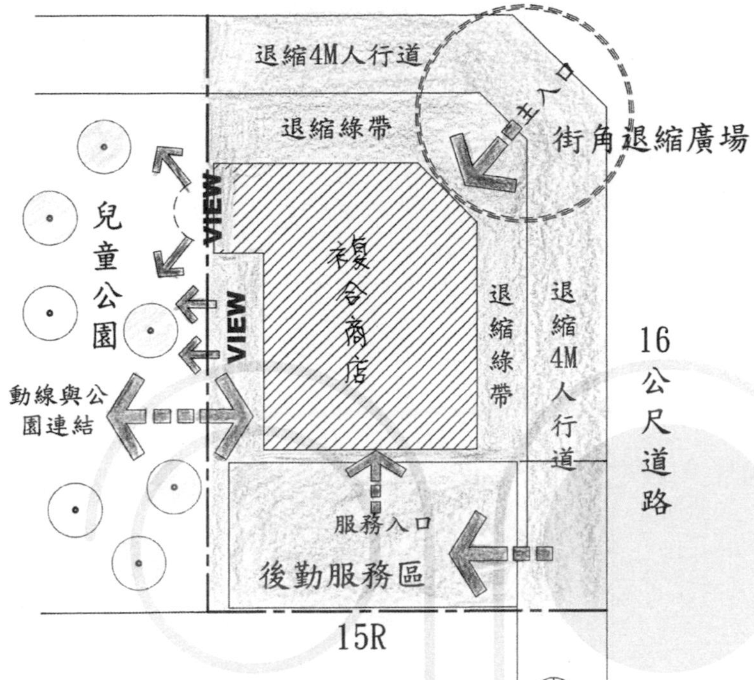

設計說明 1/300

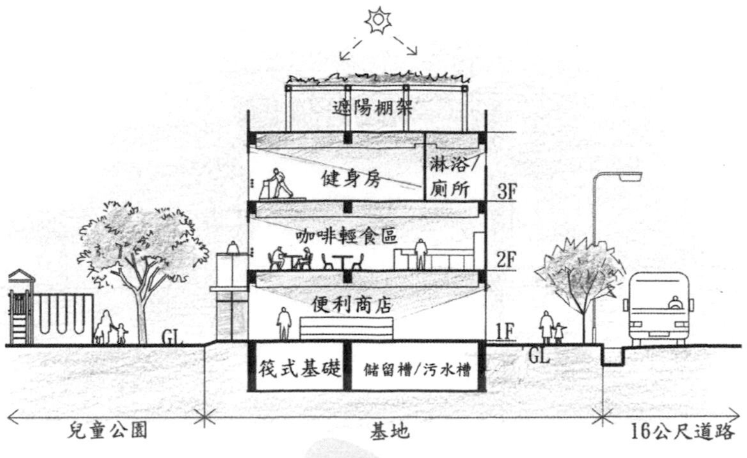

A剖面圖 1/300

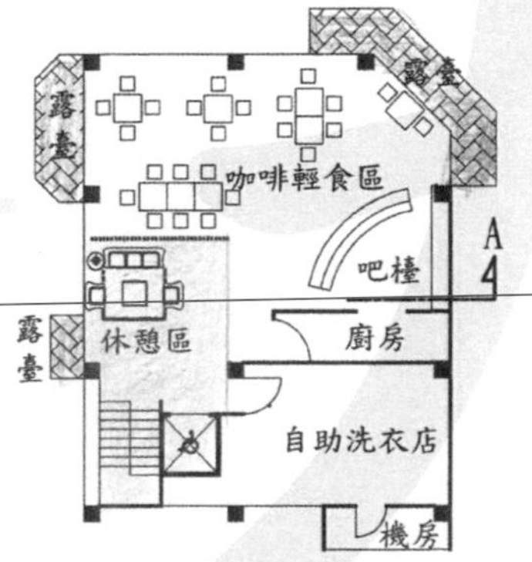

2樓平面圖 1/300

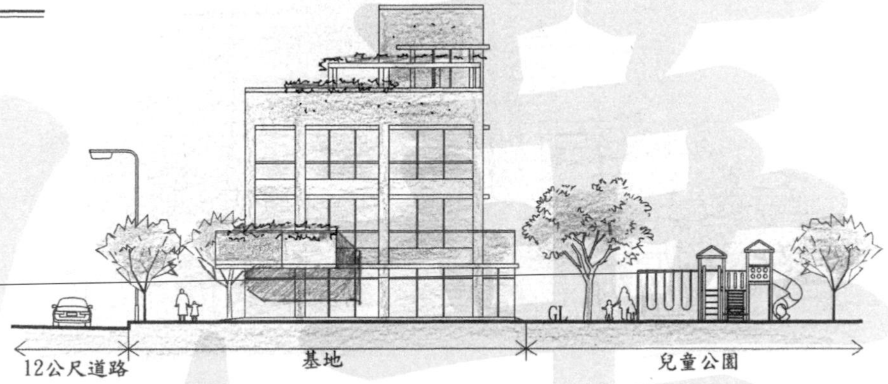

西向立面圖 1/300

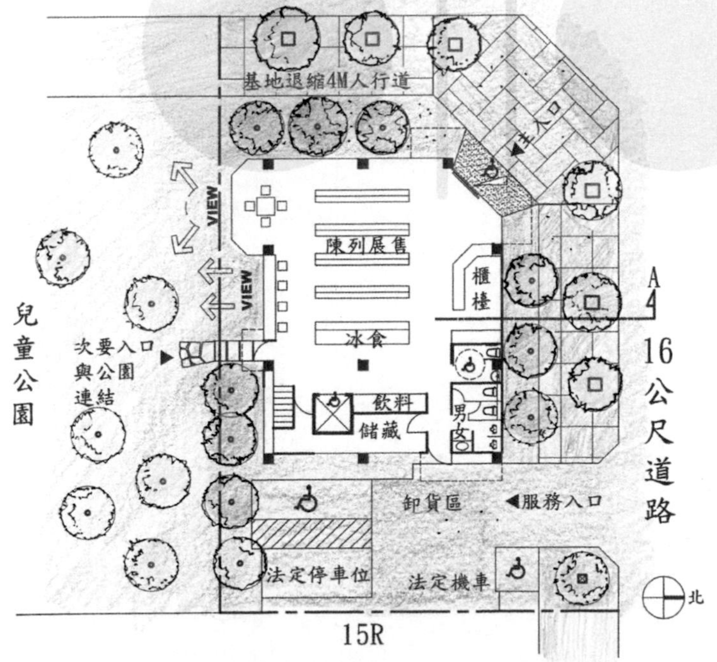

全區配置暨一樓平面圖 1/300 單位cm

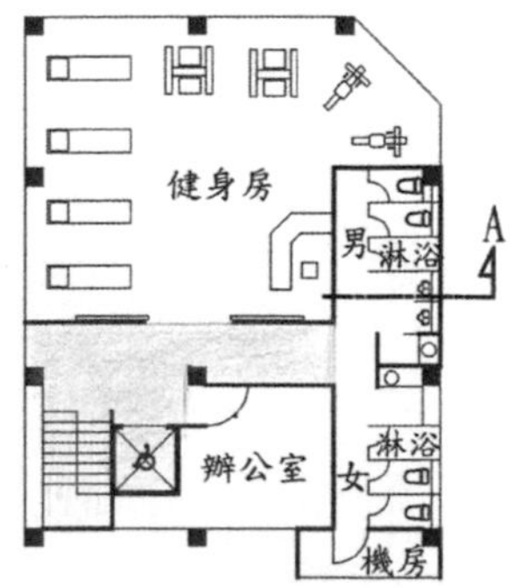

3樓平面圖 1/300

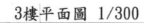

南向立面圖 1/300

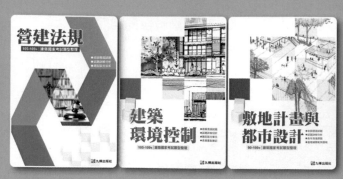

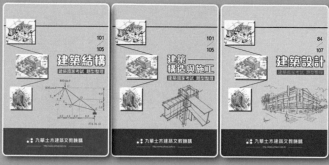

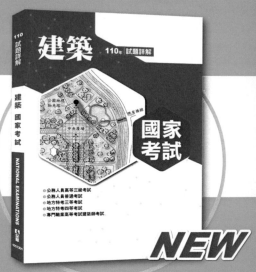

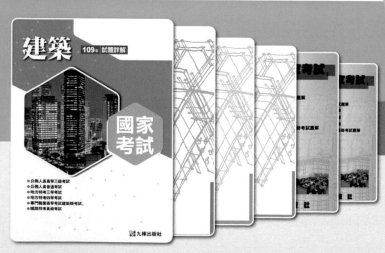

讀者回函卡

年　　月　　日

※ 請寄回讀者回函卡。讀者如考上國家相關考試，**我們會頒發恭賀獎金**。

讀者姓名：

手機：　　　　　　　　市話：

地址：　　　　　　　　E-mail：

學歷：□高中　□專科　□大學　□研究所以上

職業：□學生　□工　□商　□服務業　□軍警公教　□營造業　□自由業　□其他________

購買書名：

您從何種方式得知本書消息？

□九華網站　□粉絲頁　□報章雜誌　□親友推薦　□其他________

您對本書的意見：

內　容	□非常滿意	□滿意	□普通	□不滿意	□非常不滿意
版面編排	□非常滿意	□滿意	□普通	□不滿意	□非常不滿意
封面設計	□非常滿意	□滿意	□普通	□不滿意	□非常不滿意
印刷品質	□非常滿意	□滿意	□普通	□不滿意	□非常不滿意

※讀者如考上國家相關考試，**我們會頒發恭賀獎金**。如有新書上架也盡快通知。謝謝！

□□□-□□

廣告回信
台北郵局登記證
台北廣字第04586號

100-78

台北市中正區南昌路一段161號2樓

台北市私立九華土木建築工商短期職業補習班

收

107-110 建築國家考試-建築設計

編 著 者：九華土木建築補習班
主　　編：陳俊安、黃詣迪
發 行 者：九樺出版社
地　　址：台北市南昌路一段 161 號 2 樓
網　　址：http://www.johwa.com.tw
電　　話：(02) 2351 - 7261~4
傳　　真：(02) 2391 - 0926
定　　價：新台幣　2000　元
I S B N ：978-626-95108-2-5
出版日期：中華民國一一一年九月出版
官方客服：LINE ID：@johwa
總 經 銷：全華圖書股份有限公司
地　　址：23671 新北市土城區忠義路 21 號
電　　話：(02) 2262-5666
傳　　真：(02) 6637-3695、6637-3696
郵政帳號：0100836-1 號
全華圖書：http://www.chwa.com.tw
全華網路書店：http://www.opentech.com.tw